“十二五”普通高等教育本科国家级规划教材

大学物理简明教程

上 册

第2版

主 编 施 卫
参 编 李恩玲 唐远河 张显斌
马德明 侯 磊 纪卫莉

机 械 工 业 出 版 社

本套教材是按照教育部现行的《理工科类大学物理课程教学基本要求》，同时总结编者长期物理教学的经验，并汲取了当前国内外优秀教材改革的成果编写而成的。本套教材分为上、下两册。本书为上册，内容有力学（包括狭义相对论）、热学、振动与波动。为便于教学，本书具有紧贴教学实践、符合教学规律和深入浅出等特点。

本书为高等院校工科等非物理专业的教材，教学课时可根据教学要求在100～120课时之间选择。本书也可供文理科有关专业选用，还可供其他专业教师、工程技术人员阅读。

图书在版编目（CIP）数据

大学物理简明教程．上册/施卫主编．—2版．—北京：机械工业出版社，2019.7（2025.1重印）

“十二五”普通高等教育本科国家级规划教材

ISBN 978-7-111-62488-2

Ⅰ.①大…　Ⅱ.①施…　Ⅲ.①物理学－高等学校－教材　Ⅳ.①O4

中国版本图书馆CIP数据核字（2019）第068498号

机械工业出版社（北京市百万庄大街22号　邮政编码100037）

策划编辑：李永联　责任编辑：李永联　于苏华

责任校对：刘志文　封面设计：马精明

责任印制：单爱军

北京虎彩文化传播有限公司印刷

2025年1月第2版第6次印刷

169mm×239mm・11.25印张・218千字

标准书号：ISBN 978-7-111-62488-2

定价：26.50元

电话服务　　网络服务

客服电话：010-88361066　　机　工　官　网：www.cmpbook.com

010-88379833　　机　工　官　博：weibo.com/cmp1952

010-68326294　　金　书　网：www.golden-book.com

封底无防伪标均为盗版　　机工教育服务网：www.cmpedu.com

前　言

编写一套适合普通高等院校工科物理教学改革实际需求的简明教程是我们编写本套教材的初衷。工科非物理专业种类繁多，对物理课程内容的侧重点又各不相同，差异较大，既要突出重点，又要体现简明，这是我们对本套教材的编写提出的目标要求。因此，本套教材的编写也是一种探索。

本套教材是在总结大学物理教学改革经验的基础上，遵照《高等教育面向21世纪教学内容和课程体系改革计划》的基本精神，结合我校专业设置特点，汲取了当前国内外优秀教材改革成果而编写成的。本套教材的内容体系符合教育部大学物理基础课程教学指导分委员会制定的《理工科类大学物理课程教学基本要求》。在基本知识到位的基础上，本套教材在内容方面力求深入浅出、叙述精炼、条理明晰、重点和难点突出，使之不仅是一本全面而系统的简明教程，同时还能满足学生自学的需要，并成为从事物理教学工作者及科研人员的一部参考书。

本套教材分为上、下两册，由西安理工大学应用物理系教学经验丰富、长期工作在物理教学一线的教师共同编写。西安理工大学的大学物理课程早在2003年就被评为陕西省精品课程，本套教材的编写人员都是该精品课程的建设骨干，他们都经历了大学物理课程的多媒体与传统教学相结合的教学改革实践、挂牌教学改革实践、分级教学改革实践以及完全学分制下的物理课程教学改革。多年的教学实践使编写人员对工科物理教学有比较深刻的认识和理解，并将这些认识和理解融入到本套教材的编写当中。

本书为上册，由施卫主编、统稿。参加编写的还有李恩玲、唐远河、张显斌、马德明、侯磊、纪卫莉。

大学物理课程教学是一项集体的事业，本套教材凝聚了应用物理系多年来从事工科物理教学教师的心血，是集体智慧的结晶。

本书的编写还得到了不少校内外同仁的帮助，并参阅了一些兄弟院校的有关教材、讲义，对此我们一并深表谢意。

由于编者水平和教学经验有限，书中错误和不足之处在所难免，恳请读者指正。

编　者

目　录

第二篇　热　学

第三篇　振动与波动

第一篇　力　　学

第一章　质点运动学

自然界中的一切物体都处于永恒不息的运动中，运动是物质的基本属性，这种运动的永恒性和普遍性称为运动的绝对性。而运动的形式又是多种多样、千变万化的，其中最简单、最普遍而又最基本的一种运动形式是宏观物体之间（或物体内各部分之间）相对位置随时间而变化的运动，这种运动称为机械运动。力学就是研究机械运动及其应用的科学。在经典力学中，通常将力学分为运动学和动力学。运动学从几何的观点来描述物体的运动，研究物体的位置随时间的变化关系，不涉及引发物体运动和改变运动状态的原因。运动是绝对的，对于运动的描述却是相对的，与观察者相关，例如，火车是否已经开动了，车上的观察者和站台上的观察者得出的结论是不相同的，这就是运动的相对性。

本章讨论质点运动学，在引入质点、参考系、坐标系等概念的基础上，重点介绍和讨论确定质点位置的方法及描述质点运动的重要物理量——位移、速度和加速度。

第一节　参考系　坐标系　物理模型

为了描述物体的运动，必须做三点准备：选择参考系、建立坐标系、提出物理模型。

一、参考系

运动是绝对的，但对于运动的描述却是相对的。因此，在确定研究对象的位置或者要描述研究对象的运动时，必须先选定一个或几个相对静止的物体作为“参考”。这些被选作“参考”的物体称为参考系。

同一个物体的运动，由于所选参考系不同，对其运动的描述就会不同。例如在做匀速直线运动的车厢中，物体的自由下落相对于车厢是直线运动，相对于地面却是抛物线运动；相对于太阳或其他天体，对其运动的描述就更为复杂。这一事实充分说明了运动的描述是相对的。

从运动学的角度讲，参考系的选择可以是任意的，通常以对问题的研究最简单、最方便为原则。研究地球上物体的运动，在大多数情况下，以地球为参考系最为简单、方便。

二、坐标系

为了定量地描述物体相对于参考系的运动情况，只有参考系是不够的，还要在参考系上选择一个固定的坐标系。在力学中最常用的是直角坐标系。根据需要，也可选用极坐标系、自然坐标系、球面坐标系和柱面坐标系等。

三、物理模型

物理学中常用**理想化模型**来代替实际的研究对象。因为任何一个真实的物理过程都是极其复杂的，为了寻找某过程中最本质、最基本的规律，总是根据所提问题，突出真实过程的主要性质，忽略次要性质，进行理想化的简化，提出一个物理模型——理想化模型。

在描述物体在空间的位置和运动时，若物体的线度比它所在的空间范围小很多时（例如绕太阳公转的地球），或物体上各部分的运动情况（轨迹、速度、加速度）完全相同时，就可以忽略物体的形状、大小，而把它看作一个具有一定质量的点，称之为质点。

质点是一个理想化模型，除质点外，以后要讲到的刚体、理想气体、绝对黑体等都是理想化模型。

第二节　质点运动的描述

一、描述质点在空间的位置——位置矢量

质点的位置可以用一个矢量来确定。在选定的参考系上建立直角坐标系，空间任一质点 P 所在的位置，可以从原点 O 向 P 点作一矢量 $\boldsymbol{r}$，如图 1-1 所示，$\boldsymbol{r}$ 的端点就是该质点的位置，$\boldsymbol{r}$ 的大小和方向完全确定了质点相对参考系的位置，称 $\boldsymbol{r}$ 为位置矢量，简称位矢。

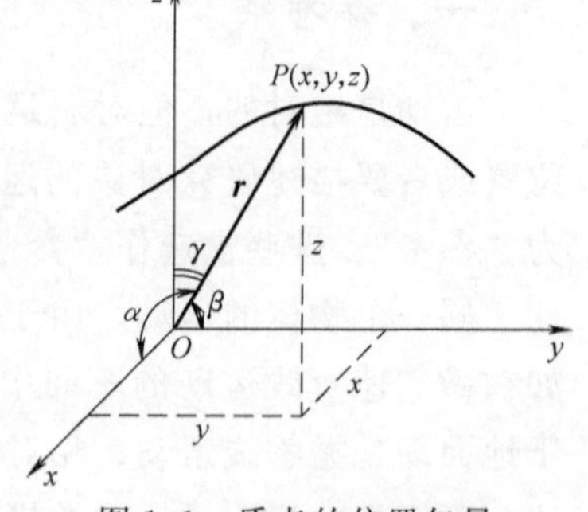

图 1-1　质点的位置矢量

P 点的直角坐标是位置矢量 $\boldsymbol{r}$ 沿 x、y、z 轴的投影，用 $\boldsymbol{i}$、$\boldsymbol{j}$、$\boldsymbol{k}$ 分别表示沿 x、y、z 三个坐标轴正方向的单位矢量，则位置矢量可以表示为

$$\boldsymbol{r} = x\boldsymbol{i} + y\boldsymbol{j} + z\boldsymbol{k} \tag{1-1}$$

位置矢量的大小为

$$|\boldsymbol{r}| = \sqrt{x^2 + y^2 + z^2}$$

用 α、β、γ 分别表示 $\boldsymbol{r}$ 与 x、y、z 三个坐标轴的夹角，则位置矢量的方向余弦为

$$\cos\alpha = \frac{x}{|\boldsymbol{r}|},\ \cos\beta = \frac{y}{|\boldsymbol{r}|},\ \cos\gamma = \frac{z}{|\boldsymbol{r}|}$$

所谓运动，实际上就是位置随时间的变化，即位置矢量 $\boldsymbol{r}$ 为时间 t 的函数

$$\boldsymbol{r} = \boldsymbol{r}(t) = x(t)\boldsymbol{i} + y(t)\boldsymbol{j} + z(t)\boldsymbol{k} \tag{1-2}$$

在直角坐标系中的分量式为

$$\begin{cases} x = x(t) \\ y = y(t) \\ z = z(z) \end{cases} \tag{1-3}$$

式（1-3）从数学上确定了在选定的参考系中质点相对于坐标系的位置随时间变化的关系，称为质点的运动方程。

通过质点的运动方程可以确定任意时刻质点的位置，从而确定质点的运动。从质点的运动方程中消去时间 t，即可得质点的轨迹方程。例如：选用直角坐标系，质点从原点 O 开始以速率 v_0 沿 x 轴做平抛运动，其运动方程为

$$x = v_0 t,\ y = -\frac{1}{2}gt^2$$

从上两式中消去时间 t，可得到质点的轨迹方程为

$$y = -\frac{1}{2}g\frac{x^2}{v_0^2}$$

这是一条抛物线。

二、描述质点位置变化的大小和方向——位移矢量

当质点运动时，其位置将随时间变化，如图 1-2 所示，某质点沿任意曲线运动，在 t 时刻位于 A 点，位置矢量为 $\boldsymbol{r}_1$，在 $t+\Delta t$ 时刻运动到 B 点，位置矢量为 $\boldsymbol{r}_2$，在 Δt 时间内，质点位置的变化可用从 A 点到 B 点的有向线段 $\Delta\boldsymbol{r}$ 来表示，即为质点的位移矢量，简称位移。由图 1-2 可以看出

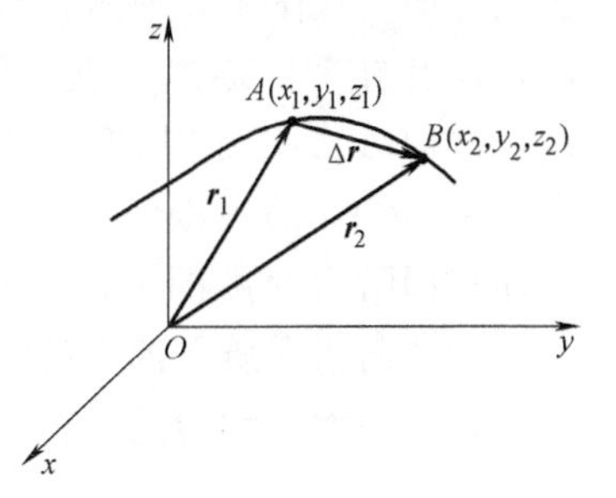

图 1-2　质点的位移矢量

$$\begin{aligned} \Delta\boldsymbol{r} &= \boldsymbol{r}_2 - \boldsymbol{r}_1 \\ &= (x_2 - x_1)\boldsymbol{i} + (y_2 - y_1)\boldsymbol{j} + (z_2 - z_1)\boldsymbol{k} \\ &= \Delta x\boldsymbol{i} + \Delta y\boldsymbol{j} + \Delta z\boldsymbol{k} \end{aligned} \tag{1-4}$$

位移矢量是位置矢量的增量，是由始位置指向末位置的矢量。

应该注意：

1）路程和位移是两个不同的概念。位移是矢量，路程是标量。位移表示质点位置的改变，并非质点所经历的路程。如图1-2所示，位移$\Delta \boldsymbol{r}$为矢量，它的大小$|\Delta \boldsymbol{r}|$为弦$\overline{AB}$的长度，而路程是标量，它的大小为AB之间曲线的长度。

2）$|\Delta \boldsymbol{r}|$不等于Δr。$\Delta r=|\boldsymbol{r}_2|-|\boldsymbol{r}_1|$，它反映了$\Delta t$时间内质点相对于原点径向长度的变化。

三、描述质点位置变化的快慢和方向——速度矢量

1. 平均速度

如图1-2所示，质点在t到$t+\Delta t$时间内的位移为$\Delta \boldsymbol{r}$，$\Delta \boldsymbol{r}$与Δt的比值称为Δt时间内质点的平均速度，用$\bar{\boldsymbol{v}}$表示，即

$$\bar{\boldsymbol{v}}=\frac{\Delta \boldsymbol{r}}{\Delta t} \tag{1-5}$$

平均速度是矢量，其方向与位移$\Delta \boldsymbol{r}$的方向相同，它表示质点在单位时间内的位移。

2. 瞬时速度

平均速度只能对质点的位置在时间Δt内的变化情况做一粗略描述。为精确描述质点的运动状态；可将时间Δt无限减小而趋近于零。当$\Delta t \to 0$时，平均速度的极限值就可以精确地描述t时刻质点运动的快慢与方向，此极值就是瞬时速度，简称速度，用$\boldsymbol{v}$表示，即

$$\boldsymbol{v}=\lim_{\Delta t \to 0}\frac{\Delta \boldsymbol{r}}{\Delta t}=\frac{\mathrm{d}\boldsymbol{r}}{\mathrm{d}t} \tag{1-6}$$

速度等于位置矢量的时间变化率。

速度的方向就是Δt趋于零时，$\Delta \boldsymbol{r}$的极限方向。如图1-3所示，当Δt逐渐减少时，B点向A点逐渐趋近，平均速度的方向，亦即$\Delta \boldsymbol{r}$的方向趋近于A点的切线方向，在$\Delta t \to 0$的极限情况下，平均速度的方向亦即瞬时速度的方向，沿轨迹质点所在点的切向指向质点前进的方向。

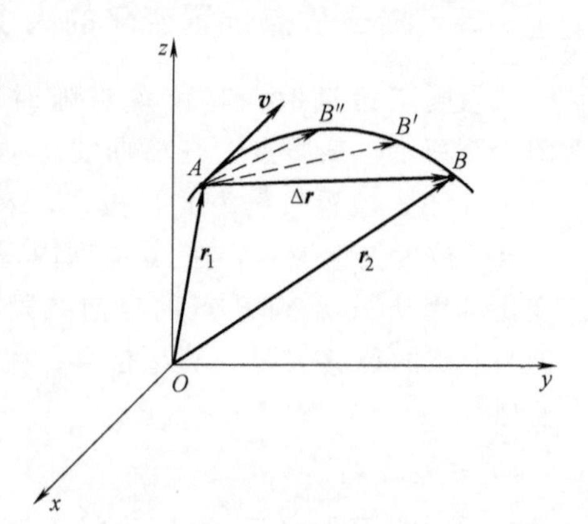

图1-3　瞬时速度的方向

速度的大小称为速率，用v表示，

$$v=|\boldsymbol{v}|=\left|\frac{\mathrm{d}\boldsymbol{r}}{\mathrm{d}t}\right|$$

根据位移的大小$|\Delta \boldsymbol{r}|$和Δr的区别可知，一般地

$$\left|\frac{\mathrm{d}\boldsymbol{r}}{\mathrm{d}t}\right| \neq \frac{\mathrm{d}r}{\mathrm{d}t}$$

将式（1-2）代入式（1-6），得速度的分量表示式

$$\boldsymbol{v}=\frac{\mathrm{d}x}{\mathrm{d}t}\boldsymbol{i}+\frac{\mathrm{d}y}{\mathrm{d}t}\boldsymbol{j}+\frac{\mathrm{d}z}{\mathrm{d}t}\boldsymbol{k} \tag{1-7}$$

式（1-7）表明，质点的速度$\boldsymbol{v}$是沿三个坐标轴方向的分速度的矢量和。速度沿三个坐标轴方向的分量 v_x、v_y、v_z 分别是

$$v_x=\frac{\mathrm{d}x}{\mathrm{d}t},\ v_y=\frac{\mathrm{d}y}{\mathrm{d}t},\ v_z=\frac{\mathrm{d}z}{\mathrm{d}t} \tag{1-8}$$

所以速率 v 为

$$v=\sqrt{v_x^2+v_y^2+v_z^2}$$

四、描述质点运动速度变化的快慢——加速度矢量

为了描述质点运动速度的变化，引入加速度矢量的概念。加速度矢量简称加速度，其定义方法与速度类似，即先定义平均量，再用极限方法定义瞬时量。

1. 平均加速度

如图 1-4 所示，质点运动轨迹为一曲线，在时刻 t，质点位于 A 点，速度为 $\boldsymbol{v}_1$，在时刻 $t+\Delta t$，质点位于 B 点，速度为$\boldsymbol{v}_2$，在 t 到 $t+\Delta t$ 时间内，质点速度的增量为 $\Delta\boldsymbol{v}=\boldsymbol{v}_2-\boldsymbol{v}_1$，$\Delta\boldsymbol{v}$ 与 Δt 的比值称为 Δt 时间内质点的平均加速度，用 $\overline{\boldsymbol{a}}$ 表示，即

$$\overline{\boldsymbol{a}}=\frac{\Delta\boldsymbol{v}}{\Delta t} \tag{1-9}$$

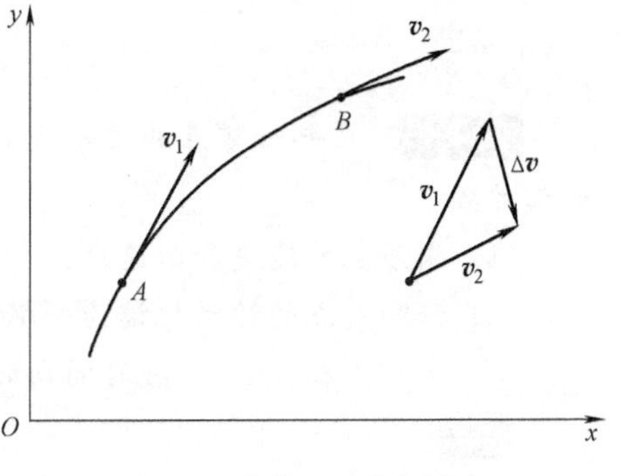

图 1-4　曲线运动的加速度

平均加速度是矢量，其方向与速度增量 $\Delta\boldsymbol{v}$ 的方向相同，它表示质点在时间 Δt 内速度随时间的变化率。

2. 瞬时加速度

为精确描述质点速度的变化情况，引入瞬时加速度的概念。将时间 Δt 减小，当 $\Delta t\to0$ 时，平均加速度的极限值就是瞬时加速度，简称加速度，用 $\boldsymbol{a}$ 表示，即

$$\boldsymbol{a}=\lim_{\Delta t\to0}\frac{\Delta\boldsymbol{v}}{\Delta t}=\frac{\mathrm{d}\boldsymbol{v}}{\mathrm{d}t} \tag{1-10}$$

由式（1-6），加速度可表示为

$$\boldsymbol{a}=\frac{\mathrm{d}^2\boldsymbol{r}}{\mathrm{d}t^2} \tag{1-11}$$

即加速度等于速度对时间的一阶导数，或位置矢量对时间的二阶导数。

将式（1-7）代入式（1-10），得加速度的分量表示式

$$\boldsymbol{a}=\frac{\mathrm{d}v_x}{\mathrm{d}t}\boldsymbol{i}+\frac{\mathrm{d}v_y}{\mathrm{d}t}\boldsymbol{j}+\frac{\mathrm{d}v_z}{\mathrm{d}t}\boldsymbol{k}=\boldsymbol{a}_x+\boldsymbol{a}_y+\boldsymbol{a}_y \tag{1-12}$$

式（1-12）表明，质点的加速度 $\boldsymbol{a}$ 是沿三个坐标轴方向的分加速度的矢量和。加速度沿三个坐标轴的分量 a_x、a_y、a_z 分别为

$$\begin{cases}a_x=\dfrac{\mathrm{d}v_x}{\mathrm{d}t}=\dfrac{\mathrm{d}^2x}{\mathrm{d}t^2}\\ a_y=\dfrac{\mathrm{d}v_y}{\mathrm{d}t}=\dfrac{\mathrm{d}^2y}{\mathrm{d}t^2}\\ a_z=\dfrac{\mathrm{d}v_z}{\mathrm{d}t}=\dfrac{\mathrm{d}^2z}{\mathrm{d}t^2}\end{cases} \tag{1-13}$$

加速度大小和其分量的关系是

$$a=\sqrt{a_x^2+a_y^2+a_z^2}$$

加速度是矢量，其方向就是 $\Delta t\to 0$ 时平均加速度的极限方向，即 $\Delta\boldsymbol{v}$ 的极限方向。当质点做曲线运动时，加速度的方向总是指向轨迹曲线凹的一侧，与同一时刻速度的方向一般是不同的。加速度的大小为 $|\boldsymbol{a}|=\left|\dfrac{\mathrm{d}\boldsymbol{v}}{\mathrm{d}t}\right|$，一般情况下，$|\boldsymbol{a}|\neq\dfrac{\mathrm{d}v}{\mathrm{d}t}$。

例 1-1　已知一质点的运动方程为 $\boldsymbol{r}=a\cos 2\pi t\boldsymbol{i}+b\sin 2\pi t\boldsymbol{j}$，式中 a、b 均为正常数。

(1) 求质点的速度和加速度；

(2) 证明质点的运动轨迹为一椭圆；

(3) 求质点在 0～0.25s 时间内的平均速度。

解　(1)

$$\boldsymbol{v}=\frac{\mathrm{d}\boldsymbol{r}}{\mathrm{d}t}=-2\pi a\sin 2\pi t\boldsymbol{i}+2\pi b\cos 2\pi t\boldsymbol{j}$$

$$\begin{aligned}\boldsymbol{a}=\frac{\mathrm{d}\boldsymbol{v}}{\mathrm{d}t}&=-4\pi^2a\cos 2\pi t\boldsymbol{i}-4\pi^2b\sin 2\pi t\boldsymbol{j}\\&=-4\pi^2(a\cos 2\pi t\boldsymbol{i}+b\sin 2\pi t\boldsymbol{j})=-4\pi^2\boldsymbol{r}\end{aligned}$$

(2) 由运动方程的矢量式，它在直角坐标系中的分量式为

$$\begin{cases}x=a\cos 2\pi t\\ y=b\sin 2\pi t\end{cases}$$

由此得

$$\frac{x}{a}=\cos 2\pi t,\quad \frac{y}{b}=\sin 2\pi t$$

两式两边平方然后求和得

$$\frac{x^2}{a^2}+\frac{y^2}{b^2}=1$$

这就是轨迹方程，为一正椭圆。

(3) 平均速度
$$\bar{\boldsymbol{v}}=\frac{\Delta \boldsymbol{r}}{\Delta t}=\frac{\boldsymbol{r}_2-\boldsymbol{r}_1}{t_2-t_1}$$

其中

$$\Delta t=(0.25-0)\text{s}=0.25\text{s}$$
$$\boldsymbol{r}_1(0)=a\cos 0\boldsymbol{i}+b\sin 0\boldsymbol{j}=a\boldsymbol{i}$$
$$\boldsymbol{r}_2(0.25)=a\cos\frac{\pi}{2}\boldsymbol{i}+b\sin\frac{\pi}{2}\boldsymbol{j}=b\boldsymbol{j}$$
$$\Delta\boldsymbol{r}=\boldsymbol{r}_2(0.25)-\boldsymbol{r}_1(0)=-a\boldsymbol{i}+b\boldsymbol{j}$$

质点的平均速度为

$$\bar{\boldsymbol{v}}=\frac{\Delta \boldsymbol{r}}{\Delta t}=\frac{-a\boldsymbol{i}+b\boldsymbol{j}}{0.25}=-4a\boldsymbol{i}+4b\boldsymbol{j}$$

其大小为

$$v=\sqrt{(v_x)^2+(v_y)^2}=\sqrt{(-4a)^2+(4b)^2}$$
$$=4\sqrt{a^2+b^2}$$

方向为

$$\tan\theta=\frac{\bar{v}_y}{\bar{v}_x}=-\frac{b}{a}\quad(\text{见图 1-5})$$

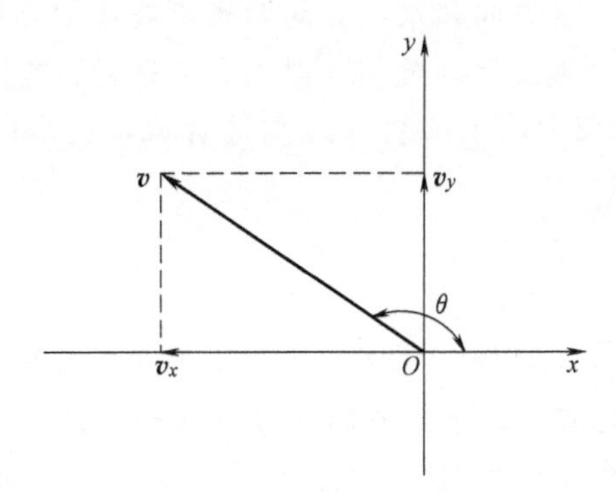

图 1-5　例 1-1 图

例 1-2　已知质点的加速度 $\boldsymbol{a}=12\boldsymbol{j}$，在 $t=0$ 时，$\boldsymbol{v}_0=5\boldsymbol{i}$，$\boldsymbol{r}_0=7\boldsymbol{k}$，单位为国际单位制（IS）单位，试求质点的速度和运动方程。

解　已知
$$\boldsymbol{a}=\frac{\mathrm{d}\boldsymbol{v}}{\mathrm{d}t}=12\boldsymbol{j}$$
$$\mathrm{d}\boldsymbol{v}=12\boldsymbol{j}\,\mathrm{d}t$$

两边积分

$$\int_{v_0}^{v} \mathrm{d}\boldsymbol{v} = \int_0^t 12\boldsymbol{j}\,\mathrm{d}t$$

由此可得

$$\boldsymbol{v} - \boldsymbol{v}_0 = 12t\boldsymbol{j}$$

$$\boldsymbol{v} = 5\boldsymbol{i} + 12t\boldsymbol{j}$$

$$\boldsymbol{v} = \frac{\mathrm{d}\boldsymbol{r}}{\mathrm{d}t} = 5\boldsymbol{i} + 12t\boldsymbol{j}$$

$$\mathrm{d}\boldsymbol{r} = (5\boldsymbol{i} + 12t\boldsymbol{j})\,\mathrm{d}t$$

两边积分

$$\int_{r_0}^{r} \mathrm{d}\boldsymbol{r} = \int_0^t (5\boldsymbol{i} + 12t\boldsymbol{j})\,\mathrm{d}t$$

可得

$$\boldsymbol{r} - \boldsymbol{r}_0 = 5t\boldsymbol{i} + 6t^2\boldsymbol{j}$$

$$\boldsymbol{r} = 5t\boldsymbol{i} + 6t^2\boldsymbol{j} + 7\boldsymbol{k}$$

第三节 平面曲线运动

若物体的运动轨迹为一个平面内的曲线，则该运动称为平面曲线运动。大量观察和实验结果指出，如果物体同时参与几个方向的分运动，任何一个方向的分运动不会因其他方向运动的存在而受到影响，这称为运动的独立性。换句话说，任何一个运动都可视为若干个独立分运动的叠加，这就是运动的叠加原理。如抛体运动是竖直方向和水平方向两种直线运动叠加的结果，利用振动合成演示仪，可将两个直线运动叠加，得到圆周运动、椭圆运动，即一个平面曲线运动可视为几个较为简单的直线运动的合成，这是研究曲线运动的基本方法。

一、抛体运动

一抛体在地球表面附近以初速度$\boldsymbol{v}_0$沿与水平 x 轴正向成θ 角的斜上方被抛出，选抛出点为坐标原点，取水平方向和竖直方向分别为 x 轴和 y 轴，建立如图 1-6 所示的平面直角坐标系 Oxy，将运动分解为 x 轴方向的匀速直线运动和 y 轴方向的匀变速直线运动。

取 $t=0$ 时，物体位于原点，$\boldsymbol{v}_0$沿 x 轴和 y 轴的分量为

$$v_{0x} = v_0\cos\theta, \quad v_{0y} = v_0\sin\theta$$

物体在空中任一时刻的速度为

$$\begin{cases} v_x = v_0\cos\theta \\ v_y = v_0\sin\theta - gt \end{cases}$$

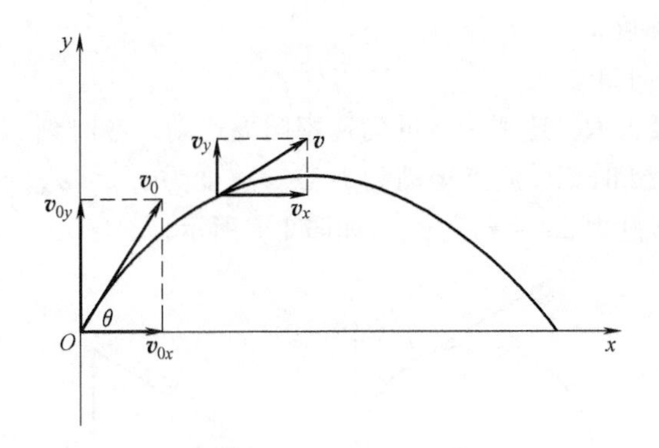

图 1-6　抛体运动

由上式可得物体在空中任一时刻的位置为

$$\left.\begin{aligned} x &= v_0 \cos\theta \cdot t \\ y &= v_0 \sin\theta \cdot t - \frac{1}{2}gt^2 \end{aligned}\right\} \tag{1-14}$$

消去方程中的 t，可得

$$y = x\tan\theta - \frac{gx^2}{2v_0^2\cos^2\theta} \tag{1-15}$$

式（1-15）是斜抛物体的轨迹方程，它表明在略去空间阻力的情况下，抛体在空间经历的路径为一抛物线。

令式（1-15）中 $y=0$，可求得抛物线与 x 轴的一个交点坐标为

$$x = \frac{v_0^2\sin 2\theta}{g}$$

这就是抛物线的射程。

二、圆周运动

在一般圆周运动中，质点速度的大小和方向都在改变，即存在着加速度。为使加速度的物理意义更为清晰，在圆周运动的研究中常采用自然坐标系。如图 1-7 所示，当质点做平面曲线运动时，在轨迹上任一点可建立如下坐标系：以运动点为坐标原点，一坐标轴沿轨迹在该点的切线指向质点的前进方向，该方向的单位矢量为 $\boldsymbol{e}_t$，另一坐标轴沿轨迹的法线指向轨迹曲率中心的方向，相应的单位矢量为 $\boldsymbol{e}_n$，这种将轨迹的切线和法线作为坐标轴的坐标系就是自然坐标系。

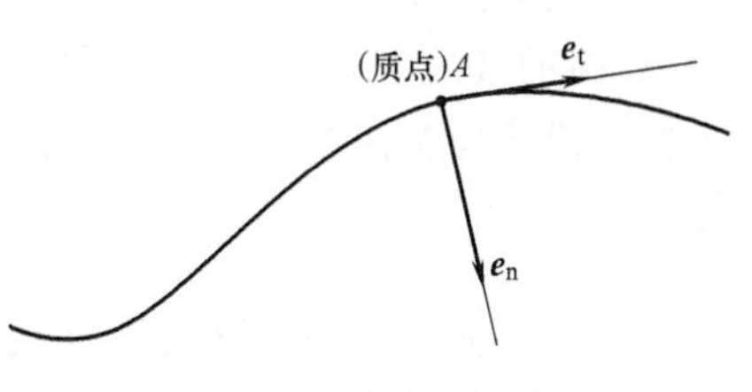

图 1-7　自然坐标系

下面分别考察速度的方向变化和大小

变化所形成的加速度。

1. 匀速率圆周运动

设质点做半径为 R、速率为 v 的匀速率圆周运动，在时刻 t，质点位于 A 点，速度为 $\boldsymbol{v}_A$，到 $t+\Delta t$ 时刻，质点运动到 B 点，速度为 $\boldsymbol{v}_B$，$|\boldsymbol{v}_A|=|\boldsymbol{v}_B|=v$，在 Δt 时间内，速度的增量为 $\Delta\boldsymbol{v}=\boldsymbol{v}_B-\boldsymbol{v}_A$，如图 1-8 所示。

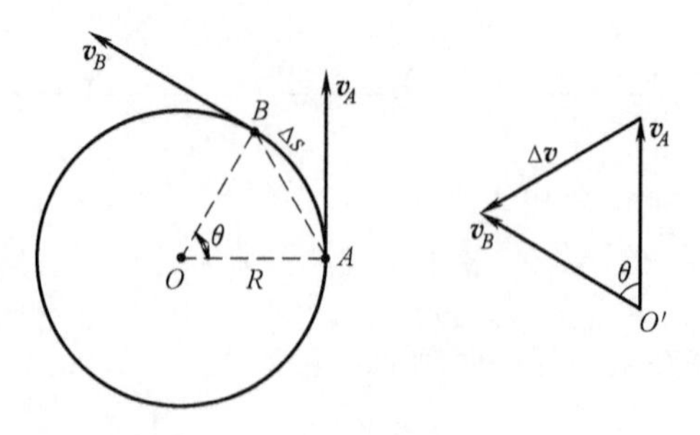

图 1-8　匀速率圆周运动

由定义，质点的加速度为

$$\boldsymbol{a}=\lim_{\Delta t\to 0}\frac{\boldsymbol{v}_B-\boldsymbol{v}_A}{\Delta t}=\lim_{\Delta t\to 0}\frac{\Delta\boldsymbol{v}}{\Delta t}$$

其大小为

$$a=|\boldsymbol{a}|=\lim_{\Delta t\to 0}\frac{|\Delta\boldsymbol{v}|}{\Delta t}\tag{1-16}$$

由图可知，$\triangle OAB$ 与由 $\boldsymbol{v}_A$、$\boldsymbol{v}_B$ 和 $\Delta\boldsymbol{v}$ 组成的速度三角形相似，故

$$\frac{|\Delta\boldsymbol{v}|}{AB}=\frac{v}{R}$$

所以

$$a=\frac{v}{R}\lim_{\Delta t\to 0}\frac{\overline{AB}}{\Delta t}$$

当 $\Delta t\to 0$ 时，B 点逐渐向 A 点靠近，位移的大小 $\overline{AB}$ 趋近于曲线路程 Δs，所以

$$a=\frac{v}{R}\lim_{\Delta t\to 0}\frac{\Delta s}{\Delta t}=\frac{v}{R}\cdot v=\frac{v^2}{R}\tag{1-17}$$

质点做匀速率圆周运动时，瞬时加速度的大小是一个常数，等于 v^2/R。

下面考察加速度的方向。由定义知，加速度 $\boldsymbol{a}$ 的方向就是速度增量 $\Delta\boldsymbol{v}$ 在 $\Delta t\to 0$ 时的极限方向，当 $\Delta t\to 0$ 时，质点在 A 处的加速度方向垂直于 A 点的速度方向，沿法向指向圆心，故称为向心加速度，用 $\boldsymbol{a}_{\mathrm{n}}$ 表示

$$\boldsymbol{a}_{\mathrm{n}}=\frac{v^2}{R}\boldsymbol{e}_{\mathrm{n}}\tag{1-18}$$

法向加速度在速度方向上没有分量，因此，它不改变速度的大小，只改变速度的方向。

2. 变速率圆周运动

在变速率圆周运动中，速度的大小和方向都在变化。如图 1-9 所示，在时刻 t，质点位于 A 点，速度为$\boldsymbol{v}_A$，到 $t+\Delta t$ 时刻，质点运动到 B 点，速度为$\boldsymbol{v}_B$，在 Δt 时间内，速度的增量为 $\Delta\boldsymbol{v}=\boldsymbol{v}_B-\boldsymbol{v}_A$。显然，$\Delta\boldsymbol{v}$ 是由速度的大小和方向两方面因素同时变化所引起的总效果。即将速度增量视为反映速度方向变化的 $\Delta\boldsymbol{v}_n$ 和反映速度大小变化的 $\Delta\boldsymbol{v}_t$ 的矢量和

$$\Delta\boldsymbol{v}=\Delta\boldsymbol{v}_n+\Delta\boldsymbol{v}_t$$

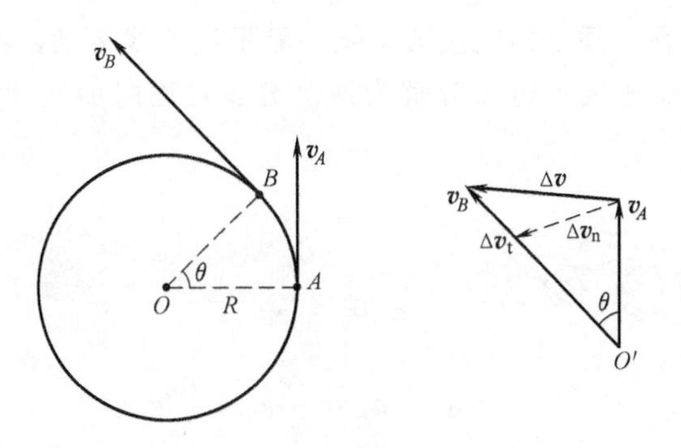

图 1-9　变速率圆周运动

加速度为

$$\boldsymbol{a}=\lim_{\Delta t\to 0}\frac{\Delta\boldsymbol{v}}{\Delta t}=\lim_{\Delta t\to 0}\frac{\Delta\boldsymbol{v}_n}{\Delta t}+\lim_{\Delta t\to 0}\frac{\Delta\boldsymbol{v}_t}{\Delta t} \tag{1-19}$$

式（1-19）结果中的第一项和匀速率圆周运动中的法向加速度相同，由前述证明，可得

$$a_n=\lim_{\Delta t\to 0}\frac{|\Delta\boldsymbol{v}_n|}{\Delta t}=\frac{v^2}{R} \tag{1-20}$$

它反映出变速率圆周运动中速度在方向上的变化，称为法向加速度。

式（1-19）结果中的第二项反映的是速度大小的变化，由图 1-9，当 $\Delta t\to 0$ 时，$\boldsymbol{v}_B$ 与 $\boldsymbol{v}_A$ 的夹角趋于零，即 $\Delta\boldsymbol{v}_t$ 的方向趋于 $\boldsymbol{v}_A$ 的方向，也就是沿圆周的切线方向，所以第二项称为切向加速度，用 $\boldsymbol{a}_t$ 表示，其大小为

$$a_t=\lim_{\Delta t\to 0}\frac{|\Delta\boldsymbol{v}_t|}{\Delta t}=\lim_{\Delta t\to 0}\frac{\Delta v}{\Delta t}=\frac{\mathrm{d}v}{\mathrm{d}t} \tag{1-21}$$

由此可见，变速率圆周运动的加速度可分解为相互正交的法向加速度 $\boldsymbol{a}_n$ 和切向加速度 $\boldsymbol{a}_t$。法向加速度的方向指向圆心，当切向加速度的大小 $a_t>0$ 时，其方向与速度 $\boldsymbol{v}$ 同向，当 $a_t<0$ 时，方向与 $\boldsymbol{v}$ 反向，如图 1-10 所示，总加速度 $\boldsymbol{a}$ 为

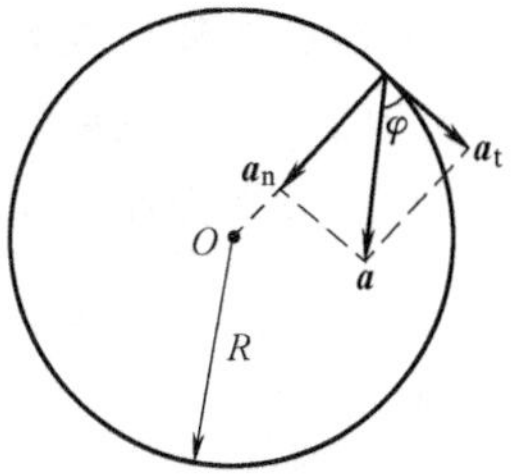

图 1-10　变速率圆周运动的加速度

$$\boldsymbol{a}=\boldsymbol{a}_{\mathrm{n}}+\boldsymbol{a}_{\mathrm{t}}=\frac{v^2}{R}\boldsymbol{e}_{\mathrm{n}}+\frac{\mathrm{d}v}{\mathrm{d}t}\boldsymbol{e}_{\mathrm{t}} \tag{1-22}$$

总加速度的大小和方向表示如下：

$$a=\sqrt{a_{\mathrm{n}}^2+a_{\mathrm{t}}^2}$$

$$\tan\varphi=\frac{a_{\mathrm{n}}}{a_{\mathrm{t}}}$$

三、一般曲线运动

如图1-11所示，质点沿轨迹LN做一般平面曲线运动，不难证明，质点在任一位置A点的加速度$\boldsymbol{a}$也可分解为两个分量：法向加速度$\boldsymbol{a}_{\mathrm{n}}$和切向加速度$\boldsymbol{a}_{\mathrm{t}}$，且有

$$\boldsymbol{a}_{\mathrm{n}}=\frac{v^2}{\rho}\boldsymbol{e}_{\mathrm{n}}$$

$$\boldsymbol{a}_{\mathrm{t}}=\frac{\mathrm{d}v}{\mathrm{d}t}\boldsymbol{e}_{\mathrm{t}}$$

$$\boldsymbol{a}=\boldsymbol{a}_{\mathrm{n}}+\boldsymbol{a}_{\mathrm{t}}=\frac{v^2}{\rho}\boldsymbol{e}_{\mathrm{n}}+\frac{\mathrm{d}v}{\mathrm{d}t}\boldsymbol{e}_{\mathrm{t}} \tag{1-23}$$

式中，$\boldsymbol{e}_{\mathrm{n}}$和$\boldsymbol{e}_{\mathrm{t}}$仍为沿轨迹曲线上$A$点法线方向和切线方向的单位矢量；$\rho$为轨迹曲线在$A$点的曲率半径。

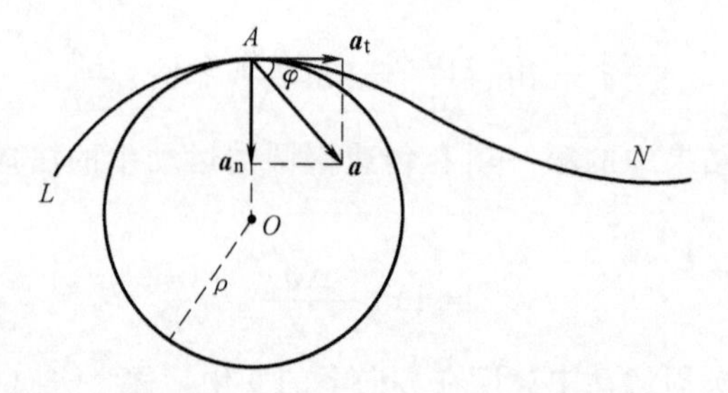

图1-11 一般曲线运动的加速度

与圆周运动不同，一般平面曲线上不同点处的曲率半径和曲率中心是不同的，质点在任一点处法向加速度的大小与质点在该处的速率平方成正比，与该处的曲率半径成反比，其方向沿该处曲率圆的半径指向曲率中心。

一般平面曲线运动加速度的大小和方向可表示为

$$a=\sqrt{a_{\mathrm{n}}^2+a_{\mathrm{t}}^2}=\sqrt{\left(\frac{v^2}{\rho}\right)^2+\left(\frac{\mathrm{d}v}{\mathrm{d}t}\right)^2}$$

$$\tan\varphi=\frac{a_{\mathrm{n}}}{a_{\mathrm{t}}}$$

一般曲线运动中的法向加速度和圆周运动中的法向加速度相似，只反映速

度方向的变化；切向加速度则和直线运动中的加速度相似，只反映速度大小的变化。当质点做圆周运动时，曲率半径不变，曲率中心为圆心，可见圆周运动是一般平面曲线运动的一种特殊情况。

例 1-3　求斜抛物体轨迹顶点处的曲率半径。

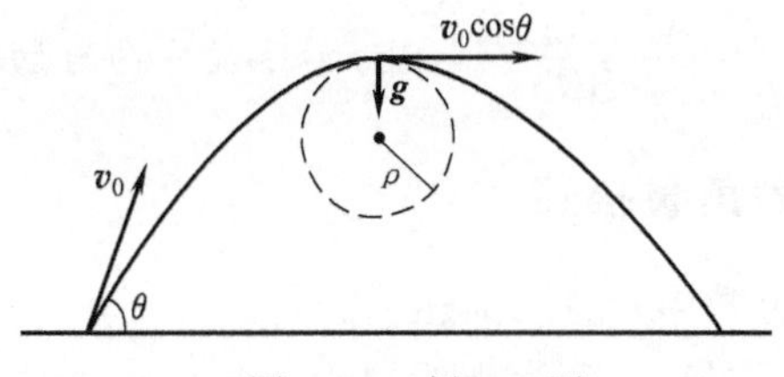

图 1-12　例 1-3 图

解　在自然坐标系中讨论。

如图 1-12 所示，当质点在抛物线顶点时，质点只有水平方向运动的速度

$$v = v_0 \cos\theta$$

此时切向加速度为零。法向加速度　$\boldsymbol{a}_n = \boldsymbol{g}$

由 $a_n = \dfrac{v^2}{\rho}$ 得曲率半径为

$$\rho = \frac{v^2}{a_n} = \frac{(v_0 \cos\theta)^2}{g}$$

例 1-4　一质点以 $v = A + Bt$ 的速率从 $t = 0$ 开始由 P 点绕圆心做半径为 R 的圆周运动，式中 A、B 均为常量，求质点沿圆周运动一周时的速度和加速度。

解　由题意知质点的速率为

$$v = A + Bt$$

当 $t = 0$ 时，$v_0 = A$，质点的切向加速度为

$$a_t = \frac{dv}{dt} = B$$

说明质点做匀变速圆周运动。

当质点从初始位置出发运动一周后回到原处时，由匀变速运动的速度公式得

$$\begin{aligned} v^2 &= v_0^2 + 2a_t s = A^2 + 2B \cdot 2\pi R \\ &= A^2 + 4\pi BR \end{aligned}$$

速度的大小 $v = \sqrt{A^2 + 4\pi BR}$，方向沿切线指向前进方向。

此时质点的法向加速度为

$$a_n = \frac{v^2}{R} = \frac{A^2 + 4\pi BR}{R}$$

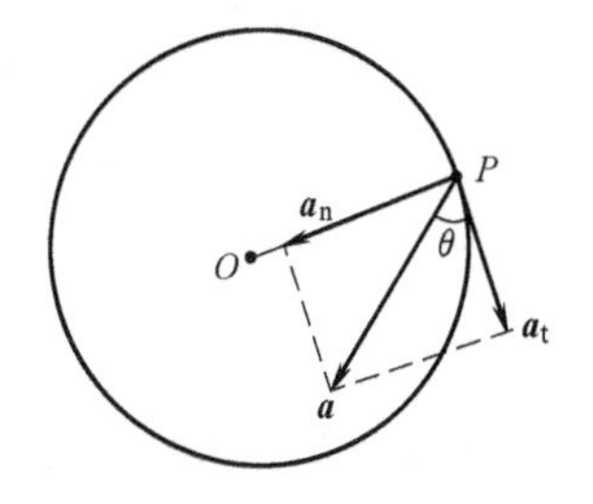

图 1-13　例 1-4 图

如图 1-13 所示，质点的加速度为

$$\boldsymbol{a}=B\boldsymbol{e}_{\mathrm{t}}+\frac{A^2+4\pi BR}{R}\boldsymbol{e}_{\mathrm{n}}$$

加速度的大小为

$$a=\sqrt{a_{\mathrm{t}}^2+a_{\mathrm{n}}^2}=\sqrt{B^2+\left(\frac{A^2+4\pi BR}{R}\right)^2}$$

方向为 $\tan\theta=\frac{a_{\mathrm{n}}}{a_{\mathrm{t}}}=\frac{A^2+4\pi BR}{BR}$（$\theta$ 为加速度方向与切线方向间的夹角）

四、圆周运动的角量描述

质点的圆周运动也常用角量来描述。

如图 1-14 所示，取圆心 O 为坐标原点，x 轴如图所示。质点的位矢 $\boldsymbol{r}$ 与 x 轴的夹角为 θ，由于质点沿圆周运动，用 θ 就可以确定质点的位置，故 θ 称为质点的角坐标，随着质点的运动，θ 角随时间改变，即

$$\theta=\theta(t)$$

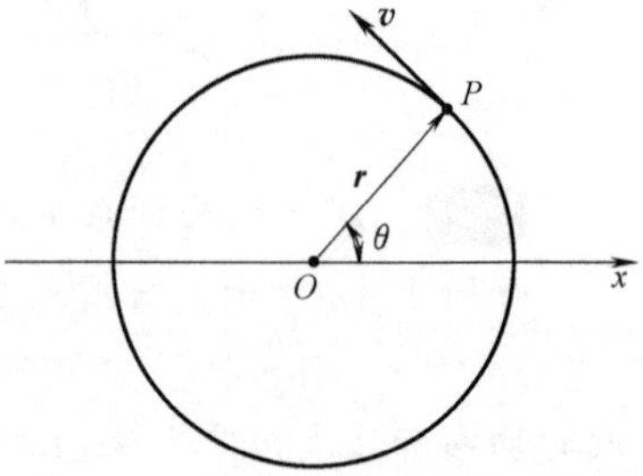

图 1-14 圆周运动的角量描述

角坐标的时间变化率定义为角速度 ω，即

$$\omega=\frac{\mathrm{d}\theta}{\mathrm{d}t}$$

在国际单位制中，角速度的单位是弧度每秒（$\mathrm{rad\cdot s^{-1}}$）。

一般来说，角速度 ω 也是时间的函数，角速度的时间变化率定义为**角加速度** α，即

$$\alpha=\frac{\mathrm{d}\omega}{\mathrm{d}t}=\frac{\mathrm{d}^2\theta}{\mathrm{d}t^2}$$

弧长和圆心角的关系为

$$s=r\theta$$

两边求导得

$$\frac{\mathrm{d}s}{\mathrm{d}t}=r\frac{\mathrm{d}\theta}{\mathrm{d}t}$$

即线速度为

$$v=r\omega$$

两边求导得

$$\frac{\mathrm{d}v}{\mathrm{d}t}=r\frac{\mathrm{d}\omega}{\mathrm{d}t}$$

可得切向加速度与角加速度的关系为

$$a_{\mathrm{t}}=r\alpha$$

而法向加速度
$$a_n=\frac{v^2}{r}=r\omega^2$$

例 1-5　一质点沿半径为 $R=0.1\text{m}$ 的圆周运动，其运动方程为 $\theta=2+4t^3$，求 $t=2\text{s}$ 时的切向加速度和法向加速度。

解　根据角速度及角加速度的定义

$$\omega=\frac{\mathrm{d}\theta}{\mathrm{d}t}=12t^2$$

$$\alpha=\frac{\mathrm{d}\omega}{\mathrm{d}t}=24t$$

故
$$a_t=R\alpha=24Rt$$
$$a_n=\omega^2R=(12t^2)^2R$$

以 $t=2\text{s}$，$R=0.1\text{m}$ 代入得

$$a_t=4.8\text{m}\cdot\text{s}^{-2}$$
$$a_n=230.4\text{m}\cdot\text{s}^{-2}$$

第四节　相对运动

力学问题常常需要从不同的参考系来确定同一物体的运动。对不同的参考系，同一质点的位移、速度、加速度都可能不同。在实际问题的研究中，需要把运动在一个参考系中的描述变换到另外一个参考系中去描述，这就需要研究两个参考系之间运动的变换关系。

我们从伽利略坐标变换入手，介绍速度变换和加速度变换。

设有两个参考系，一个为 S 系（即 Oxy 坐标系），另一个为 S′（即 $O'x'y'$ 坐标系），S′系沿 x 轴以恒定的速度 $\boldsymbol{u}$ 相对于 S 系运动。开始时（即 $t=0$）两个参考系重合，一质点在 S 系中位于 P 点，在 S′系中位于 P' 点，当 $t=0$ 时，P 和 P' 共点（见图 1-15）。

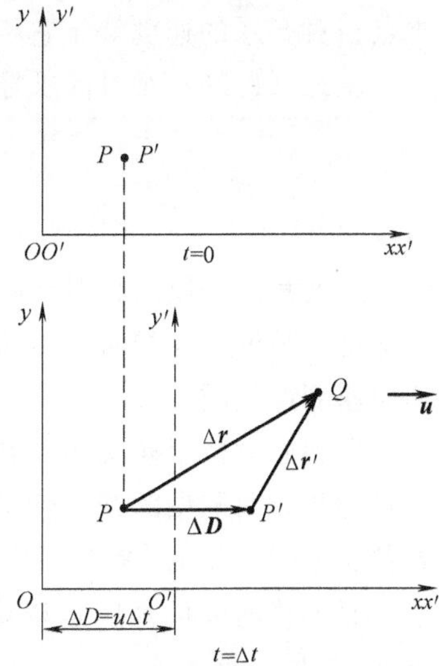

图 1-15　两坐标系相对做匀速直线运动

在 Δt 时间内，S′系沿 x 轴相对于 S 系运动的同时，质点也运动到 Q 点。S′系沿 x 轴相对于 S 系的位移为 $\Delta\boldsymbol{D}=\boldsymbol{u}\Delta t$。在同样的时间里，在 S 系观测，质点从 P 点运动到 Q 点，其位移为 $\Delta\boldsymbol{r}$；而在 S′系观测，质点从 P' 点运动到 Q 点，其位移为 $\Delta\boldsymbol{r}'$；显然 $\Delta\boldsymbol{r}$ 和 $\Delta\boldsymbol{r}'$ 是不相等的，即同一物体

在同一时间内的位移，相对于 S 和 S′这两个参考系来说，是不相等的。这两个位移和 S′系相对于 S 系的位移有下述关系

$$\Delta \boldsymbol{r} = \Delta \boldsymbol{r}' + \Delta \boldsymbol{D}$$

或

$$\Delta \boldsymbol{r} = \Delta \boldsymbol{r}' + \boldsymbol{u}\Delta t \tag{1-24}$$

其逆变换为

$$\Delta \boldsymbol{r}' = \Delta \boldsymbol{r} - \boldsymbol{u}\Delta t$$

它的直角坐标分量式为

$$\left.\begin{aligned} x' &= x - ut \\ y' &= y \\ z' &= z \\ t' &= t \end{aligned}\right\} \tag{1-25}$$

在经典力学中，人们总认为同一运动所经历的时间在两个不同的参考系中是相同的，即 $t=t'$。上述时空变换关系称为伽利略坐标变换式。

用时间 Δt 除式（1-24），有

$$\frac{\Delta \boldsymbol{r}}{\Delta t} = \frac{\Delta \boldsymbol{r}'}{\Delta t} + \boldsymbol{u}$$

取 $\Delta t \to 0$ 时的极限值，可得相应速度之间的关系

$$\boldsymbol{v} = \boldsymbol{v}' + \boldsymbol{u} \tag{1-26}$$

式中，$\boldsymbol{v}$ 为质点相对 S 系的速度，称为绝对速度；$\boldsymbol{v}'$ 为质点相对 S′系的速度，称为相对速度；$\boldsymbol{u}$ 为 S′系相对于 S 系的速度，称为牵连速度。上式的物理意义是：质点相对 S 系的速度等于它相对 S′系的速度与 S′系相对 S 系速度的矢量和。

将式（1-26）对时间求导，可求得加速度变换式

$$\frac{\mathrm{d}\boldsymbol{v}}{\mathrm{d}t} = \frac{\mathrm{d}\boldsymbol{v}'}{\mathrm{d}t} + \frac{\mathrm{d}\boldsymbol{u}}{\mathrm{d}t}$$

即

$$\boldsymbol{a} = \boldsymbol{a}' \tag{1-27}$$

这就是同一质点相对于两个相对做平动的参考系的加速度之间的关系。

这就是说，在相对做匀速直线运动的所有参考系中观测同一质点的运动时，其加速度都相同。

伽利略坐标变换式建立在经典力学时空观的基础上，即建立在长度测量的绝对性和时间测量的绝对性的基础上。在式（1-24）中，$\Delta \boldsymbol{r}$ 和 $\Delta \boldsymbol{D}$ 是 S 系中观测者测量的，而 $\Delta \boldsymbol{r}'$ 是 S′系中观测者测量的，它们是相对于不同参考系测得的位移，而位移的矢量合成是相对于同一参考系的位移，式（1-24）要成立，就要求 $\Delta \boldsymbol{r}'$ 这段位移无论是由 S 系还是 S′系的观测者测量，其结果完全一样。即同一段长度的测量结果与参考系的相对运动无关，这一论断叫作长度测量的绝对性。从式（1-24）得到式（1-26），要涉及时间的测量，$\boldsymbol{v}$、$\boldsymbol{u}$ 和 $\boldsymbol{v}'$ 分别是 S 系和 S′

系中的观察者根据自己测得的时间计算出来的，式（1-26）要成立，就要求对同一段时间无论是由 S 系还是 S′系的观测者测量，其结果完全一样。即同一段时间的测量结果与参考系的相对运动无关，这一论断叫作时间测量的绝对性。

上述关于空间和时间测量的绝对性构成了经典力学的时空观，也称为绝对时空观。这种观点是和大量日常经验相符的。随着人类研究领域的扩展和深入，当涉及的速度非常大，大到和光在真空中的速度相近时，人们发现长度和时间的测量并不是绝对的，而是相对的。关于长度和时间的概念及更为普遍的变换关系式将在狭义相对论基础中详细讲述。

例 1-6 一人相对河流以 $4.0\mathrm{km\cdot h^{-1}}$ 的速度划船前进，河水平行于河岸流动，流速为 $3.5\mathrm{km\cdot h^{-1}}$。求：（1）此人要从出发点垂直于河岸横渡此河，应如何掌握划行方向？（2）如果河面宽 2.0km，需多长时间才能到达对岸？（3）若此人顺流划行了 2.0h，需要多长时间才能划回出发点？

解 取固定于河岸的坐标系为 S 系，随河水流动的坐标系为 S′系，S′系沿 x 轴以恒定的速度 $\boldsymbol{u}$ 相对于 S 系运动。

（1）如图 1-16 所示，要使船垂直于河岸驶达对岸，则船相对河岸的速度 $\boldsymbol{v}$ 必与河岸垂直。由速度变换原理，做速度合成图，其中 $\boldsymbol{v}'$ 为船相对于河水的速度，由图可知

$$\sin\theta = \frac{u}{v'} = \frac{3.5}{4.0} = 0.875$$

$$\theta = 61°$$

即人划船时，必须使船身与河岸垂直线间的夹角为 61°，逆流划行。

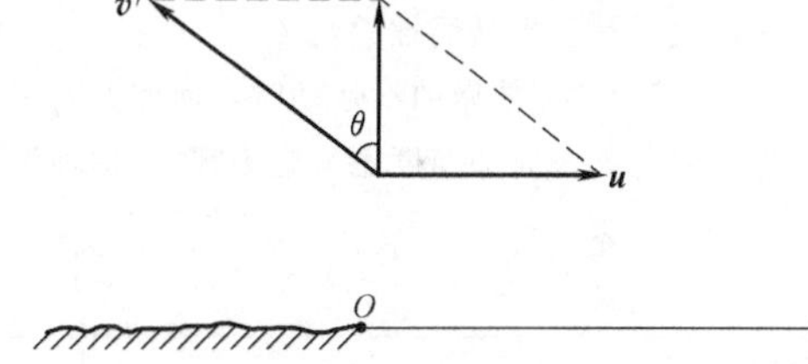

图 1-16 例 1-6 图

（2）由速度合成图，可求出船速

$$v = v'\cos 61°$$

此时横渡河面需要的时间为

$$t = \frac{l}{v} = \left(\frac{2.0}{4.0\times\cos 61°}\right)\mathrm{h} = 1.03\mathrm{h}$$

（3）顺流划行时，船的绝对速度的大小为

$$v = v' + u = 7.5\mathrm{km\cdot h^{-1}}$$

经过两小时，船在离出发点下游方向的 15km 处。要划回出发处，必须逆流而行，这时船的速度大小为

$$v = -v' + u = -0.5\mathrm{km\cdot h^{-1}}$$

以这样的速度匀速划行，必须再经 30h 才能划过 15km 回到原处。

思　考　题

1-1　回答下列问题：

(1) 位移和路程有何区别？在什么情况下二者的量值相等？在什么情况下二者的量值不相等？

(2) 平均速度和平均速率有何区别？在什么情况下二者的量值相等？

(3) 瞬时速度和平均速度的关系和区别是什么？

1-2　$|\Delta \boldsymbol{r}|$ 和 $\Delta|\boldsymbol{r}|$ 有区别吗？$|\Delta \boldsymbol{v}|$ 和 $\Delta|\boldsymbol{v}|$ 有区别吗？$\left|\frac{\mathrm{d}\boldsymbol{v}}{\mathrm{d}t}\right|=0$ 和 $\frac{\mathrm{d}|\boldsymbol{v}|}{\mathrm{d}t}=0$ 各代表什么运动？

1-3　设质点的运动方程为 $x=x(t)$，$y=y(t)$，在计算质点的速度和加速度时，有人先求出 $r=\sqrt{x^2+y^2}$，然后根据

$$v=\frac{\mathrm{d}r}{\mathrm{d}t} \quad 及 \quad a=\frac{\mathrm{d}^2 r}{\mathrm{d}t^2}$$

而求得结果；又有人先计算速度和加速度的分量，再合成求得结果，即

$$v=\sqrt{\left(\frac{\mathrm{d}x}{\mathrm{d}t}\right)^2+\left(\frac{\mathrm{d}y}{\mathrm{d}t}\right)^2} \text{ 及 } a=\sqrt{\left(\frac{\mathrm{d}^2 x}{\mathrm{d}t^2}\right)^2+\left(\frac{\mathrm{d}^2 y}{\mathrm{d}t^2}\right)^2}$$

你认为两种方法哪一种正确？两者的差别何在？

1-4　如果一质点的加速度与时间的关系是线性的，那么，该质点的速度和位矢与时间的关系是否也是线性的？

1-5　“物体做曲线运动时，速度方向一定在运动轨迹的切线方向，法向分速度恒为零，因此其法向加速度也一定为零。”这种说法正确吗？

习　题

1-1　一质点沿 x 轴运动，坐标与时间的关系为 $x=4t-2t^3$，式中 x、t 分别以 m、s 为单位，试计算：

(1) 在最初 2s 内的平均速度，2s 末的瞬时速度；

(2) 1s 末到 3s 的位移、平均速度；

(3) 3s 末的瞬时加速度。

1-2　如习题 1-2 图所示，在离水面高度为 h 的岸边，有人用绳子拉船，收绳的速度恒为 $\boldsymbol{v}_0$，求船在离岸边的距离为 s 时的速度和加速度。

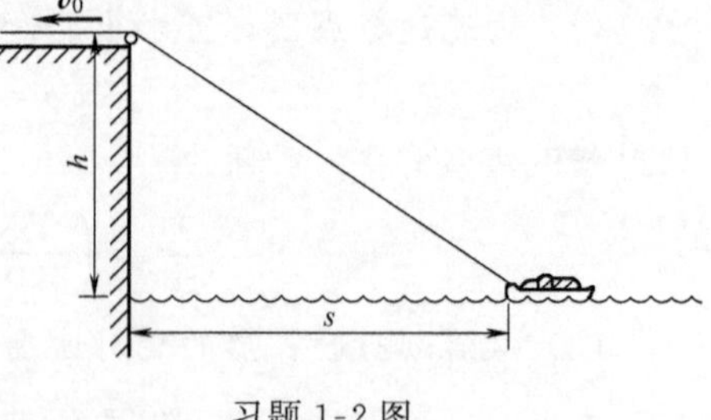

习题 1-2 图

1-3　一质点的运动方程为 $\boldsymbol{r}(t)=\boldsymbol{i}+4t^2\boldsymbol{j}+t\boldsymbol{k}$，试求：(1) 它的速度和加速度；(2) 它的轨迹方程。

1-4　某物体从空中由静止下落，其加速度 $a=A-Bv$（A、B 为常量），取竖直向下为 y 轴正向，设 $t=0$ 时，$y_0=0$，$v_0=0$。试求：(1) 物体下落的速度；(2) 物体的运动

方程。

1-5　一升降机以加速度 $1.22\mathrm{m}\cdot\mathrm{s}^{-2}$ 上升，当上升速度为 $2.44\mathrm{m}\cdot\mathrm{s}^{-1}$ 时，有一螺钉自升降机的天花板上松脱，天花板与升降机地板相距 2.74m。计算：(1) 螺钉从天花板落到地板所需要的时间；(2) 螺钉相对升降机外固定柱子的下降距离。

1-6　按玻尔模型，氢原子处于基态时，它的电子围绕原子核做圆周运动。电子的速率为 $2.2\times10^{6}\mathrm{m}\cdot\mathrm{s}^{-1}$，离核的距离为 $0.53\times10^{-10}\mathrm{m}$，求电子绕核运动的频率和向心加速度。

1-7　一质点沿半径 $R=1\mathrm{m}$ 的圆周运动，运动方程为 $s=\pi t^2+\pi t$，式中 s、t 分别以 m、s 为单位。试求：

(1) 质点绕行一周所经历的路程、位移、平均速度和平均速率；

(2) 质点在第 1s 末的速度和加速度的大小。

1-8　如习题 1-8 图所示，一圆盘半径为 3m，它的角速率在 $t=0$ 时为 $3.33\pi\mathrm{rad}\cdot\mathrm{s}^{-1}$，以后均匀减小，到 $t=4\mathrm{s}$ 时角速度变为零。试计算圆盘边缘上一点在 $t=2\mathrm{s}$ 时的切向加速度和法向加速度的大小，并在图上画出它们的方向。

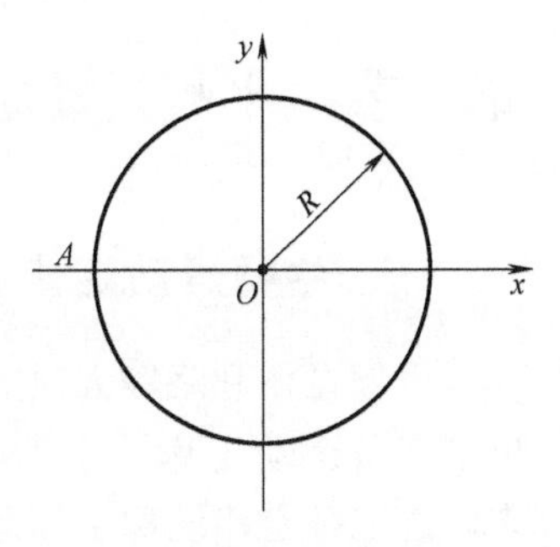

习题 1-8 图

1-9　一无风的下雨天，一列火车以 $v_1=20.0\mathrm{m}\cdot\mathrm{s}^{-1}$ 的速度匀速前进，在车内的旅客看见玻璃窗外的雨滴和垂线成 75°角下降。求雨滴下落的速度 $\boldsymbol{v}_2$。(设下降的雨滴做匀速运动)

1-10　一架飞机从 A 处向东飞到 B 处，然后又向西飞回 A 处，飞机相对于空气的速率为 v'，而空气相对于地面的速率为 v_r，A、B 之间的距离为 l，飞机相对于空气的速率保持不变。

(1) 假设空气是静止的，试证来回飞行的时间为 $t_0=2l/v'$。

(2) 假定空气的速度向东，试证来回飞行的时间为

$$t_1=\frac{t_0}{1-\left(\frac{v_r}{v'}\right)^2}$$

(3) 假设空气速度向北，试证来回飞行的时间为

$$t_2=\frac{t_0}{\sqrt{1-\left(\frac{v_r}{v'}\right)^2}}$$

第二章　质点动力学

动力学研究作用于物体上的力和物体机械运动状态变化之间的关系。动力学问题中既有以牛顿定律为代表所描述的力的瞬时效应，又有通过动量定理、功能原理以及动量守恒、机械能守恒等所描述的力在时、空过程中的积累效应。

第一节　牛顿运动定律　惯性参考系　牛顿运动定律的应用

一、牛顿运动定律

牛顿在伽利略等人对力学研究的基础上，进行了深入的分析和研究，总结出了三条运动定律，于 1686 年在他的著作《自然哲学的数学原理》一书中发表，这三条定律统称牛顿运动定律，它是动力学的基础。

1. 牛顿第一定律

牛顿第一定律："任何物体都保持静止或匀速直线运动的状态，直到其他物体所作用的力迫使它改变这种状态为止。"这条定律的意思是：如果没有外力作用在物体上或物体所受合外力为零，物体将保持其速度不变，或者说保持其运动状态不变，即没有加速度。

第一定律中包含两个重要概念：第一、按照这条定律，任何物体都有保持自己原有运动状态不变的性质，这种性质称为物体的惯性，因此，第一定律又称为惯性定律。第二、按照这条定律，如果物体的速度发生了改变，它就一定受到外力作用。因此，这条定律包含了力的概念：力是一个物体对另一个物体的作用，这种作用能迫使物体改变其运动状态。也就是说，牛顿第一定律指出了作用于质点的力是质点运动状态改变的原因。

牛顿第一定律是从大量实验事实中总结出来的，不能直接用实验来验证。

2. 牛顿第二定律

牛顿第二定律指出：当物体受到外力作用时，它所获得的加速度 $\boldsymbol{a}$ 的大小与合外力 $\boldsymbol{F}$ 的大小成正比，与物体的质量 m 成反比；加速度 $\boldsymbol{a}$ 的方向与合外力 $\boldsymbol{F}$ 的方向相同，即

$$\boldsymbol{F} = km\boldsymbol{a} \tag{2-1}$$

比例系数 k 与单位制有关，在国际单位制（SI）中 $k=1$，即

$$\boldsymbol{F} = m\boldsymbol{a} \tag{2-2}$$

第一定律只是说明任何物体都具有惯性，但没有给出对惯性的度量。第二定律指出，同一个外力作用在不同的物体上，质量大的物体获得的加速度小，质量小的物体获得的加速度大。这意味着质量大的物体要改变其运动状态比较困难，质量小的物体要改变其运动状态则比较容易，因此，物体惯性大小的度量就是质量。

牛顿第二定律揭示了力、质量、加速度这三个物理量之间的定量关系，把力和运动之间的关系从第一定律所阐述的定性关系提高到定量联系的科学高度，为力学的定量研究奠定了基础。

3. 牛顿第三定律

牛顿第三定律：当物体 A 以力 $\boldsymbol{F}$ 作用在物体 B 上时，物体 B 也必定同时以力 $\boldsymbol{F}'$ 作用在物体 A 上，$\boldsymbol{F}$ 和 $\boldsymbol{F}'$ 大小相等，方向相反，且力的作用线在同一条直线上，即

$$\boldsymbol{F} = \boldsymbol{F}' \tag{2-3}$$

对于牛顿第三定律，必须注意以下几点：

1）作用力与反作用力总是成对出现，且作用力与反作用力之间的关系是一一对应的。

2）作用力与反作用力分别作用在两个物体上，因此它们绝对不是一对平衡力。

3）作用力与反作用力一定是属于同一性质的力。如果作用力是万有引力，那么反作用力也一定是万有引力；作用力是摩擦力，反作用力也一定是摩擦力；作用力是弹力，反作用力也一定是弹力。

需要说明的是，在牛顿力学中强调作用力与反作用力大小相等方向相反，且力的作用线在同一直线上，这种情况只在物体的运动速度远小于光速时成立。若相对论效应不能忽略时，牛顿第三定律的这种表达就失效了，这时取而代之的是动量守恒定律。因此，可以认为牛顿第三定律只是动量守恒定律在经典力学中的一种推论。

二、常见的几种力

要应用牛顿定律解决问题，首先必须能正确地分析物体受力情况。在日常生活和工程技术中经常遇到的力有万有引力、弹性力、摩擦力等。下面简单介绍一下这些力的知识。

1. 万有引力

任何两个物体之间都存在相互吸引力，按照万有引力定律，质量分为 m_1 和 m_2 的两个质点，相距为 r 时，它们之间的万有引力大小为

$$F = G\frac{m_1 m_2}{r^2} \tag{2-4}$$

式中，$G=6.67\times10^{-11}\text{N}\cdot\text{m}^2\cdot\text{kg}^{-2}$，称为引力常量。由于引力常量的数量级很小，所以一般物体间的引力极其微弱，但若两个物体都是天体（或者其中一个是天体），则这种引力就是支配它们运动的主导因素。

地球对其表面附近物体的吸引力就是物体的重力，根据牛顿第二定律，物体的重力为

$$P=G\frac{m_{\mathrm{m}}m_{\mathrm{E}}}{R^2}=m_{\mathrm{m}}g$$

式中，m_{m}、m_{E} 分别是物体和地球的质量；R 为地球半径。所以重力加速度 $g=G\frac{m_{\mathrm{E}}}{R^2}$。

2. 弹性力

当两个物体相互接触发生形变时，物体因形变而产生的恢复力称为弹性力。弹性力产生的先决条件是弹性形变，弹性力的大小取决于形变的程度。弹性力的表现形式有很多种，常见的弹性力有：弹簧被拉伸或压缩时产生的弹簧弹性力；绳索被拉紧时产生的张力；重物放在支承面上产生的正压力（作用于支承面）和支持力（作用于物体上）等。

3. 摩擦力

两个相互接触的物体在沿接触面相对滑动或者有相对滑动的趋势时，在接触面之间会产生一对阻止相对运动的力，叫作摩擦力。相互接触的两个物体在外力作用下，有相对滑动的趋势但尚未产生相对滑动，这时的摩擦力叫作静摩擦力。相对滑动的趋势是指，假如没有静摩擦，物体将发生相对滑动，正是静摩擦的存在，阻止了物体相对滑动的出现。静摩擦力沿接触面作用并与相对运动趋势方向相反。静摩擦力的大小视外力的大小而定，介于零和最大静摩擦力 F_{s}之间。实验证明，最大静摩擦力正比于压力 F_{N}

$$F_{\mathrm{s}}=\mu_{\mathrm{s}}F_{\mathrm{N}}$$

式中，μ_{s} 叫作静摩擦因数，它与接触面的材料和表面状况有关。

当外力超过静摩擦力时，物体间产生相对滑动，这时的摩擦力叫作滑动摩擦力。滑动摩擦力的方向总是与物体相对运动的方向相反，实验证明，滑动摩擦力 F_{k} 也与正压力 F_{N} 成正比

$$F_{\mathrm{k}}=\mu_{\mathrm{k}}F_{\mathrm{N}}$$

式中，μ_{k} 叫作动摩擦因数，它也与接触面的材料和表面状况有关，还与两接触物体的相对速度有关，在相对速度不大时，为计算简单起见，可认为动摩擦因数 μ_{k} 略小于静摩擦因数 μ_{s}，而在一般计算时，除非特别指明，可认为它们是相等的。

以上介绍了几种常见力的特征。在日常生活和工程技术中，还会遇到很多

种力，但就其本质而言，它们可归结为四种基本力——万有引力、电磁力、强力、弱力，各种力都是这四种基本力中的一种或几种的综合表现。表 2-1 给出了四种基本力的比较。

表 2-1　基本力的比较

基本力的种类	相互作用举例	力　程	相对强度①
万有引力	恒星结合在一起形成银河系	无限远	10^{-38}
电磁力	电子与原子核结合形成原子	无限远	10^{-2}
强力	各质子及中子结合形成原子核	10^{-15} m	1
弱力	放射性原子核的β衰变	10^{-17} m	10^{-6}

① 力的相对强度是在力的范围内由基本粒子之间的数量来计算的，在相对强度的标度上取强度为 1。

万有引力前面已有介绍。电磁力是电场力和磁场力的统称。静止电荷之间存在电场力，运动电荷间除了电场力外还存在磁场力。按照相对论理论，磁场力实际上是电场力的一种表现，即磁场力和电场力具有同一本源，因此统称为电磁力。由于分子和原子都是由电荷组成的系统，它们之间的作用力就是电磁力。中性分子或原子虽然正负电荷数量相等，但它们之间也有相互作用力，这是因为它们内部正负电荷有一定的分布，对外部电荷的作用并没有完全抵消，所以仍存在有电磁力作用。前面介绍过的相互接触的物体之间的弹性力、摩擦力以及气体压力、浮力、黏结力等都是微观粒子间的相互作用力，它们的作用范围（力程）很小，属于短程力。强力是存在于质子、中子、介子等强子之间的将原子核内的质子、中子紧紧束缚在一起的作用力。弱力仅在粒子间的某些反应中（如β衰变）才显示出它的重要性。

三、惯性参考系

实验表明，一质点并不是在任何的参考系中都能保持静止或匀速直线运动的状态。例如，在一个沿水平方向做加速运动的车厢内去观察水平方向可视为质点的小球运动，则小球相对于车厢参考系就有加速度，而相对于地面参考系，其加速度为零，如图 2-1 所示。

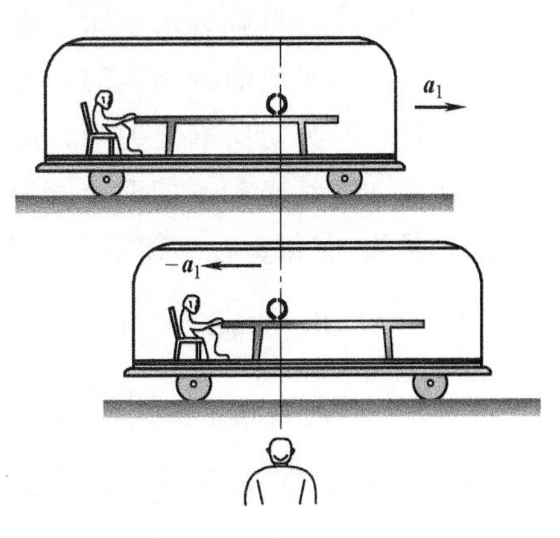

图 2-1　在加速运动的车厢内惯性定律不成立

上述现象表明，牛顿运动定律只能在某些特殊参考系中成立。凡是牛顿运动定律适用的参考系，都称为惯性参考系，简称惯性系。牛顿运动定律不成立的参考系称为非惯性系。

那么，哪些参考系是惯性系呢？严格地讲，要根据大量的观察和实验结果来判断。天文学方面的观察证明：以太阳的中心为原点，以太阳与其他恒星的连线为坐标轴的参考系是精确度较高的惯性系。理论证明，凡是相对已知惯性系做匀速直线运动的参考系都是惯性系，凡是相对已知惯性系做变速运动的参考系都是非惯性系。

严格地说地球不是惯性系。因为地球有自转和公转，地球相对太阳这个惯性系不是做匀速直线运动。但因地球自转和公转的角速度都很小，这种偏离匀速直线运动的影响很小，在一般精确度范围内，地球或静止在地面上的任何物体都可以近似地看作惯性系。

四、牛顿运动定律应用

牛顿运动定律定量地反映了物体所受的合外力、质量和运动之间的关系。应用牛顿运动定律解决的动力学问题一般可分为两类：一类是已知力求运动；另一类是已知运动求力。当然，在实际问题中常常两者兼有。

式（2-2）是牛顿第二定律的矢量式，实际应用时常用到分量式。由力的叠加原理，当几个外力同时作用于物体时，合外力所产生的加速度等于每个外力所产生的加速度的矢量和。式（2-2）在直角坐标系 x、y、z 轴上的分量式为

$$\begin{cases} F_x = ma_x = m\dfrac{\mathrm{d}^2 x}{\mathrm{d}t^2} \\ F_y = ma_y = m\dfrac{\mathrm{d}^2 y}{\mathrm{d}t^2} \\ F_z = ma_z = m\dfrac{\mathrm{d}^2 z}{\mathrm{d}t^2} \end{cases} \tag{2-5}$$

式中，F_x、F_y、F_z 分别表示作用于物体上的所有外力在 x、y、z 轴上的分量之和；a_x、a_y、a_z 分别表示物体加速度在 x、y、z 轴上的分量。

当质点做平面曲线运动时，可选取自然坐标系，如图2-2所示，$\boldsymbol{e}_{\mathrm{n}}$ 为法向单位矢量，$\boldsymbol{e}_{\mathrm{t}}$ 为切向单位矢量，质点在 P 点的加速度在自然坐标系的两个相互垂直方向上的分量为 $\boldsymbol{a}_{\mathrm{n}}$ 和 $\boldsymbol{a}_{\mathrm{t}}$，牛顿第二定律可写成

$$\begin{cases} \boldsymbol{F}_{\mathrm{n}} = m\boldsymbol{a}_{\mathrm{n}} = m\dfrac{v^2}{\rho}\boldsymbol{e}_{\mathrm{n}} \\ \boldsymbol{F}_{\mathrm{t}} = m\boldsymbol{a}_{\mathrm{t}} = m\dfrac{\mathrm{d}v}{\mathrm{d}t}\boldsymbol{e}_{\mathrm{t}} \end{cases} \tag{2-6}$$

式中，$\boldsymbol{F}_{\mathrm{n}}$ 和 $\boldsymbol{F}_{\mathrm{t}}$ 分别表示合外力的法向分量和切向分量；ρ 是质点所在处曲线的曲率半径。

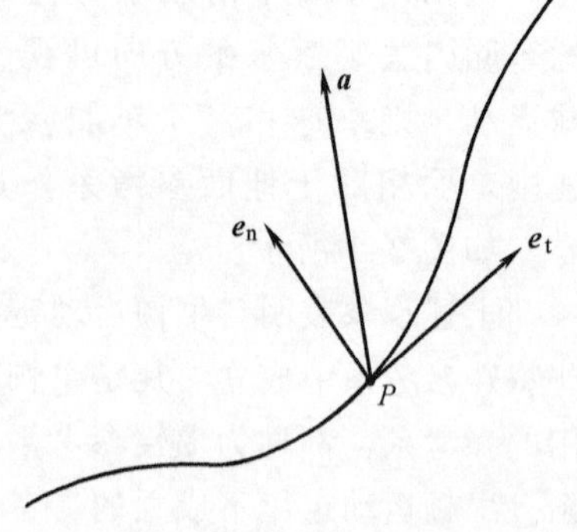

图2-2　加速度在自然坐标系中的分量

应用牛顿第二定律时，首先要正确分析运动物体的受力情况，把所研究的物体从与之相联系的其他物体中“隔离”出来，然后把该物体受的力一个不漏地标示出来，这种分析受力的方法叫作“隔离体法”，它是分析物体受力的有效方法。

分析受力之后，还要分析研究对象的运动状态，涉及多个物体时，需找出它们运动之间的联系，然后选择适当的坐标系，根据牛顿第二定律列出方程，最后对方程求解。求解时最好先用符号得出结果，而后再代入数据进行运算。这样既简单明了，又可避免数字的重复运算和运算误差。

注意：牛顿运动定律只适用于质点模型，且只在惯性系中成立。可以证明，牛顿定律、动量定理和动量守恒定律、动能定理、功能原理、机械能守恒定律、角动量定理和角动量守恒定律等都只在惯性系中成立，并且牛顿运动定律只能在低速（不考虑相对论效应时）、宏观（不考虑量子效应时）的情况下适用。

现在就一些常见的质点运动力学问题举例如下。

例 2-1　设电梯中有一质量可以忽略的滑轮，在滑轮两侧用轻绳悬挂着质量分别为 m_1 和 m_2 的重物，且 $m_1>m_2$。设滑轮与轻绳间的摩擦力及轮轴的摩擦力可忽略不计。当电梯（1）匀速上升，（2）匀加速上升时，求绳中的张力 F_T 和 m_1 相对于电梯的加速度 $\boldsymbol{a}_r$。

解　（1）取地面为参考系，把 m_1 和 m_2 隔离开来，分别画出它们的受力图，如图 2-3 所示。因忽略轻绳质量和滑轮质量，故滑轮两侧绳中张力相等。

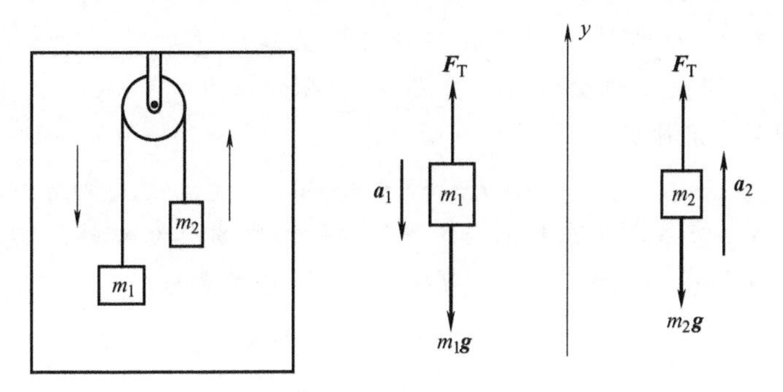

图 2-3　例 2-1 图

当电梯匀速上升时，物体相对地面的加速度 a_1 等于它相对电梯的加速度 a_r，取 y 轴的正方向向上，由牛顿第二定律得

$$F_T - m_1 g = -m_1 a_1 \quad (1)$$

$$F_T - m_2 g = m_2 a_2 \quad (2)$$

因 $a_1=a_2$ 由上两式消去 F_T，解得

$$a_1 = \frac{m_1 - m_2}{m_1 + m_2} g \quad (3)$$

$$F_{\mathrm{T}}=\frac{2m_1m_2}{m_1+m_2}g \tag{4}$$

(2) 当电梯以加速度 a 上升时，m_1 相对于地面的加速度 $a_1=a-a_{\mathrm{r}}$，m_2 相对于地面的加速度 $a_2=a+a_{\mathrm{r}}$，由牛顿第二定律得

$$F_{\mathrm{T}}-m_1g=m_1(a-a_{\mathrm{r}}) \tag{5}$$

$$F_{\mathrm{T}}-m_2g=m_2(a+a_{\mathrm{r}}) \tag{6}$$

由此解得

$$a_{\mathrm{r}}=\frac{m_1-m_2}{m_1+m_2}(a+g) \tag{7}$$

$$F_{\mathrm{T}}=\frac{2m_1m_2}{m_1+m_2}(a+g) \tag{8}$$

由此可看出，当 $a=-g$ 时，a_{r} 与 F_{T} 都等于0，亦即滑轮、物体都成为自由落体，两个物体之间没有相对加速度。

例 2-2　如图2-4所示，长为 l 的轻绳，一端系质量为 m 的小球，另一端系于定点 O，开始时小球处于最低位置。若使小球获得如图所示的初速 $\boldsymbol{v}_0$，小球将在铅直平面内做圆周运动。求小球在任意位置时的速率及绳的张力。

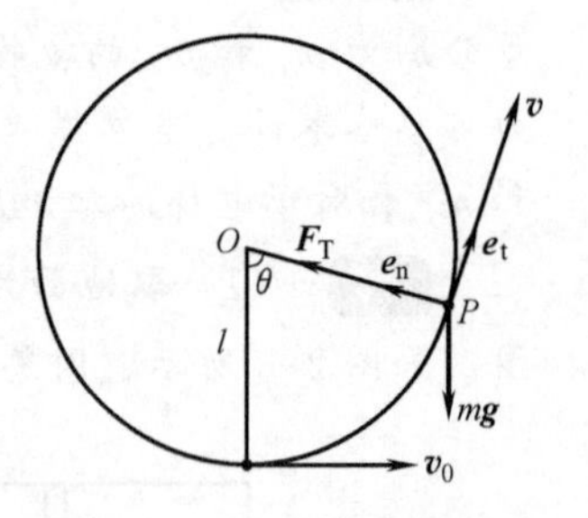

图2-4　例2-2图

解　由题意，$t=0$ 时，小球位于最低点，速率为 v_0，在时刻 t，小球位于 P 点，轻绳与铅直线成 θ 角，速率为 v。此时小球受力为：重力 $m\boldsymbol{g}$、绳的拉力 $\boldsymbol{F}_{\mathrm{T}}$，由牛顿第二定律有

$$\boldsymbol{F}_{\mathrm{T}}+m\boldsymbol{g}=m\boldsymbol{a} \tag{1}$$

选取自然坐标系，以过 P 点与速度同向的切线方向为 $\boldsymbol{e}_{\mathrm{t}}$ 轴，过 P 点指向圆心的法线方向为 $\boldsymbol{e}_{\mathrm{n}}$ 轴。式 (1) 在两轴方向上的分量式为

$$F_{\mathrm{T}}-mg\cos\theta=ma_{\mathrm{n}}$$

$$-mg\sin\theta=ma_{\mathrm{t}}$$

式中，a_{n} 为法向加速度，$a_{\mathrm{n}}=v^2/l$；a_{t} 为切向加速度，$a_{\mathrm{t}}=\mathrm{d}v/\mathrm{d}t$。上两式变为

$$F_{\mathrm{T}}-mg\cos\theta=m\frac{v^2}{l} \tag{2}$$

$$-mg\sin\theta=m\frac{\mathrm{d}v}{\mathrm{d}t} \tag{3}$$

在式 (3) 中

$$\frac{\mathrm{d}v}{\mathrm{d}t}=\frac{\mathrm{d}v}{\mathrm{d}\theta}\cdot\frac{\mathrm{d}\theta}{\mathrm{d}t}$$

由角速度定义式 $\omega=\mathrm{d}\theta/\mathrm{d}t$，以及角速度 ω 与线速度 v 之间的关系 $v=l\omega$，上

式变为

$$\frac{dv}{dt}=\frac{v}{l}\cdot\frac{dv}{d\theta}$$

于是式（3）可写成

$$v dv=-gl\sin\theta d\theta$$

得

$$v=\sqrt{v_0^2+2gl(\cos\theta-1)} \tag{4}$$

代入式（2）得

$$F_T=m\left(\frac{v_0^2}{l}-2g+3g\cos\theta\right) \tag{5}$$

由式（4）可以看出，小球的速率与位置有关，在0～π之间，速率随θ的增大而减小；而在π～2π之间，小球速率随角θ的增大而增大。小球做变速率圆周运动。

由式（5）可以看出，在小球从最低点向上升的过程中，绳对小球的张力随角θ的增大而减小，在到达最高点时，张力最小；而后在小球下降的过程中，张力又逐渐增大，在到达最低点时，张力最大。

例 2-3 已知小球质量为m，水对小球的浮力为$F_浮$，水对小球运动的黏滞阻力为$F_黏=Kv$，式中的K是与水的黏滞性、小球的半径有关的常数，计算小球在水中竖直沉降的速度。

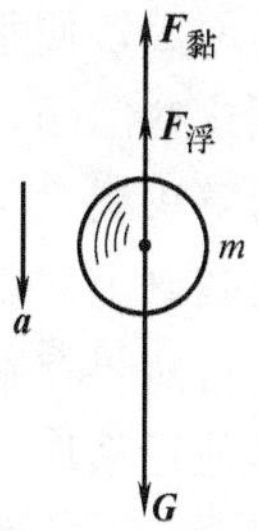

解 如图2-5所示，对小球进行受力分析：重力$\boldsymbol{G}$竖直向下，浮力$\boldsymbol{F}_浮$竖直向上，黏滞力$\boldsymbol{F}_黏$竖直向上。

图2-5 例2-3图

取向下方向为正，由牛顿第二定律得

$$G-F_浮-F_黏=ma$$

即

$$mg-F_浮-Kv=ma$$

所以

$$a=\frac{dv}{dt}=\frac{mg-F_浮-Kv}{m} \tag{1}$$

设$t=0$时，小球的初速度为零，此时加速度有最大值$\left(g-\frac{F_浮}{m}\right)$

当小球速度v逐渐增加时，其加速度逐渐减小。当v增加到足够大时，a趋近于零，因此v趋近于一个极限速度，称为收尾速度，用v_T表示，令

$$a=\frac{dv}{dt}=0,\quad v_T=\frac{mg-F_浮}{K}$$

于是式（1）化为

$$\frac{dv}{dt}=\frac{K(v_T-v)}{m}$$

$$\frac{\mathrm{d}v}{v_{\mathrm{T}}-v}=\frac{K}{m}\mathrm{d}t$$

对上式两边积分

$$\int_0^v \frac{\mathrm{d}v}{v_{\mathrm{T}}-v}=\int_0^t \frac{K}{m}\mathrm{d}t$$

得

$$v=v_{\mathrm{T}}\left(1-\mathrm{e}^{-\frac{K}{m}t}\right) \tag{2}$$

上式表明了小球的沉降速度 v 随 t 变化的函数关系。

由式（2）可知，当 $t\to\infty$ 时，$v=v_{\mathrm{T}}$；而当 $t=m/K$ 时，

$$v=v_{\mathrm{T}}\left(1-\frac{1}{\mathrm{e}}\right)=0.632v_{\mathrm{T}}$$

所以，$t=m/K$ 时，就可以认为 $v\approx v_{\mathrm{T}}$，小球即以收尾速度匀速下降。

第二节　功与能的概念

应用牛顿运动定律，原则上可以求出任何物体的运动规律。但由于数学运算的原因，使很多问题的求解过程非常困难，如果直接运用有关的运动定理来处理这些问题，常常能使问题的解决变得十分简便，这些运动定理为运动学问题的解决提供了一套行之有效的辅助方法。从本节开始，我们将在牛顿运动定律的基础上，得出一些具有普遍意义的运动定理。

自然界存在着多种运动形式，任何一种运动形式都可以直接或间接地转变为其他运动形式，在深入研究运动形式相互转化的过程中，人们建立了功与能的概念。本节将介绍功的概念和它的计算方法，并研究与机械运动有关的能量——动能和势能。

一、功

我们知道，在力的持续作用下，物体移动了一段位移，则力对物体做了功，用数学式表示即为

$$A=F\cos\theta\cdot|\Delta\boldsymbol{r}|=\boldsymbol{F}\cdot\Delta\boldsymbol{r}$$

上述定义只适用于恒力对直线运动物体所做的功，对于变力或物体沿曲线运动的情况不能直接运用，下面我们用微积分的思想，给出功的普适定义。

一质点在力 $\boldsymbol{F}$ 的作用下，发生一无限小的位移 $\mathrm{d}\boldsymbol{r}$（元位移），如图 2-6a 所示，此力对它做的功定义为力在位移方向上的分量与该位移大小的乘积。以 $\mathrm{d}A$ 表示元功，则

$$\mathrm{d}A=F\cos\theta\cdot|\mathrm{d}\boldsymbol{r}| \tag{2-7}$$

式中，θ 为 $\boldsymbol{F}$ 与 $\mathrm{d}\boldsymbol{r}$ 之间的夹角。按矢量标积的定义，式（2-7）可写成

$$\mathrm{d}A = \boldsymbol{F} \cdot \mathrm{d}\boldsymbol{r} \tag{2-8}$$

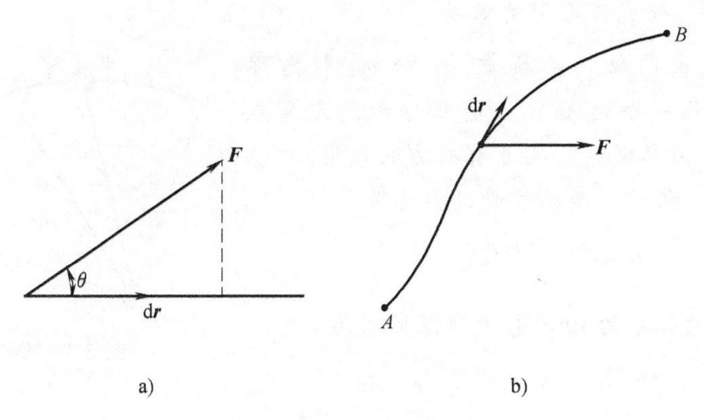

图 2-6　功的定义

a）元功的定义　b）功的一般定义

这样，功的定义是功等于力和位移的标积。功是标量，它没有方向，但有正负。从式（2-8）可以看出，当 $0° \leqslant \theta \leqslant 90°$ 时，功为正值，即力对物体做正功；当 $90° < \theta \leqslant 180°$ 时，功为负值，即力对物体做负功。

若质点在变力 $\boldsymbol{F}$ 作用下沿图 2-6b 所示的路径由 A 点运动到 B 点，为求得在这过程中 $\boldsymbol{F}$ 所做的功，将路径分成很多段的多个位移元，在每一个微小位移元 $\mathrm{d}\boldsymbol{r}$ 上，力 $\boldsymbol{F}$ 可近似为恒力。于是，质点从 A 点运动到 B 点时，变力所做的功等于力在每一段位移元上所做的元功的代数和，即

$$A = \int \mathrm{d}A = \int_A^B \boldsymbol{F} \cdot \mathrm{d}\boldsymbol{r} \tag{2-9}$$

式（2-9）为变力做功的表达式。

当质点同时受到若干个力 $\boldsymbol{F}_1$，$\boldsymbol{F}_2$，…，$\boldsymbol{F}_n$ 的作用时，由力的叠加原理，合力对质点所做的功，等于每个分力所做功的代数和，即

$$A = A_1 + A_2 + \cdots + A_n \tag{2-10}$$

在国际单位制中力的单位是 N，位移的单位是 m，功的单位是 N·m，我们把这个单位叫作焦耳，用 J 表示，功的量纲为 $\mathrm{ML^2T^{-2}}$。

在生产实践中，重要的是知道功对时间的变化率，我们把力在单位时间内所做的功定义为功率，用 P 表示，则有

$$P = \frac{\mathrm{d}A}{\mathrm{d}t}$$

由式（2-8），可得

$$P = \frac{\mathrm{d}A}{\mathrm{d}t} = \frac{\boldsymbol{F} \cdot \mathrm{d}\boldsymbol{r}}{\mathrm{d}t} = \boldsymbol{F} \cdot \boldsymbol{v} \tag{2-11}$$

即力对质点的瞬时功率等于作用力与质点在该时刻速度的标积。

在国际单位制中功率的单位为瓦特，用W表示。

例2-4　研究万有引力做功。

解　当两物体的质量 m_1 和 m_2 较悬殊时，可以看作一个运动质点受来自于固定质点（或以该质点为参考系）的万有引力的作用。

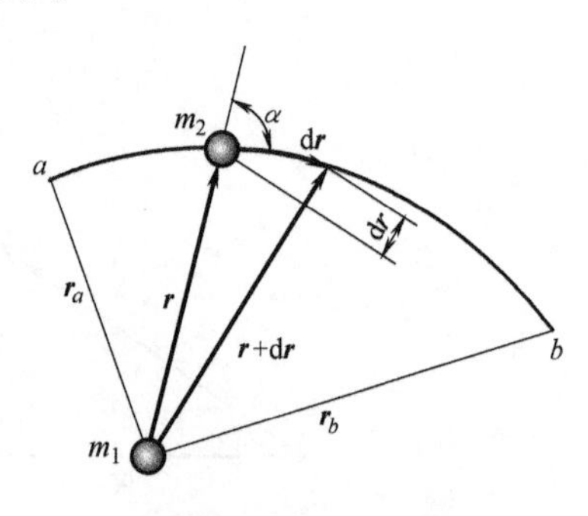

图2-7　例2-4图

如图2-7所示，两物体受的引力为

$$\boldsymbol{F}=-G\frac{m_1m_2}{r^3}\boldsymbol{r}$$

物体2的位移为 d$\boldsymbol{r}$，引力所做的功为

$$\mathrm{d}A=\boldsymbol{F}\cdot\mathrm{d}\boldsymbol{r}=-G\frac{m_2m_1}{r^3}\boldsymbol{r}\cdot\mathrm{d}\boldsymbol{r}$$

因为 $\boldsymbol{r}\cdot\mathrm{d}\boldsymbol{r}=r|\mathrm{d}\boldsymbol{r}|\cos\alpha=r\mathrm{d}r$（注意：$|\mathrm{d}\boldsymbol{r}|\neq\mathrm{d}r$），所以物体2从 a 运动到 b，万有引力对物体2做功为

$$\begin{aligned}A&=\int\mathrm{d}A=\int_{r_a}^{r_b}-G\frac{m_1m_2}{r^3}r\mathrm{d}r=-Gm_1m_2\int_{r_a}^{r_b}\frac{\mathrm{d}r}{r^2}\\&=-\left[\left(-G\frac{m_1m_2}{r_b}\right)-\left(-G\frac{m_1m_2}{r_a}\right)\right]\end{aligned}\tag{2-12}$$

由结果可知，万有引力对物体做的功只与物体的始末位置有关。

例2-5　一水平放置的弹簧，劲度系数为 k，一端固定，另一端系一物体，如图2-8所示。求物体从 A 移动到 B 的过程中，弹性力做的功。

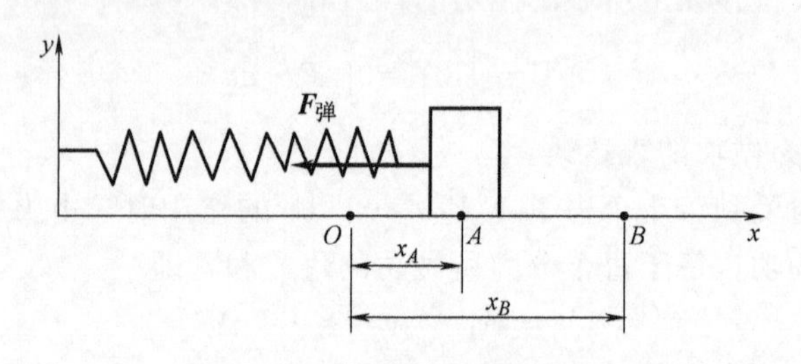

图2-8　例2-5图

解　以物体的平衡位置为原点 O，取 Ox 轴如图所示，物体在任意位置 x 时，弹性力可以表示为

$$\boldsymbol{F}_{弹}=-kx\boldsymbol{i}$$

物体从 x 移动到 $x+\mathrm{d}x$ 的过程中，弹性力做的元功为

$$\mathrm{d}A=\boldsymbol{F}_{弹}\cdot\mathrm{d}\boldsymbol{x}=-kx\boldsymbol{i}\cdot\mathrm{d}x\boldsymbol{i}=-kx\mathrm{d}x$$

物体从 A 移动到 B 的过程中，弹性力做的功为

$$A=\int_{x_A}^{x_B}-kx\,\mathrm{d}x=\frac{1}{2}kx_A^2-\frac{1}{2}kx_B^2$$
$$=-\left(\frac{1}{2}kx_B^2-\frac{1}{2}kx_A^2\right) \tag{2-13}$$

值得注意的是，这一弹性力做的功只与物体的始末位置有关，而与弹簧伸长的中间过程无关。

二、质点的动能和动能定理

上面讨论了力对物体做功的定义及其数学表达。力对物体做功，物体的运动状态就会发生变化，它们之间存在什么关系呢？

如图2-9所示，质量为m的物体在合外力$\boldsymbol{F}$的作用下，沿曲线自A点运动到B点，速度由$\boldsymbol{v}_1$变化到$\boldsymbol{v}_2$，在曲线上任一点，力$\boldsymbol{F}$在元位移$\mathrm{d}\boldsymbol{r}$上所做的元功为

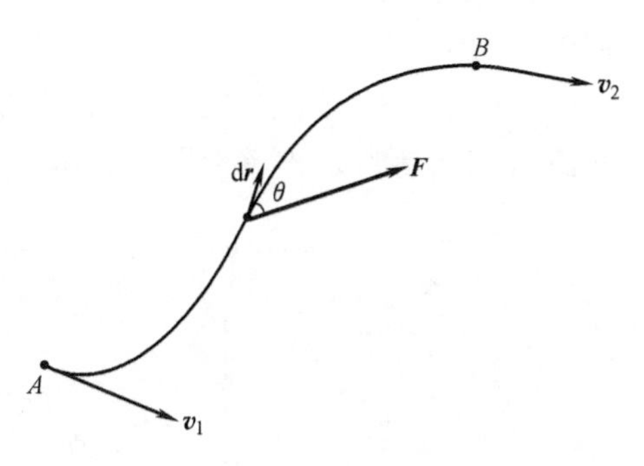

图2-9　动能定理

$$\mathrm{d}A=\boldsymbol{F}\cdot\mathrm{d}\boldsymbol{r}=F\cos\theta\,|\,\mathrm{d}\boldsymbol{r}\,|$$

由牛顿第二定律及切向加速度的定义

$$F\cos\theta=ma_t=m\frac{\mathrm{d}v}{\mathrm{d}t}$$

所以

$$\mathrm{d}A=F\cos\theta\,|\,\mathrm{d}\boldsymbol{r}\,|=m\frac{\mathrm{d}v}{\mathrm{d}t}\,|\,\mathrm{d}\boldsymbol{r}\,|=mv\,\mathrm{d}v$$

积分得

$$A=\frac{1}{2}mv_2^2-\frac{1}{2}mv_1^2 \tag{2-14}$$

可见，合外力对质点做功的结果，使得$\frac{1}{2}mv^2$这个量获得了增量，这个量是由各时刻质点的运动状态决定的，我们把$\frac{1}{2}mv^2$叫作**质点的动能**，用E_k表示。上式表明，**合外力对质点所做的功等于质点动能的增量**。这就是**质点的动能定理**。

动能定理是在牛顿运动定律的基础上得出的，所以它只适用于惯性系。在不同的惯性系中，质点的位移和速度是不同的，因此，功和动能依赖于惯性系的选取。

三、保守力与非保守力　势能

下面首先从重力、弹性力以及摩擦力等力做功的特点出发，引出保守力和非保守力的概念，然后介绍重力势能和弹性势能。

1. 保守力

由前面对功的计算我们发现，万有引力、弹性力做功只与物体的始末位置有关，与所经历的路径无关，这类力称为保守力，我们所熟悉的重力做功也具有这样的特点。

质量为 m 的物体在重力作用下沿图 2-10 所示的曲线由 A 点运动到 B 点，在轨迹上任一点，重力在微小位移 d$\boldsymbol{r}$ 上所做的元功为

$$dA = \boldsymbol{F} \cdot d\boldsymbol{r} = mg \mid d\boldsymbol{r} \mid \cos\alpha = mg \mid d\boldsymbol{r} \mid \cos\left(\frac{\pi}{2} + \theta\right)$$

所以

$$dA = -mg \mid d\boldsymbol{r} \mid \sin\theta = -mg\,dy$$

故由 A 点运动到 B 点重力做的总功为

$$A_{AB} = -mg\int_{y_a}^{y_b} dy = -(mgy_b - mgy_a) \tag{2-15}$$

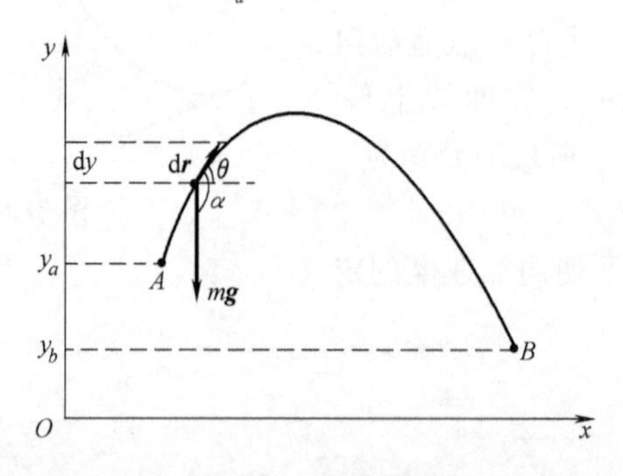

图 2-10　重力的功

可见，重力做功也只与物体的始末位置有关，与所经历的路径无关，重力也是保守力。

还有一类力做功多少与物体运动所经过的路径有关，这类力称为非保守力。例如常见的摩擦力做功就与路径有关，路径越长，摩擦力做的功也越大，因此，摩擦力是非保守力。

由于保守力做功与路径无关，所以这必然得出**保守力沿任意闭合路径一周所做的功为零**的结论。用数学式表示为

$$\oint_L \boldsymbol{F} \cdot d\boldsymbol{r} = 0 \tag{2-16}$$

式 (2-16) 为反映保守力做功特点的数学表达式。这一结论也可以看作是保守力的另外一种定义，保守力的这两种定义是完全等效的。

2. 势能

从前面关于万有引力、重力、弹性力做功的讨论中我们知道，这些保守力

做功只与物体的始末位置有关，为此，可以引入势能的概念。把与物体位置有关的能量称为物体的势能，用符号 E_p 表示。

势能概念的引入是以物体处于保守力场这一事实为依据的，由于保守力做功只取决于始末位置，所以才存在仅由位置决定的势能函数。对于非保守力，不存在势能的概念。另外，势能的量值只具有相对的意义，只有选定了势能零点，才能确定某一点的势能值。我们规定，物体在某点所具有的势能等于将物体从该点移至势能零点保守力所做的功。势能零点可根据问题需要任意选择，但作为两个位置的势能差，其值是一定的，与势能零点的选择无关。

力学中常见的势能有引力势能、重力势能、弹性势能，由对应的三种力做功的讨论可知，三种势能的表达式分别为

引力势能 $E_p=-\dfrac{Gmm_E}{r}$　　（势能零点为 $r=\infty$ 处），m_E 为地球质量

重力势能 $E_p=mgy$　　（势能零点为 $y=0$ 处）

弹性势能 $E_p=\dfrac{1}{2}kx^2$　　（势能零点为 $x=0$ 处）

将式（2-12）、式（2-13）、式（2-15）可统一写成

$$A=-(E_{p2}-E_{p1})=-\Delta E_p \tag{2-17}$$

式（2-17）表明，保守力的功等于相应势能增量的负值。在国际单位制中，势能和功具有相同的单位和量纲，单位为焦耳。

第三节　功能原理　机械能守恒定律

一、质点系的动能定理

在许多实际问题中，需要研究由若干彼此相互作用的质点所构成的系统。系统内各质点间的相互作用力称为内力。下面研究系统外其他物体对系统内任意质点组成的质点系的动能变化和它们受的力所做的功的关系。

如图 2-11 所示，以 m_1、m_2 表示两质点的质量；$\boldsymbol{F}_1$、$\boldsymbol{F}_2$ 和 $\boldsymbol{f}_1$、$\boldsymbol{f}_2$ 分别表示它们所受到的外力和内力；$\boldsymbol{v}_{1A}$、$\boldsymbol{v}_{2A}$ 和 $\boldsymbol{v}_{1B}$、$\boldsymbol{v}_{2B}$ 分别表示它们始末态的速度。

由质点的动能定理可得

对 m_1：
$$\int_{A_1}^{B_1}\boldsymbol{F}_1\cdot \mathrm{d}\boldsymbol{r}_1+\int_{A_1}^{B_1}\boldsymbol{f}_1\cdot \mathrm{d}\boldsymbol{r}_1=\frac{1}{2}m_1v_{1B}^2-\frac{1}{2}m_1v_{1A}^2$$

对 m_2：
$$\int_{A_2}^{B_2}\boldsymbol{F}_2\cdot \mathrm{d}\boldsymbol{r}_2+\int_{A_2}^{B_2}\boldsymbol{f}_2\cdot \mathrm{d}\boldsymbol{r}_2=\frac{1}{2}m_2v_{2B}^2-\frac{1}{2}m_2v_{2A}^2$$

两式相加得

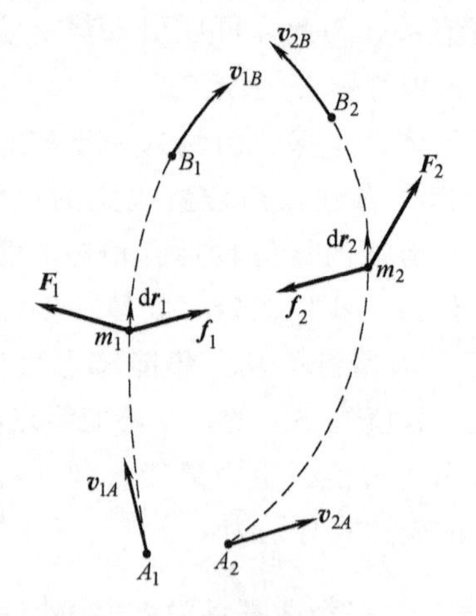

图 2-11　质点系的动能定理

$$
\begin{aligned}
&\int_{A_1}^{B_1}\boldsymbol{F}_1\cdot\mathrm{d}\boldsymbol{r}_1+\int_{A_2}^{B_2}\boldsymbol{F}_2\cdot\mathrm{d}\boldsymbol{r}_2+\int_{A_1}^{B_1}\boldsymbol{f}_1\cdot\mathrm{d}\boldsymbol{r}_1+\int_{A_2}^{B_2}\boldsymbol{f}_2\cdot\mathrm{d}\boldsymbol{r}_2\\
&=\frac{1}{2}m_1v_{1B}^2+\frac{1}{2}m_2v_{2B}^2-\left(\frac{1}{2}m_1v_{1A}^2+\frac{1}{2}m_2v_{2A}^2\right)
\end{aligned}
$$

方程左边前两项是外力对质点系所做功之和，后两项是质点系内力所做功之和。方程右边前两项为系统末态动能，后两项为系统的初态动能，即

$$A_{外}+A_{内}=E_{kB}-E_{kA}\tag{2-18}$$

这就是说：**质点系动能的增量等于作用于质点系的所有外力和内力做功的总和。**这一结合可推广到由任意多个质点组成的系统，它就是**质点系的动能定理。**

二、功能原理与机械能守恒定律

由质点系的动能定理

$$A_{外}+A_{内}=E_{kB}-E_{kA}$$

内力中既有保守力，也有非保守力，因此内力做的功 $A_{内}$ 可以分为保守内力做的功 $A_{保内}$ 和非保守力做的功 $A_{非保内}$ 两部分，即

$$A_{外}+A_{保内}+A_{非保内}=E_{kB}-E_{kA}$$

由式（2-17），保守力的功等于相应势能增量的负值，所以

$$A_{保内}=-(E_{pB}-E_{pA})$$

代入上式得

$$A_{外}+A_{非保内}=(E_{kB}+E_{pB})-(E_{kA}+E_{pA})$$

系统的动能和势能之和叫作系统的机械能，用 E 表示，即 $E=E_k+E_p$。

以 E_A、E_B 分别表示系统初态和末态时的机械能，则

$$A_{外}+A_{非保内}=E_B-E_A \tag{2-19}$$

这就是说，**外力和非保守内力做功的总和等于系统机械能的增量**。这一结论就是系统的**功能原理**。

功能原理全面概括和体现了力学中的功能关系，它涵盖了力学中所有类型力的功以及所有类型的能量，质点和质点系的动能定理只是它的特殊情形，功能原理是普遍的功与能的关系。由于动能定理的基础是牛顿运动定律，故功能原理也只适用于惯性系。

在物理学中常讨论的一种重要情况是：质点系运动过程中，只有保守内力做功，外力的功和非保守内力的功都是零或可以忽略不计，即 $A_{外}+A_{非保内}=0$，由式（2-19）可得

$$E_B=E_A$$

或

$$E=E_k+E_p=恒量 \tag{2-20}$$

这就是说，**当外力和非保守内力都不做功或所做的总功为零时，系统内各物体的动能和势能可以相互转换，但系统的机械能保持不变**。这就是**机械能守恒定律**。

在机械运动范围内所涉及的能量只有动能和势能。由于物质运动形式的多样性，我们还将遇到其他形式的能量，如热能、电能、原子能等。如果系统内有非保守力做功，则系统的机械能必将发生变化。但在机械能增加或减少的同时，必然有等值的其他形式的能量在减少和增加。考虑到诸如此类的现象，人们从大量的事实中总结出了更为**普遍的能量守恒定律**，**即对于一个不受外界作用的孤立系统，能量可以由一种形式转变为另一种形式，但系统的总能量保持不变**。

例 2-6　如图 2-12 所示，一雪橇从高度为 50m 的山顶上 A 点沿冰道由静止开始下滑，山顶到山下的坡道长 500m，雪橇滑至山下 B 点后，又沿水平冰道继续滑行，滑行若干米后停止于 C 处。若雪橇与冰道的摩擦系数为 0.05，求雪橇沿水平冰道滑行的路程。设 B 点处可视为连续弯曲的滑道，并略去空气阻力。

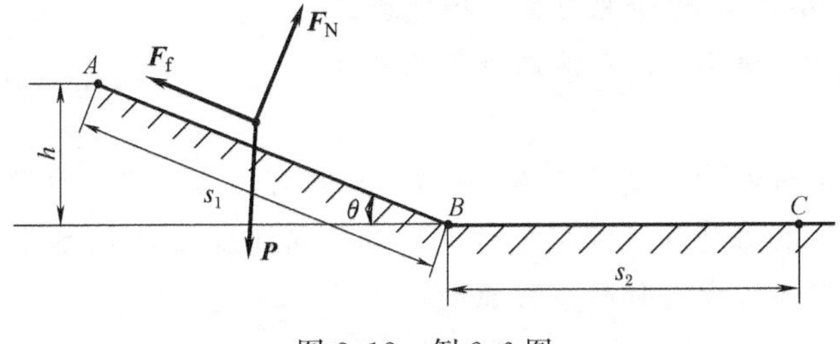

图 2-12　例 2-6 图

解　把雪橇、冰道和地球作为一个系统，作用于雪橇上的力为：重力 $\boldsymbol{P}$、

支持力 $\boldsymbol{F}_{\mathrm{N}}$、摩擦力 $\boldsymbol{F}_{\mathrm{f}}$，其中重力是保守力，只有非保守力——摩擦力所做的功导致系统的机械能减少。E_{p1} 和 E_{k1} 为雪橇在山顶 A 点时的势能和动能，E_{p2} 和 E_{k2} 为雪橇静止在水平滑道 C 点式的势能和动能。取水平滑道处的势能为零，由题意知，$E_{\mathrm{p1}}=mgh$，$E_{\mathrm{k1}}=0$，$E_{\mathrm{p2}}=0$，$E_{\mathrm{k2}}=0$，则摩擦力在坡道上和水平段做功之和为

$$A_1 + A_2 = -mgh$$

由功的定义

$$A_1 = \int_A^B \boldsymbol{F}_{\mathrm{f}} \cdot \mathrm{d}\boldsymbol{r} = -\int_A^B \mu mg\cos\theta \mid \mathrm{d}\boldsymbol{r} \mid$$

因斜坡坡度很小，$\cos\theta \approx 1$

$$A_1 = -\mu mgs_1$$

而

$$A_2 = \int_B^C \boldsymbol{F}_{\mathrm{f}} \cdot \mathrm{d}\boldsymbol{r} = -\mu mgs_2$$

所以

$$-\mu mgs_1 - \mu mgs_2 = -mgh$$

$$s_2 = \frac{h}{\mu} - s_1$$

代入数据求得

$$s_2 = 500\mathrm{m}$$

本题也可以用牛顿第二定律求解，但运算要复杂得多。

例 2-7　如图 2-13 所示，一劲度系数为 k 的轻弹簧，其一端固定在铅垂面内圆环的最高点 A 处，另一端系一质量为 m 的小球，小球穿过圆环并在圆环上做不计摩擦的运动。设弹簧的原长与圆环的半径 R 相等，求重物自弹簧原长 C 点无初速地沿着圆环滑至最低点 B 时所获得的动能。

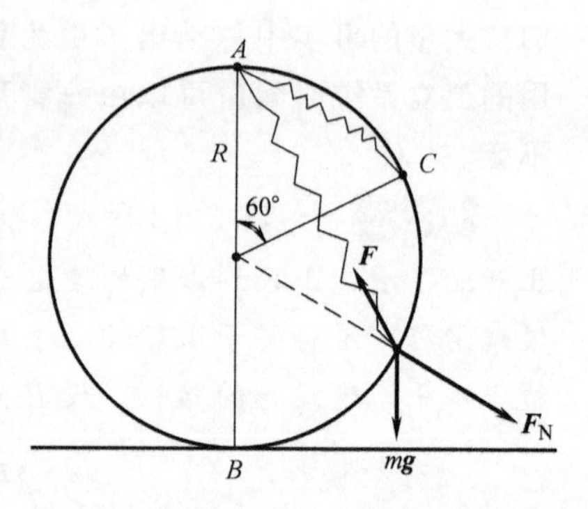

图 2-13　例 2-7 图

解　以小球 m 为研究对象，小球受三个力：弹性力 $\boldsymbol{F}$、重力 $m\boldsymbol{g}$ 和圆环对重物的支持力 $\boldsymbol{F}_{\mathrm{N}}$。

重物在滑动过程中，支持力 $\boldsymbol{F}_{\mathrm{N}}$ 不做功，只有重力和弹性力做功，且两者都是保守力，故重物在滑动过程中机械能守恒。取通过 B 点的水平面为重力势能的零势能面，弹簧原长为弹性零势能面。

当重物处于 C 点时，动能为零，重力势能为 $mg(R+R\cos 60°)$，弹性势能为零。当重物滑至 B 点时，动能为 $E_{\mathrm{k}B}$，重力势能为零，弹性势能为 $\frac{1}{2}kR^2$。由

机械能守恒定律有

$$E_{kB}+\frac{1}{2}kR^2=mg(R+R\cos 60^\circ)$$

由此得

$$E_{kB}=\frac{3}{2}mgR-\frac{1}{2}kR^2$$

第四节　动量定理与动量守恒定律

动量是描述物体运动的一个重要物理量，本节在冲量和动量概念的基础上，讨论质点和质点系的动量定理以及动量守恒定律。

一、冲量　质点的动量定理

力作用在质点上，可使质点的动量或速度发生变化。在很多实际情况中，需考虑力对时间积累的效果。牛顿第二定律式（2-2）可写成

$$\boldsymbol{F}=\frac{\mathrm{d}\boldsymbol{p}}{\mathrm{d}t}=\frac{\mathrm{d}(m\boldsymbol{v})}{\mathrm{d}t}$$

即

$$\boldsymbol{F}\mathrm{d}t=\mathrm{d}\boldsymbol{p}=\mathrm{d}(m\boldsymbol{v})$$

式中，$\boldsymbol{F}\mathrm{d}t$ 为力在时间 $\mathrm{d}t$ 内的积累量，叫作在 $\mathrm{d}t$ 时间内合外力的冲量。

对上式从 t_1 到 t_2 有限时间段进行积分，并考虑到在低速运动的范围内，质点的质量可认为是不变的，故

$$\int_{t_1}^{t_2}\boldsymbol{F}\mathrm{d}t=\boldsymbol{p}_2-\boldsymbol{p}_1=m\boldsymbol{v}_2-m\boldsymbol{v}_1 \tag{2-21}$$

左侧积分表示在 t_1 到 t_2 这段时间内合外力的**冲量**，用 I 表示，式（2-21）的物理意义是：**在给定时间内，外力作用在质点上的冲量，等于质点在此时间内动量的增量，这就是质点的动量定理。**

冲量 I 是矢量，一般来说，冲量的方向并不与动量的方向相同，而是与动量增量的方向相同。

式（2-21）是质点动量定理的矢量表示式，在直角坐标系中的分量式为

$$\begin{cases} I_x=\int_{t_1}^{t_2}F_x\mathrm{d}t=mv_{2x}-mv_{1x} \\ I_y=\int_{t_1}^{t_2}F_y\mathrm{d}t=mv_{2y}-mv_{1y} \\ I_z=\int_{t_1}^{t_2}F_z\mathrm{d}t=mv_{2z}-mv_{1z} \end{cases} \tag{2-22}$$

显然，质点所受外力在某一方向上的分量的冲量只能改变该方向上的动量。

分量表示式是代数方程，应用这些分量式时，必须注意式中各量的正负号。

例 2-8　一质量 $m=140\mathrm{g}$ 的垒球以 $v=40\mathrm{m\cdot s^{-1}}$ 的速度沿水平方向飞向击球手，被击后它以相同速率沿 $\theta=60°$ 的仰角飞出，设球和棒的接触时间 $\Delta t=1.2\mathrm{ms}$，求垒球受棒的平均打击力。

解　动量定理常用于求解碰撞、打击一类的问题，这类问题的特点是物体间作用时间很短，而作用力变化十分剧烈，这种力称为冲力。因冲力是变力，且随时间变化的关系又十分复杂，用牛顿运动定律无法直接求解，但应用动量定理，就可以由动量变化来确定冲量的大小，如能测得冲力的作用时间，就可对冲力的平均值做出估算。

用动量定理的分量式求解。取如图 2-14 所示的坐标系，在 x 方向上

$$\overline{F}_x\cdot\Delta t=mv_{2x}-mv_{1x}$$

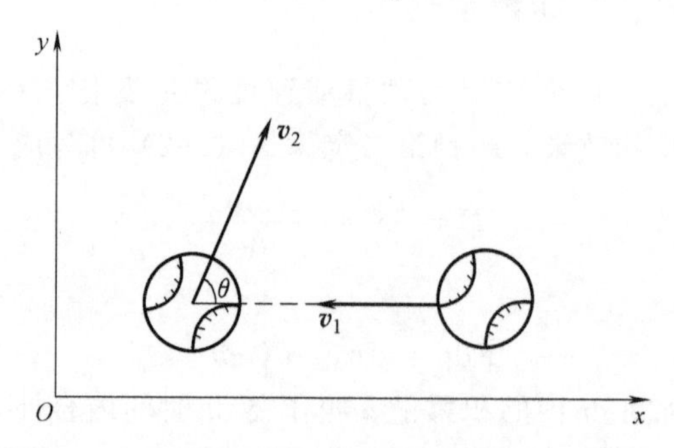

图 2-14　例 2-8 图

垒球受棒的平均打击力的 x 方向分量为

$$\overline{F}_x=\frac{mv_{2x}-mv_{1x}}{\Delta t}=\frac{mv\cos\theta-m(-v)}{\Delta t}$$

$$=\frac{0.14\times40\times(\cos60°+1)}{1.2\times10^{-3}}\mathrm{N}=7.0\times10^{3}\mathrm{N}$$

此平均打击力的 y 方向分量为

$$\overline{F}_y=\frac{mv_{2y}-mv_{1y}}{\Delta t}=\frac{mv\sin\theta}{\Delta t}$$

$$=\frac{0.14\times40\times\sin60°}{1.2\times10^{-3}}\mathrm{N}=4.0\times10^{3}\mathrm{N}$$

平均打击力的大小为

$$\overline{F}=\sqrt{\overline{F}_x^2+\overline{F}_y^2}=8.1\times10^{3}\mathrm{N}$$

用 α 表示此力与水平方向的夹角，则

$$\tan\alpha=\frac{\overline{F}_y}{\overline{F}_x}=0.57$$

由此得

$$\alpha = 30°$$

注意，平均打击力约为垒球自重的5900倍。

本题也可用矢量式求解，请大家试一试。

二、质点系的动量定理

先讨论由两个质点组成的系统，以m_1、m_2表示两质点的质量；$\boldsymbol{F}_1$和$\boldsymbol{F}_2$分别表示m_1、m_2受到的外力，$\boldsymbol{f}_1$和$\boldsymbol{f}_2$表示两质点之间相互作用的内力。由质点的动量定理，在t_1到t_2时间内两质点所受的冲量分别为

$$\int_{t_1}^{t_2}(\boldsymbol{F}_1+\boldsymbol{f}_1)\mathrm{d}t = m_1\boldsymbol{v}_1 - m_1\boldsymbol{v}_{10}$$

$$\int_{t_1}^{t_2}(\boldsymbol{F}_2+\boldsymbol{f}_2)\mathrm{d}t = m_2\boldsymbol{v}_2 - m_2\boldsymbol{v}_{20}$$

将上两式相加

$$\int_{t_1}^{t_2}(\boldsymbol{F}_1+\boldsymbol{F}_2)\mathrm{d}t + \int_{t_1}^{t_2}(\boldsymbol{f}_1+\boldsymbol{f}_2)\mathrm{d}t = (m_1\boldsymbol{v}_1+m_2\boldsymbol{v}_2)-(m_1\boldsymbol{v}_{10}+m_2\boldsymbol{v}_{20})$$

由牛顿第三定律知$\boldsymbol{f}_1=-\boldsymbol{f}_2$，所以系统内两质点间内力之和$\boldsymbol{f}_1+\boldsymbol{f}_2=0$，上式变为

$$\int_{t_1}^{t_2}(\boldsymbol{F}_1+\boldsymbol{F}_2)\mathrm{d}t = (m_1\boldsymbol{v}_1+m_2\boldsymbol{v}_2)-(m_1\boldsymbol{v}_{10}+m_2\boldsymbol{v}_{20})$$

将这一结果推广到多个质点组成的系统，则有

$$\int_{t_1}^{t_2}\left(\sum\boldsymbol{F}_i\right)\mathrm{d}t = \sum m_i\boldsymbol{v}_i - \sum m_i\boldsymbol{v}_{i0} \tag{2-23a}$$

或

$$\boldsymbol{I} = \boldsymbol{p} - \boldsymbol{p}_0 \tag{2-23b}$$

这就是说，**作用于系统的合外力冲量等于系统动量的增量，这就是质点系的动量定理。**

需要强调的是，作用于系统的合外力是作用于系统内每一质点的外力的矢量和，只有外力才对系统的动量变化有贡献，而系统的内力是不会改变整个系统的总动量的，因为系统的内力总是成对出现的，而且大小相同、方向相反，作用时间也相同，它们的冲量相抵为零，因而对系统总动量无贡献。这和质点系的动能定理不同，内力的作用一般会改变系统的总动能，因为在作用力与反作用力的作用下，两质点的位移一般并不相同，所以作用力与反作用力所做的功一般并不相等，更不一定相抵消。因此，成对内力对系统功能的贡献一般不为零。

三、动量守恒定律

由质点系的动量定理可知，当系统所受合外力为零，即$\sum\boldsymbol{F}_i=0$时，系统的

总动量保持不变。即

$$\boldsymbol{p}=\sum m_i \boldsymbol{v}_i=\text{恒矢量} \tag{2-24a}$$

这就是**动量守恒定律**，表述为：**当系统所受合外力为零时，系统的总动量将保持不变。**

动量守恒定律在直角坐标系中的分量式为

$$\begin{cases}\sum F_x=0,\ p_x=\sum m_i v_{ix}=\text{常量}\\ \sum F_y=0,\ p_y=\sum m_i v_{iy}=\text{常量}\\ \sum F_z=0,\ p_z=\sum m_i v_{iz}=\text{常量}\end{cases} \tag{2-24b}$$

这就是说，**当系统所受合外力在某一方向上的分量为零时，则该方向上的动量的分量守恒。**

应用动量守恒定律必须充分注意守恒的条件，这个条件就是系统所受合外力必须为零。在有的问题中，系统所受合外力并不为零，但与系统的内力相比较，合外力远远小于系统的内力。如碰撞、打击、爆炸这类问题，这时外力对系统动量变化的影响很小，可以忽略不计，可近似认为系统的动量是守恒的。

以上我们在牛顿运动定律的基础上导出了动量守恒定律，需要指出的是，更普遍的动量守恒定律并不依靠牛顿运动定律。动量守恒定律比牛顿运动定律更加基本，更加普遍。近代科学实验和理论都表明，在自然界中，大到天体间的相互作用，小到质子、中子、电子等微观粒子间的相互作用，动量守恒定律均能适用，它与能量守恒定律一样，是自然界中最普遍、最基本的定律之一。

最后还应指出，动量定理和动量守恒定律都是在牛顿运动定律的基础上导出的，故只适用于惯性系。

例2-9　一长为 $l=4\text{m}$，质量 $m_{\text{船}}=150\text{kg}$ 的船，静止于湖面上。今有一质量 $m_{\text{人}}=50\text{kg}$ 的人从船头走到船尾，如图2-15所示，求人和船相对于湖岸移动的距离。（设水的阻力不计）

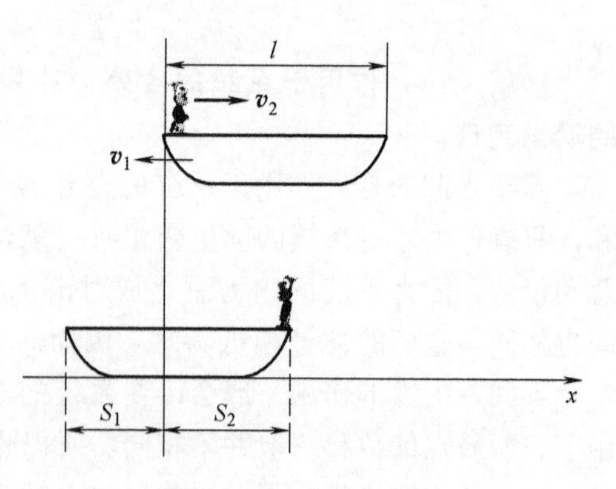

图2-15　例2-9图

解　取人和船组成的系统为研究对象，由于水的阻力不计，系统在水平方向上无外力作用，水平方向动量守恒。

以 v_1 和 v_2 分别表示任意时刻船和人相对于湖岸的速度，建立 x 轴如图所示，由动量守恒定律

$$m_{人}v_2 - m_{船}v_1 = 0$$

即

$$m_{人}v_2 = m_{船}v_1$$

此式在任何时刻都成立。设人在 $t=0$ 时位于船头，在 t 时刻到达船尾，对上式积分，有

$$m_{人}\int_0^t v_2\,\mathrm{d}t = m_{船}\int_0^t v_1\,\mathrm{d}t$$

用 s_1 和 s_2 分别表示船和人相对于湖岸移动的距离，则有

$$s_1 = \int_0^t v_1\,\mathrm{d}t,\quad s_2 = \int_0^t v_2\,\mathrm{d}t$$

于是有

$$m_{人}s_2 = m_{船}s_1$$

又　$s_1+s_2=l$

所以　$s=\dfrac{m_{人}}{m_{船}+m_{人}}l=\dfrac{50}{150+50}\times4=1\mathrm{m}$，$s_2=l-s_1=3\mathrm{m}$

例 2-10　设有一静止的原子核，衰变辐射出一个电子和一个中微子后成为一个新的原子核。已知电子和中微子的运动方向相互垂直，且电子的动量为 $1.2\times10^{-22}\mathrm{kg\cdot m\cdot s^{-1}}$，中微子的动量为 $6.4\times10^{-23}\mathrm{kg\cdot m\cdot s^{-1}}$。求新原子核动量的大小和方向。

解　以 $\boldsymbol{p}_e$、$\boldsymbol{p}_\nu$ 和 $\boldsymbol{p}_N$ 分别表示电子、中微子和新原子核的动量，且 $\boldsymbol{p}_e$ 和 $\boldsymbol{p}_\nu$ 相互垂直，如图 2-16 所示。在原子核衰变的短暂时间内，粒子间的内力远大于外界作用于该粒子系统的外力，故粒子系统在衰变前后的动量是守恒的。考虑到原子核在衰变前是静止的，所以衰变后电子、中微子和新原子核的动量之和应为零，即

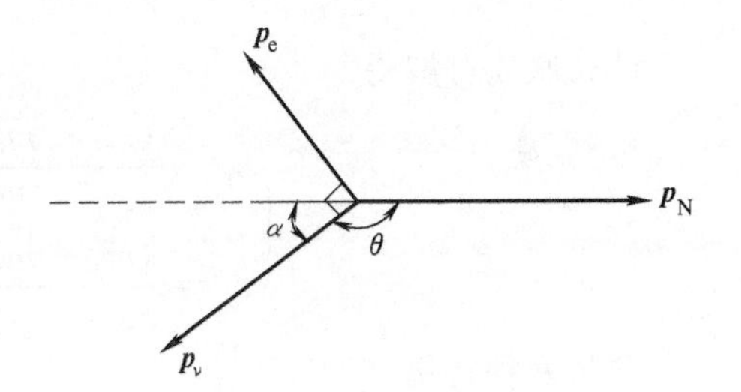

图 2-16　例 2-10 图

$$\boldsymbol{p}_e + \boldsymbol{p}_\nu + \boldsymbol{p}_N = 0$$

由于 $\boldsymbol{p}_e$ 和 $\boldsymbol{p}_\nu$ 相互垂直，有

$$p_N = \sqrt{p_e^2 + p_\nu^2}$$

代入数据　　$p_N=1.36\times10^{-22}\mathrm{kg\cdot m\cdot s^{-1}}$

图中的 α 角为

$$\alpha = \arctan\frac{p_e}{p_\nu} = 61.9°$$

第五节　碰　　撞

碰撞，一般是指两个物体在运动过程中相互靠近或发生接触时，在相对较短的时间内发生强烈相互作用的过程。“碰撞”的含义比较广泛，除了球的撞击、打桩、锻铁外，分子、原子、原子核等微观粒子的相互作用过程也都是碰撞过程，甚至人从车上跳下、子弹打入墙壁等现象，在一定条件下也可看作是碰撞过程。由于碰撞时物体之间相互作用的内力较之其他物体对它们作用的外力要大得多，因此可将其他物体作用的外力忽略不计，这一系统应遵从动量守恒定律。

碰撞过程可分为完全弹性碰撞、完全非弹性碰撞和非弹性碰撞三种。下面我们以两物体碰撞为例进行讨论。设想两个物体的质量分别为 m_1 和 m_2，沿一条直线分别以 $\boldsymbol{v}_{10}$ 和 $\boldsymbol{v}_{20}$ 的速度运动，发生对心弹性碰撞之后二者的速度方向还沿着碰撞前运动的直线方向。用 $\boldsymbol{v}_1$ 和 $\boldsymbol{v}_2$ 表示两球碰撞之后的速度，若碰撞前后两物体的动能之和没有损失，这种碰撞就是**完全弹性碰撞**。由动量守恒定律

$$m_1 v_{10} + m_2 v_{20} = m_1 v_1 + m_2 v_2$$

由于是弹性碰撞，总动能保持不变，即

$$\frac{1}{2}m_1 v_{10}^2 + \frac{1}{2}m_2 v_{20}^2 = \frac{1}{2}m_1 v_1^2 + \frac{1}{2}m_2 v_2^2$$

两式联立可解得

$$\begin{cases} v_1 = \dfrac{(m_1 - m_2)v_{10} + 2m_2 v_{20}}{m_1 + m_2} \\ v_2 = \dfrac{(m_2 - m_1)v_{20} + 2m_1 v_{10}}{m_1 + m_2} \end{cases} \tag{2-25}$$

分析两种特例：

1）若 $m_1 = m_2$，可得

$$v_1 = v_{20}, \quad v_2 = v_{10}$$

即两质量相同的物体碰撞后相互交换速度。

2）若 $m_2 \gg m_1$，且 $v_{20} = 0$，可得

$$v_1 \approx -v_{10}, \quad v_2 \approx 0$$

即碰撞后，质量大的物体几乎不动，而质量很小的物体以原来的速率反弹回来。乒乓球碰铅球、网球碰墙壁、气体分子与容器壁的垂直碰撞、反应堆中中子与重核的完全弹性对心碰撞都是这类碰撞的例子。

若两个物体碰撞之后不再分开，这样的碰撞就是**完全非弹性碰撞**。设它们合二为一后以速度 v 运动。由动量守恒定律

$$m_1 v_{10} + m_2 v_{20} = (m_1 + m_2) v$$

可求得

$$v = \frac{m_1 v_{10} + m_2 v_{20}}{m_1 + m_2}$$

损失的动能为

$$\Delta E = \frac{1}{2} m_1 v_{10}^2 + \frac{1}{2} m_2 v_{20}^2 - \frac{1}{2}(m_1 + m_2) v^2$$

一般情况下，若两物体相碰发生的形变不能完全恢复，能量将损失，机械能不守恒。牛顿从实验结果中总结出一个碰撞定律：碰撞后两物体的分离速度$(v_2 - v_1)$与碰撞前两物体的接近速度$(v_{10} - v_{20})$成正比，比值由两物体的材料性质决定，即

$$e = \frac{v_2 - v_1}{v_{10} - v_{20}} \tag{2-26}$$

通常称 e 为恢复系数。如果 $e=0$，则 $v_1 = v_2 = \frac{m_1 v_{10} + m_2 v_{20}}{m_1 + m_2}$，这就是完全非弹性碰撞的情况；如果 $e=1$，不难证明，这就是完全弹性碰撞的情况；对一般的非弹性碰撞，$0<e<1$，e 值可通过实验测定。

例 2-11　A、B 两小球质量都为 m，A 球以 $v_0 = 0.36\text{m}\cdot\text{s}^{-1}$ 的初速度沿 x 方向前进，与静止的 B 球相碰，如图 2-17 所示。碰后 A 球以 $v=0.15\text{m}\cdot\text{s}^{-1}$ 的速度沿与原来运动方向偏转了$\theta=37°$角的方向前进，求 B 球的速度$\boldsymbol{v}'$。

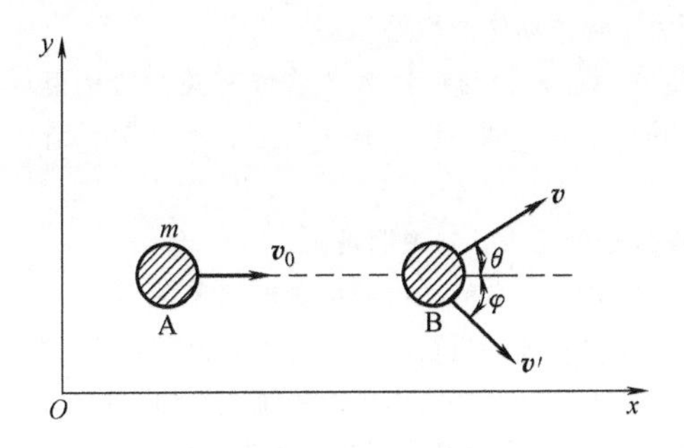

图 2-17　例 2-11 图

解　把 A、B 两小球作为一个系统，碰撞时只有内力作用，动量守恒。碰前系统的总动量大小为 mv_0，方向沿 x 正方向。碰后沿 x 正方向的动量为 $mv\cos\theta + mv'\cos\varphi$，沿 y 正方向的动量为 $mv\sin\theta - mv'\sin\varphi$。

沿 x、y 方向各自应用动量守恒定律得

$$mv_0 = mv\cos\theta + mv'\cos\varphi \tag{1}$$

$$mv\sin\theta - mv'\sin\varphi = 0 \tag{2}$$

由式（2）得

$$v'\sin\varphi = v\sin\theta = 0.15\times\sin 37° = 0.09\text{m}\cdot\text{s}^{-1} \tag{3}$$

由式（1）得

$$v'\cos\varphi = v_0 - v\cos\theta = (0.36 - 0.15\times\cos 37°)\text{m}\cdot\text{s}^{-1} = 0.24\text{m}\cdot\text{s}^{-1} \tag{4}$$

将式（3）除以式（4）得

$$\tan\varphi = \frac{0.09}{0.24} = 0.375$$

$$\varphi = 20°33'$$

代入式（3）得

$$v' = 0.26\text{m}\cdot\text{s}^{-1}$$

思　考　题

2-1　如思考题2-1图所示，一个用绳子悬挂着的物体在水平面上做匀速圆周运动，有人在重力的方向上求合力，写出

$$F_T\cos\theta - G = 0$$

另有人沿绳子拉力的方向求合力，写出

$$F_T - G\cos\theta = 0$$

显然两者不能同时成立，问哪一个式子是错误的？为什么？

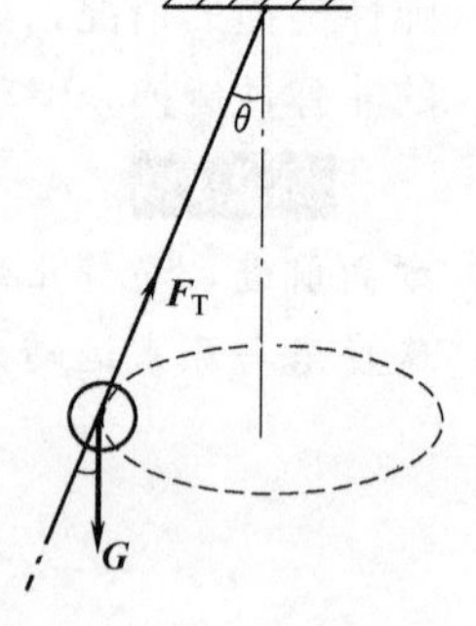

思考题2-1图

2-2　合外力对物体所做的功等于物体动能的增量。而其中某一分力做的功，能否大于物体动能的增量？

2-3　质点的动量和动能是否与惯性系的选取有关？功是否与惯性系有关？质点的动量定理与动能定理是否与惯性系有关？请举例说明。

2-4　判断下列说法是否正确，并说明理由。

（1）不受外力作用的系统，它的动量和机械能都守恒。

（2）内力都是保守力的系统，当它所受的合外力为零时，其机械能守恒。

（3）只有保守内力作用而没有外力作用的系统，它的动量和机械能都守恒。

2-5　在弹性碰撞中，有哪些量保持不变？在非弹性碰撞中，又有哪些量保持不变？

习　　题

2-1　质量为 m 的物体沿斜面向下滑动，当斜面的倾角为 α 时，物体正好匀速下滑，问：当斜面的倾角增大到 β 时，物体从高 h 处由静止滑到底部需要多少时间？

2-2　如习题2-2图所示，将质量为10kg的小球挂在倾角 $\alpha=30°$ 的光滑斜面上。

（1）当斜面以加速度 $a=\frac{1}{3}g$ 沿如图所示的方向运动时，求绳中的张力及小球对斜面的正压力。

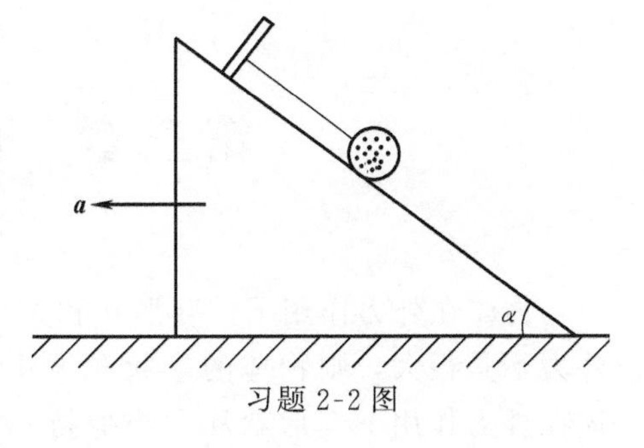

习题 2-2 图

（2）当斜面的加速度至少为多大时，小球对斜面的正压力为零？

2-3　桌面上有一质量 $m_1=1.50\text{kg}$ 的板，板上放一质量 $m_2=2.45\text{kg}$ 的物体，设物体与板、板与桌面间的摩擦因数均为 $\mu=0.25$。要将板从物体下抽出，至少需要施加多大的水平力？

2-4　一质量为 10kg 的质点在力 $F=(120t+40)\text{N}$ 作用下，沿 x 轴做直线运动。在 $t=0$ 时，质点位于 $x_0=5.0\text{m}$ 处，其速度 $v_0=6.0\text{m}\cdot\text{s}^{-1}$。求质点在任意时刻的速度和位置。

2-5　质量为 45kg 的物体，从地面以初速度 $60\text{m}\cdot\text{s}^{-1}$ 竖直向上发射，物体受到空气的阻力为 $F=kv$，且 $k=0.03\text{N}\cdot\text{m}^{-1}\cdot\text{s}$。

（1）求物体发射到最大高度所需的时间。

（2）最大高度为多少？

2-6　质量为 m 的小球在水平面内做速率为 v_0 的匀速圆周运动，试求小球在经过：（1）$\frac{1}{4}$圆周；（2）$\frac{1}{2}$圆周；（3）$\frac{3}{4}$圆周；（4）整个圆周的过程中的动量改变。试从冲量的计算得出结果。

2-7　质量为 0.2kg 的垒球，投出时的速率为 $30\text{m}\cdot\text{s}^{-1}$，被棒击回的速率为 $50\text{m}\cdot\text{s}^{-1}$，投出和击回时的速度方向相反。（1）求球的动量变化和打击力的冲量；（2）若棒与球接触时间为 0.002s，则打击的平均冲力为多少？

2-8　一小船质量为 100kg，船头至船尾长 3.6m，质量为 50kg 的人从船尾走到船头时，船头将移动多少距离？（设水的阻力忽略不计）

2-9　质量 $m_1=2.0\times10^{-2}\text{kg}$ 的子弹，击中质量为 $m_2=10\text{kg}$ 的冲击摆，使摆在竖直方向升高 $h=7\times10^{-2}\text{m}$，子弹嵌入其中，问：

（1）子弹的初速度 v_0 是多少？

（2）击中后的瞬间，系统的动能为子弹的初动能的多少倍？

2-10　一球以 $v_0=6\text{m}\cdot\text{s}^{-1}$ 的水平速度撞在墙上距地面高 1.2m 的一点，从墙面弹回后落在地板上距墙 2.4m 的一点。求

（1）恢复系数。

（2）设球的质量为 2.0kg，则它和墙碰撞后损失的动能。

2-11　如习题 2-11 图所示，一质量为 m_1 的小球，从内壁为半球形容器边缘 A 点滑下，容器质量为 m_2，半径为 R，内壁光滑，并放置在光滑水平桌面上，开始时，小球和容器处于静止状态，当小球沿内壁滑到容器底部 B 点时，受到向上的支持力有多大？

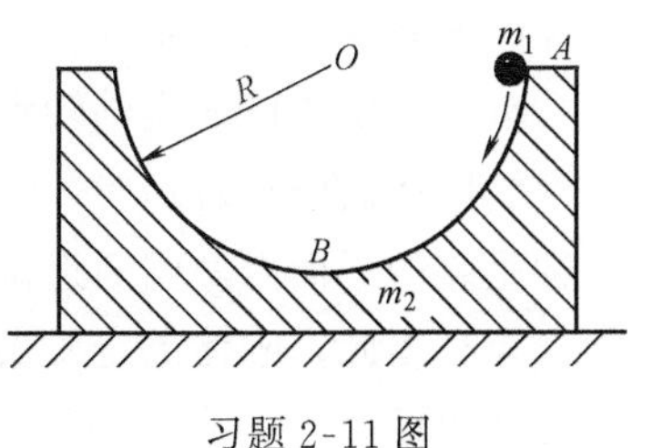

习题 2-11 图

第三章　刚 体 力 学

物体在外力作用下，其形状和大小都会发生变化。但是有许多物体，如果外力不是很大，则物体的形状和大小的改变不显著，甚至可以忽略。如果物体在外力作用下其形状和大小保持不变，即物体内任意两点之间的距离不因外力而改变，则这种理想化了的物体就叫作刚体。本章从质点运动的规律出发，分析和讨论刚体定轴转动的规律。主要内容有：刚体定轴转动的描述，转动惯量、力矩、转动动能和角动量等概念，转动定律、转动动能定理和角动量守恒定律。

第一节　刚体的运动

刚体的运动分为平动和转动两种。转动又可分为定轴转动和非定轴转动。如果刚体内任意两点间的连线在运动过程中始终保持平行，则刚体的这种运动称为平动，如图 3-1 所示。刚体的平动可看作是质点的运动，描述质点运动的各个物理量和质点力学的规律都适用于刚体的平动。

当刚体内所有点都绕同一直线做圆周运动时，这种运动称为转动，这条直线称为转轴。如果转轴的方位随时间变化（如旋转陀螺），则为非定轴转动。如果转轴的位置是固定不动的，那么这种转轴为固定转轴，此时刚体的转动为定轴转动。本章主要研究刚体的定轴转动。

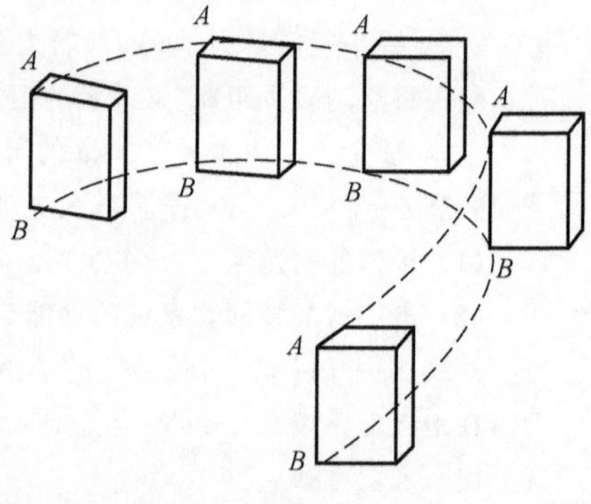

一般的刚体运动可看成是平动和转动的合成运动，因此，刚体平动和转动的规律是研究刚体复杂运动的基础。

图 3-1　刚体的平动

首先介绍刚体的定轴转动运动学。

当刚体做定轴转动时，如图 3-2 所示，刚体上任一点 P 将在通过 P 点且与转轴垂直的平面内做圆周运动，该平面称为转动平面，圆心 O 是转轴与该平面的交点。因此，刚体的定轴转动实质上就是刚体上各个点在垂直于转轴的平面内的圆周运动。

显然，当刚体做定轴转动时，在相同的一段时间内，刚体上转动半径不同的各点，其位移、速度、加速度一般各不相同，但各点的角速度和角加速度是相同的，因此用角量来描述刚体的定轴转动更方便。以前讨论过的角位移、角速度和角加速度等概念以及有关公式，角量和质点的位移、速度、加速度等线量的关系，对刚体的定轴转动都适用。

当刚体做定轴转动时，其角速度为

$$\omega = \frac{\mathrm{d}\theta}{\mathrm{d}t} \tag{3-1}$$

角速度 ω 可以定义为矢量，用 $\boldsymbol{\omega}$ 表示。它的方向规定为沿转轴的方向，指向与刚体转动方向之间的关系按右手螺旋法则确定，如图 3-3 所示。

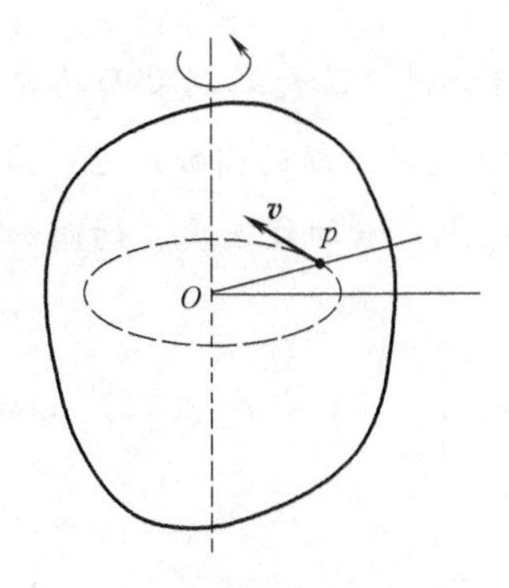

图 3-2 刚体的定轴转动

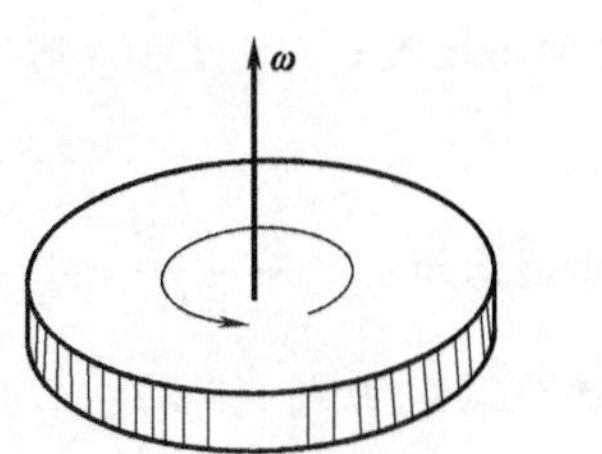

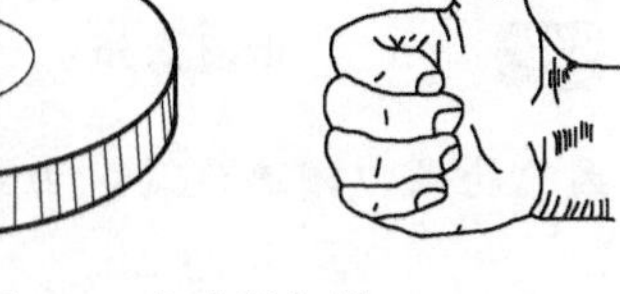

图 3-3 角速度矢量

刚体的角加速度为

$$\alpha = \frac{\mathrm{d}\omega}{\mathrm{d}t} = \frac{\mathrm{d}^2\theta}{\mathrm{d}t^2} \tag{3-2}$$

离转轴的距离为 r 的质元的线速度和刚体的角速度的关系为

$$v = r\omega$$

加速度与刚体的角加速度和角速度的关系为

$$a_{\mathrm{t}} = r\alpha, \quad a_{\mathrm{n}} = r\omega^2$$

当刚体绕定轴转动时，如果在任意相等的时间间隔 Δt 内，角速度的增量都相等，那么这种变速转动就是匀变速转动。匀变速转动的角加速度 α 为一恒量。用 ω_0 表示刚体在 $t=0$ 时刻的角速度，用 ω 表示刚体在 t 时刻的角速度，用 θ 表示刚体从 0 到 t 时刻这段时间内的角位移，与匀变速直线运动公式的推导类似，由式 $\omega=\mathrm{d}\theta/\mathrm{d}t$ 和式 $\alpha=\mathrm{d}\omega/\mathrm{d}t$ 可得匀变速转动的相应公式为

$$\omega = \omega_0 + \alpha t \tag{3-3}$$

$$\theta = \omega_0 t + \frac{1}{2}\alpha t^2 \tag{3-4}$$

$$\omega^2 - \omega_0^2 = 2\alpha\theta \tag{3-5}$$

例 3-1 一飞轮转过的角度和时间的关系为 $\theta=at+bt^3-ct^4$，式中 a、b、c 都是常量。求它的角加速度。

解 将 $\theta=at+bt^3-ct^4$ 对时间 t 求导，即得飞轮角速度，为

$$\omega=\frac{\mathrm{d}\theta}{\mathrm{d}t}=\frac{\mathrm{d}}{\mathrm{d}t}(at+bt^3-ct^4)=a+3bt^2-4ct^3$$

角加速度是角速度对时间 t 的导数，因此得

$$\alpha=\frac{\mathrm{d}\omega}{\mathrm{d}t}=\frac{\mathrm{d}}{\mathrm{d}t}(a+3bt^2-4ct^3)=6bt-12ct^2$$

由此可见，飞轮做变速转动。

例 3-2 一飞轮半径为 0.2m、转速为 $150\mathrm{r}\cdot\mathrm{min}^{-1}$，因受到制动而均匀减速，经 30s 停止转动。求：(1) 角加速度和此时间段内飞轮所转的圈数；(2) 制动开始后 $t=6\mathrm{s}$ 时飞轮的角速度；(3) $t=6\mathrm{s}$ 时飞轮边缘上一点的线速度、切向加速度和法向加速度。

解 (1) 由题意知 $\omega_0=\frac{2\pi\times150}{60}\mathrm{rad}\cdot\mathrm{s}^{-1}=5\pi\mathrm{rad}\cdot\mathrm{s}^{-1}$；当 $t=30\mathrm{s}$ 时，$\omega=0$

因飞轮做匀减速运动，由式 (3-3)

$$\alpha=\frac{\omega-\omega_0}{t}=\frac{0-5\pi}{30}\mathrm{rad}\cdot\mathrm{s}^{-2}=-\frac{\pi}{6}\mathrm{rad}\cdot\mathrm{s}^{-2}$$

"−"号表示 α 的方向与 ω_0 的方向相反。而飞轮在 30s 内转过的角度为

$$\theta=\frac{\omega^2-\omega_0^2}{2\alpha}=\frac{-(5\pi)^2}{2\times\left(-\frac{\pi}{6}\right)}\mathrm{rad}=75\pi\mathrm{rad}$$

于是，飞轮共转了

$$N=\frac{75\pi}{2\pi}\mathrm{r}=37.5\mathrm{r}$$

(2) 在 $t=6\mathrm{s}$ 时，飞轮的角速度为

$$\omega=\omega_0+\alpha t=\left(5\pi-\frac{\pi}{6}\times6\right)\mathrm{rad}\cdot\mathrm{s}^{-1}=4\pi\mathrm{rad}\cdot\mathrm{s}^{-1}$$

(3) 在 $t=6\mathrm{s}$ 时，飞轮边缘一点的线速度大小为

$$v=r\omega=0.2\times4\pi\ \mathrm{m}\cdot\mathrm{s}^{-1}=2.5\mathrm{m}\cdot\mathrm{s}^{-1}$$

切向和法向加速度为

$$a_{\mathrm{t}}=r\alpha=0.2\times\left(-\frac{\pi}{6}\right)\mathrm{m}\cdot\mathrm{s}^{-2}=-0.105\mathrm{m}\cdot\mathrm{s}^{-2}$$

$$a_{\mathrm{n}}=r\omega^2=0.2\times(4\pi)^2\ \mathrm{m}\cdot\mathrm{s}^{-2}=31.6\mathrm{m}\cdot\mathrm{s}^{-2}$$

第二节 刚体定轴转动定律

本节将讨论刚体定轴转动动力学问题，即研究刚体获得角加速度的原因，定量描述刚体做定轴转动时遵从的动力学规律。

一、力矩

为了改变刚体的运动状态，必须对刚体施加力的作用。经验告诉我们，外力对刚体转动的影响，不仅与作用力的大小有关，还与作用力的方向和力的作用点的位置有关。例如，开关门窗时（见图 3-4），当力 $\boldsymbol{F}$ 的作用线通过转轴或平行于转轴时，就无法使门窗转动。

如图 3-5a 所示，若作用于刚体的力 $\boldsymbol{F}$ 在转动平面内，力的作用点相对于转轴的位矢为 $\boldsymbol{r}$，力臂为 d，则定义：**力的大小与力臂的乘积为力对转轴的力矩**，用 M 表示，即

$$M = F \cdot d = Fr\sin\theta \tag{3-6}$$

若作用于刚体的力 $\boldsymbol{F}$ 不在转动平面内，如图 3-5b 所示，则可将力分解为垂直于转轴 z 的分量 $\boldsymbol{F}_{\perp}$ 和平行于转轴的分量 $\boldsymbol{F}_{/\!/}$。平行于转轴的分力 $\boldsymbol{F}_{/\!/}$ 不能改变刚体的转动状态，对转轴不产生力矩。垂直于转轴的分力 $\boldsymbol{F}_{\perp}$ 位于转动平面内，它产生的力矩与式（3-6）相同。因此，只需考虑垂直于转轴的作用力。

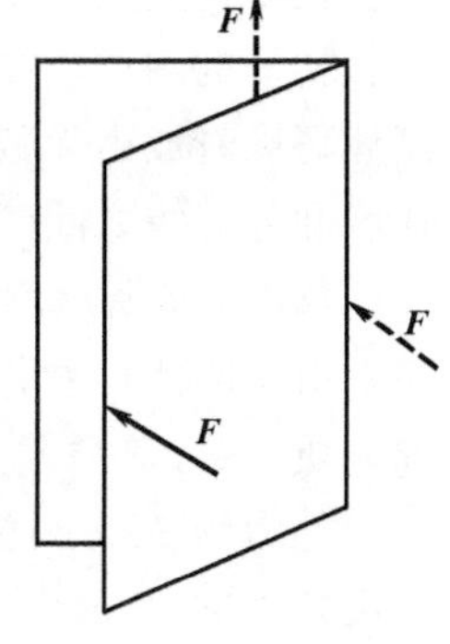

图 3-4 力的作用点对转动效果的影响

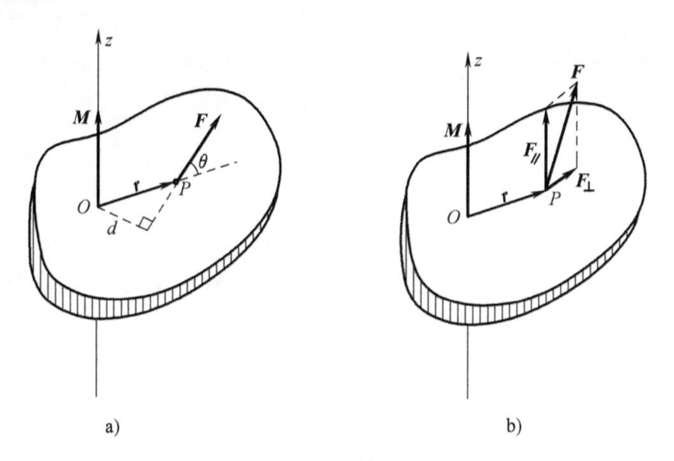

图 3-5 力对轴的力矩

a）力在转动平面内 b）力不在转动平面内

应当指出，力矩不仅有大小，而且有方向，因而力矩是矢量。力矩矢量 $\boldsymbol{M}$

可用矢径 $\boldsymbol{r}$ 和力 $\boldsymbol{F}$ 的矢积表示，即

$$\boldsymbol{M}=\boldsymbol{r}\times\boldsymbol{F} \tag{3-7}$$

$\boldsymbol{M}$ 的方向垂直于 $\boldsymbol{r}$ 和 $\boldsymbol{F}$ 所构成的平面，也可由图 3-6 所示的右手螺旋法则确定：右手的四指指向矢径 $\boldsymbol{r}$，沿小于 180°的角转向力 $\boldsymbol{F}$，右手螺旋旋进的方向（即拇指所指的方向）就是力矩的方向。

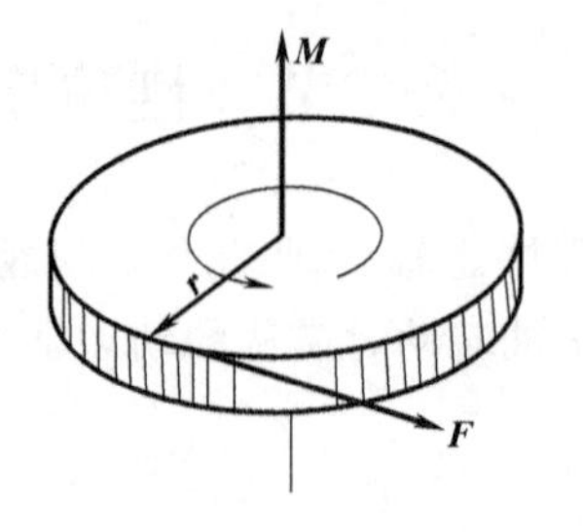

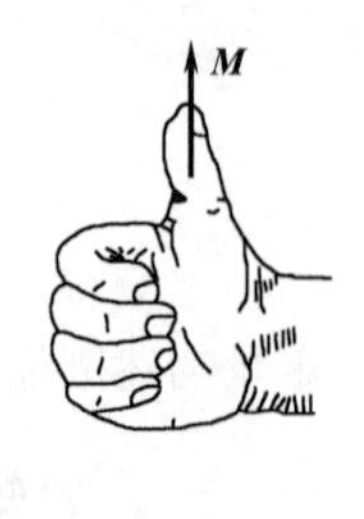

图 3-6　力矩的方向

二、转动定律

在研究质点运动时，我们知道，在外力作用下，质点会获得加速度。对于定轴转动的刚体，在外力矩作用下，其角速度会发生变化，即获得了角加速度。刚体可以看成由无数质点构成，我们可以从牛顿第二定律出发推导出刚体角加速度和外力矩之间的关系。

如图 3-7 所示的刚体，其转轴 Oz 固定于惯性系中，由于刚体可看作由许多质点组成，在刚体中任取一质点 i，其质量为 Δm_i，旋转半径为 r_i，所受到的合外力为 $\boldsymbol{F}_i$，刚体内其他质点作用的合内力 $\boldsymbol{f}_i$，并设外力 $\boldsymbol{F}_i$ 与内力 $\boldsymbol{f}_i$ 均在与 Oz 轴垂直的同一平面内。质点 i 的加速度为 $\boldsymbol{a}_i$。由于法向力通过转轴，不产生力矩，所以只需考虑切向方向，由牛顿第二定律

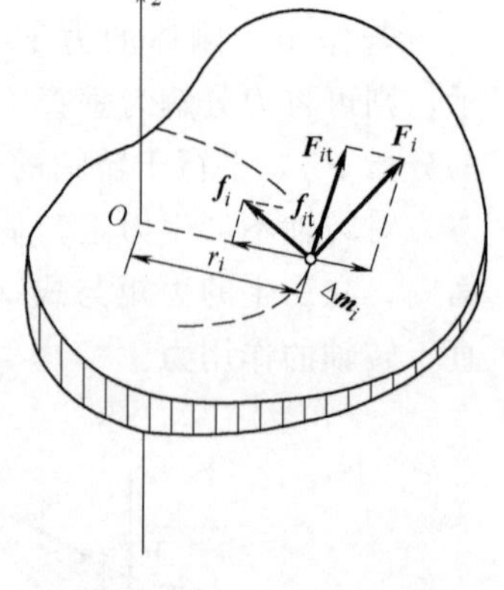

图 3-7　推导转动定律用图

$$F_{it}+f_{it}=\Delta m_i a_{it}$$

又 $a_{it}=r_i\alpha$，所以

$$F_{it}+f_{it}=\Delta m_i r_i\alpha$$

两边同乘以 r_i 得

$$F_{it}r_i+f_{it}r_i=\Delta m_i r_i^2\alpha \tag{3-8}$$

式（3-8）左边两项分别为外力 $\boldsymbol{F}_i$ 和内力 $\boldsymbol{f}_i$ 对转轴的力矩。若遍及刚体内的所有质点，则由式（3-8）可得

$$\sum F_{it}r_i+\sum f_{it}r_i=\sum(\Delta m_i r_i^2)\alpha \tag{3-9}$$

先考虑任意一对内力矩，如图 3-8 所示，任意两质点 i 和 j 之间的相互作用力分别为 $\boldsymbol{f}_{ij}$ 和 $\boldsymbol{f}_{ji}$，$\boldsymbol{f}_{ij}$ 和 $\boldsymbol{f}_{ji}$ 大小相等，方向相反，处于同一条直线上，对 Oz 轴的力臂同为 d，故两者力矩之和为零。由于内力总是成对出现的，所以刚体内所有内力矩的总和为零，即

$$\sum f_{it}r_i=0$$

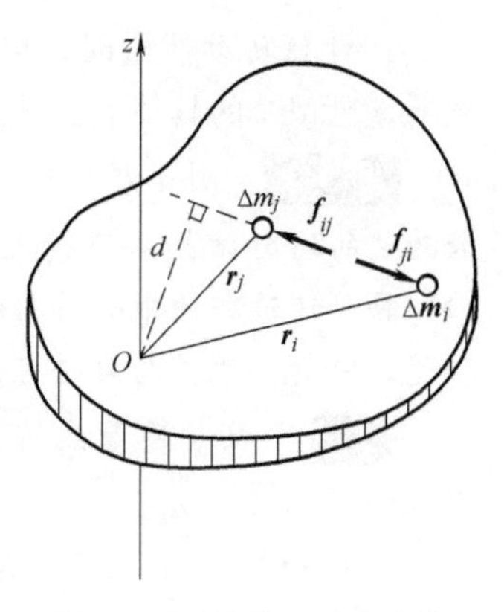

图 3-8　刚体内一对内力的力矩之和为零

这样，可得到

$$\sum F_{it} r_i = \sum (\Delta m_i r_i^2) \alpha$$

$\sum F_{it} r_i$ 为刚体内所有质点受到的外力对转轴的力矩之和，即为合外力矩，用 M 表示。这样，上式变为

$$M = \sum (\Delta m_i r_i^2) \alpha$$

式中，$\sum \Delta m_i r_i^2$ 由刚体内各质点相对于转轴的分布决定，它只与绕定轴转动的刚体本身的性质和转轴的位置有关，称作**转动惯量**。对于绕定轴转动的刚体，它为一恒量，用 J 表示，即

$$J = \sum \Delta m_i r_i^2 \tag{3-10}$$

这样，有

$$M = J\alpha \tag{3-11}$$

式（3-11）表明，**绕定轴转动的刚体，其角加速度与它受到的合外力矩成正比，与刚体的转动惯量成反比。**这一结论就是**刚体定轴转动定律。**如同牛顿第二定律是解决质点运动问题的基本定律一样，转动定律是解决刚体定轴转动问题的基本方程。

三、转动惯量

把转动定律 $M=J\alpha$ 与牛顿第二定律 $F=ma$ 相比较，二者的表达式很相似。合外力矩 M 与合外力 F 相对应，角加速度 α 与加速度 a 相对应，转动惯量 J 与质量 m 相对应。由于物体的质量 m 是物体平动惯性大小的量度，相应地，转动惯量就是刚体转动时转动惯性大小的量度。以相同的力矩作用于两个绕定轴转动的不同的刚体上，转动惯量大的刚体获得的角加速度小，其角速度改变得慢，也就是保持原来转动状态的惯性大；反之，转动惯量小的刚体获得的角加速度大，其角速度改变得快，保持原有转动状态的惯性就小，式（3-10）为转动惯量的定义式，即

$$J = \sum \Delta m_i r_i^2$$

亦即**刚体的转动惯量等于刚体内各质点的质量与其到转轴距离平方的乘积之和。**可见，刚体的转动惯性不仅与刚体的质量有关，而且与刚体质量的分布和转轴的位置有关。对于质量离散分布的转动系统，可直接用定义式来计算转动惯量。对于质量连续分布的刚体，转动惯量式中的求和应以积分来代替，即

$$J = \int r^2 \mathrm{d}m \tag{3-12}$$

式中，$\mathrm{d}m$ 为质量元的质量；r 为质量元到转轴的距离。

在国际单位制中，转动惯量的单位是 $\mathrm{kg \cdot m^2}$。

在计算转动惯量时，可根据刚体质量分布的不同引入相应的质量密度，建立质量元 $\mathrm{d}m$ 的具体表达式，然后进行积分运算。下面通过具体的例子来说明。

例 3-3　刚体质量为线分布（细杆状刚体），如图 3-9 所示。求质量为 m、长为 l 的均匀细杆如下情况下的转动惯量：(1) 转轴通过杆的中心并与杆垂直；(2) 转轴通过杆的一端并与杆垂直。

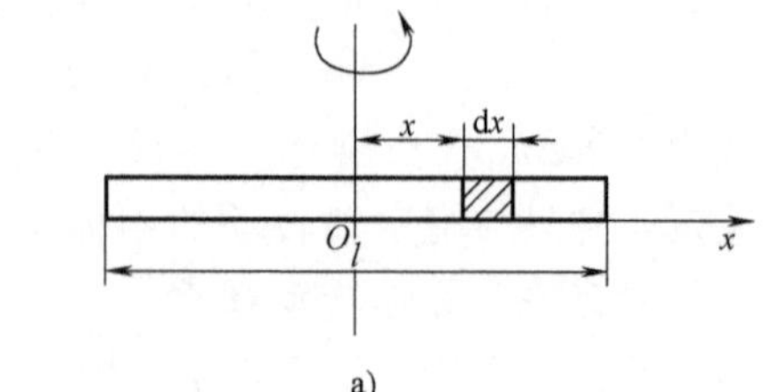

a)

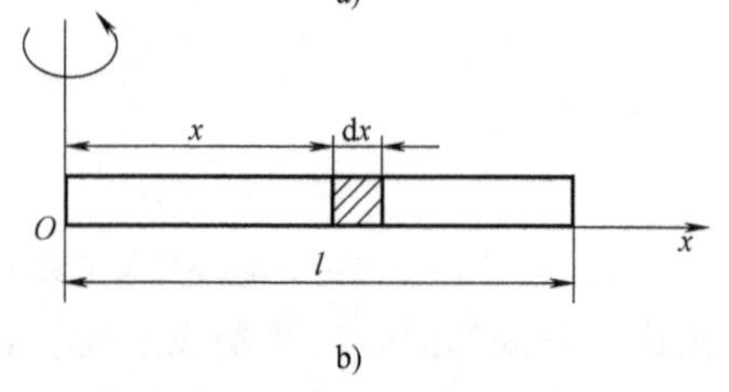

b)

图 3-9　例 3-3 图

解　引入质量线密度 λ（即单位长度的质量），$\lambda=m/l$。

(1) 如图 3-9a 所示，取杆中心为坐标原点 O，x 轴方向如图。在细杆上任意位置 x 处，取一长度为 $\mathrm{d}x$ 的线元，其质量 $\mathrm{d}m=\lambda\mathrm{d}x$，该质量元绕转轴的转动惯量为

$$\mathrm{d}J = x^2\mathrm{d}m = x^2\lambda\mathrm{d}x$$

由于转轴通过杆中心，所以转动惯量为

$$J = \int_{-\frac{l}{2}}^{\frac{l}{2}} x^2\lambda\mathrm{d}x = \frac{l^3}{12}\lambda = \frac{1}{12}ml^2$$

(2) 对于转轴通过杆端点的轴，如图 3-9b 所示，建立坐标如图所示。

$$\mathrm{d}J = x^2\mathrm{d}m = x^2\lambda\mathrm{d}x$$

$$J = \int_0^l x^2\lambda\mathrm{d}x = \frac{l^3}{3}\lambda = \frac{1}{3}ml^2$$

例 3-3 的结果表明，同一刚体对于不同的转轴转动惯量不同。可以证明，通过刚体质心的转轴的转动惯量最小。我们可以导出一个相对于不同转轴的转动惯量之间的一般关系。用 m 表示刚体的质量，用 J_C 表示通过其质心 C 的轴 z_C 的转动惯量，如果另一个轴 z' 相对质心轴 z_C 平行且相距为 d，如图 3-10 所示，可以证明，刚体对通过 z' 轴的转动惯量为

$$J = J_C + md^2 \tag{3-13}$$

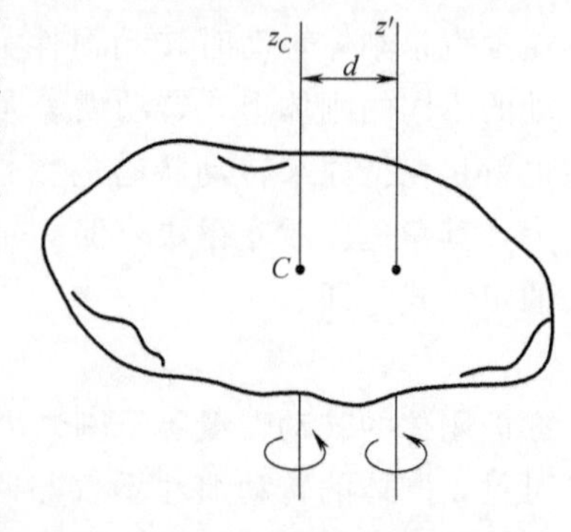

图 3-10　平行轴定理

上述关系叫作**转动惯量的平行轴定理。**平行轴定理不仅有助于计算转动惯量，而且对研究刚体的滚动也很有帮助。

例 3-4　刚体质量为面分布（薄板状刚体）。一均匀圆盘质量为 m，半径为 R，如图 3-11 所示。求通过盘中心并与盘面垂直的轴的转动惯量。

解　引入质量面密度 σ（即单位面积的质量），$\sigma=m/\pi R^2$。

薄圆盘可以看作是许多同心圆环的集合，如图 3-11 所示，在圆盘上任取一半

径为 r、宽度为 $\mathrm{d}r$ 的窄圆环，圆环的面积为 $2\pi r\mathrm{d}r$，圆环质量 $\mathrm{d}m=\sigma\cdot 2\pi r\mathrm{d}r$。此窄圆环上各点到转轴的距离都为 r，该圆环对通过盘心且垂直于盘面的轴的转动惯量为

$$\mathrm{d}J = r^2\mathrm{d}m = 2\pi\sigma r^3\mathrm{d}r$$

整个圆盘对该轴的转动惯量为

$$J = \int_0^R 2\pi\sigma r^3\mathrm{d}r = 2\pi\frac{m}{\pi R^2}\cdot\frac{1}{4}R^4 = \frac{1}{2}mR^2$$

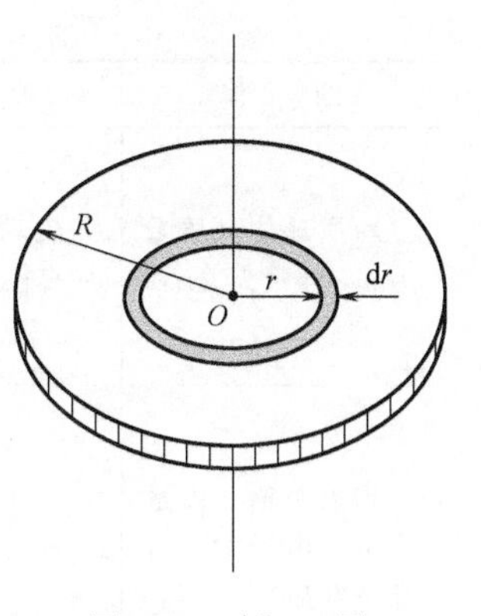

图 3-11　例 3-4 图

在实际应用中，经常会遇到由几部分不同形状和大小的物体构成的一个整体，根据转动惯量的定义，其转动惯量应等于各部分物体对同一转轴转动惯量之和。

由转动惯量的定义以及上述有关转动惯量的计算结果可以看出，刚体的转动惯量与下列三个因素有关：

1）与刚体的总质量有关。总质量越大，刚体的转动惯量越大。

2）与质量分布有关。刚体上质量分布离轴越远，转动惯量越大。

3）与转轴的位置有关。

综上所述，对于几何形状对称、质量连续且均匀分布的刚体，可以方便地用积分方法算出转动惯量。对于任意刚体的转动惯量，通常是用试验的方法测定出来的。表 3-1 列出了一些常见刚体的转动惯量。

表 3-1　几种刚体的转动惯量

刚体	转动轴	转动惯量	图
均质细棒（质量为 m，长为 l）	转动轴通过中心与棒垂直	$J=\dfrac{ml^2}{12}$	
均质圆柱体（质量为 m，半径为 R）	转动轴沿几何轴	$J=\dfrac{mR^2}{2}$	
均质薄圆环（质量为 m，半径为 R）	转动轴沿几何轴	$J=mR^2$	

（续）

刚　体	转动轴	转动惯量	图
均质球体（质量为 m，半径为 R）	转动轴沿球的任一直径	$J=\frac{2mR^2}{5}$	轴 R
均质圆筒（质量为 m，内径为 R_1，外径为 R_2）	转动轴沿几何轴	$J=\frac{m}{2}(R_1^2+R_2^2)$	轴 R_1 R_2
均质细棒（质量为 m，长为 l）	转动轴通过棒的一端与棒垂直	$J=\frac{ml^2}{3}$	轴 l

四、转动定律应用举例

刚体定轴转动定律定量地反映了物体所受的合外力矩、转动惯量和转动角加速度之间的关系，它在转动中的地位与牛顿第二定律相当。应用转动定律解决的定轴转动问题一般也可分为两类：一类是已知力矩求转动；另一类是已知转动求力矩。在实际问题中常常两者兼有。

应用转动定律求解问题的方法和步骤也与牛顿第二定律的应用相类似，下面举例来说明转动定律的应用。

例 3-5　如图 3-12 所示，一轻绳跨过一轴承光滑的定滑轮，滑轮视为圆盘，绳的两端分别悬有质量为 m_1 和 m_2 的物体，且 $m_1<m_2$，设滑轮的质量为 $m_{轮}$，半径为 R，绳与轮之间无相对滑动。求物体的加速度和绳中张力。

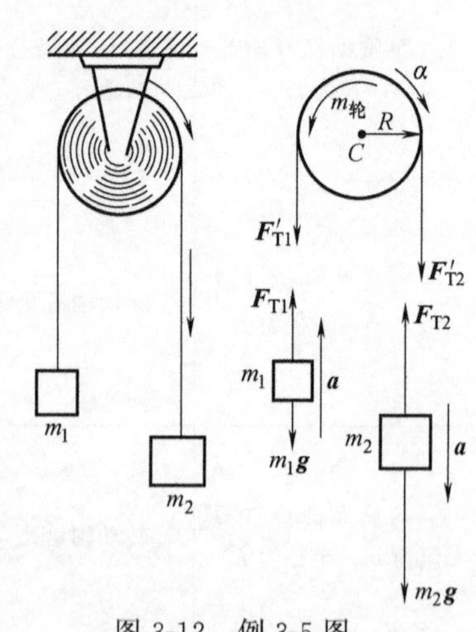

图 3-12　例 3-5 图

解　在质点动力学中，当涉及有关滑轮的问题时，为简单起见，都假设滑轮的质量可忽略不计。

但在计及滑轮质量时，就必须考虑滑轮的转动。在本例中，m_1 和 m_2 两物体做平动，它们的加速度 $\boldsymbol{a}$ 取决于每个物体所受的合力。而滑轮做转动，其角加速度 α 取决于作用于其上的合外力矩。

首先将三个物体隔离出来，进行图示的受力分析，其中张力 $\boldsymbol{F}_{T1}$ 和 $\boldsymbol{F}_{T2}$ 的大小不能假定相等，但 $F_{T1}=F'_{T1}$，$F_{T2}=F'_{T2}$。

对平动的物体 m_1 和 m_2 应用牛顿第二定律，有

$$F_{T1}-m_1 g=m_1 a$$

$$m_2 g-F_{T2}=m_2 a$$

对转动的滑轮，由于转轴通过轮中心，所以仅有张力 F'_{T1} 和 F'_{T2} 对它有力矩的作用。由转动定律

$$F'_{T2}R-F'_{T1}R=J\alpha$$

式中，J 为滑轮的转动惯量，$J=\frac{1}{2}m_{轮}R^2$。又因为绳相对于滑轮无滑动，在滑轮边缘上一点的切向加速度与绳和物体的加速度大小相等，与滑轮角加速度的关系为 $a=R\alpha$。

从以上各式即可解出

$$a=\frac{(m_2-m_1)g}{m_1+m_2+\frac{m_{轮}}{2}},\quad \alpha=\frac{(m_2-m_1)g}{\left(m_1+m_2+\frac{m_{轮}}{2}\right)R}$$

$$F_{T1}=\frac{m_1\left(2m_2+\frac{m_{轮}}{2}\right)g}{m_1+m_2+\frac{m_{轮}}{2}},\quad F_{T2}=\frac{m_2\left(2m_1+\frac{m_{轮}}{2}\right)g}{m_1+m_2+\frac{m_{轮}}{2}}$$

例 3-6 一根长为 l、质量为 m 的均匀细直杆，可绕通过其一端且与杆垂直的光滑水平轴转动，如图 3-13 所示，将杆由水平位置静止释放，求它下摆角为 θ 时的角加速度和角速度。

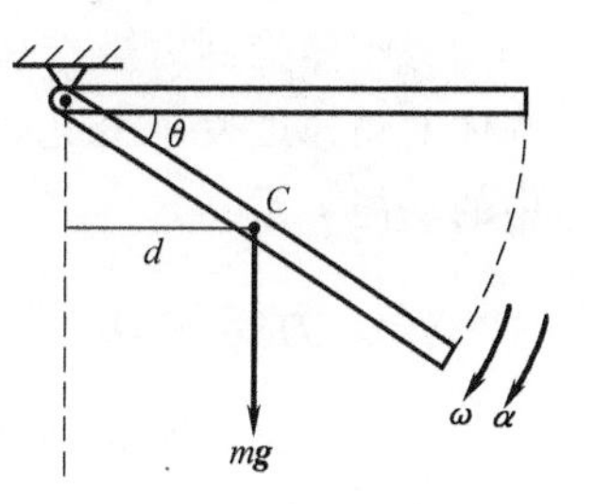

图 3-13 例 3-6 图

解 本例杆的下摆运动为刚体定轴转动，可用转动定律求解。对杆进行受力分析，只有重力对杆有力矩作用。而重力对杆的合力矩就和全部重力集中作用于质心所产生的力矩一样，所以重力矩为

$$M=mg\cdot\frac{1}{2}l\cos\theta$$

由转动定律 $M=J\alpha$，有

$$\alpha=\frac{M}{J}=\frac{\frac{1}{2}mgl\cos\theta}{\frac{1}{3}ml^2}=\frac{3g\cos\theta}{2l}$$

又因为

$$\alpha=\frac{\mathrm{d}\omega}{\mathrm{d}t}=\frac{\mathrm{d}\omega}{\mathrm{d}\theta}\cdot\frac{\mathrm{d}\theta}{\mathrm{d}t}=\omega\frac{\mathrm{d}\omega}{\mathrm{d}\theta}$$

所以有

$$\omega\frac{\mathrm{d}\omega}{\mathrm{d}\theta}=\frac{3g\cos\theta}{2l}$$

即

$$\omega\mathrm{d}\omega=\frac{3g\cos\theta}{2l}\mathrm{d}\theta$$

两边积分

$$\int_0^{\omega}\omega\mathrm{d}\omega=\int_0^{\theta}\frac{3g\cos\theta}{2l}\mathrm{d}\theta$$

可得

$$\omega^2=\frac{3g\sin\theta}{l}$$

即

$$\omega=\sqrt{\frac{3g\sin\theta}{l}}$$

第三节　刚体转动中的功与能

当刚体受到力矩作用并绕轴转动时，力矩对刚体做功，力矩作用的结果使刚体的角速度发生变化，从而刚体的动能也发生相应变化。本节讨论刚体转动中的功能关系。

一、力矩做功

当刚体做定轴转动时，外力对刚体所做的功可用力矩来表示。如图3-14所示，用 $\boldsymbol{F}$ 表示作用在刚体上 P 点的外力，当刚体绕 Oz 轴发生 $\mathrm{d}\theta$ 的角位移时，P 点的位移为 $\mathrm{d}r$，力 $\boldsymbol{F}$ 所做的元功为

$$\mathrm{d}A=F\cos\beta\,|\,\mathrm{d}\boldsymbol{r}\,|=F\cos\beta\cdot r\mathrm{d}\theta$$

由于 $F\cos\beta$ 是力 $\boldsymbol{F}$ 沿 $\mathrm{d}\boldsymbol{r}$ 方向的分量，所以 $F\cos\beta\cdot r$ 就是力对转轴的力矩 M。因此有

$$\mathrm{d}A=M\mathrm{d}\theta \tag{3-14}$$

即外力对转动刚体所做的元功等于相应的力矩和角位移的乘积。

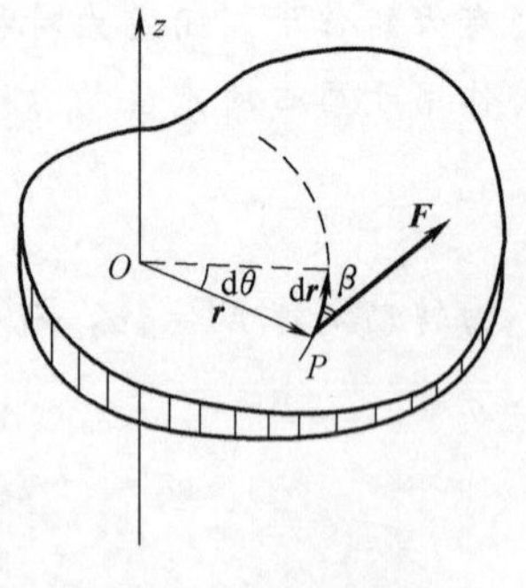

图3-14　力矩所做的功

对于有限的角位移，外力做的功用积分表示

$$A = \int_{\theta_1}^{\theta_2} M\mathrm{d}\theta \tag{3-15}$$

以上两式中的功常称为力矩的功，显然力矩的功就是把外力对刚体所做的功用描述刚体转动的相关物理量表示出来。如果刚体受到多个力的作用，则上两式中的外力矩应为合外力矩。

二、刚体的转动动能和重力势能

当刚体绕定轴转动时，其上每个质点都绕轴做圆周运动，都具有一定的动能，所有质点动能之和就是刚体的转动动能。设刚体中第 i 个质点的质量为 Δm_i，到转轴的距离为 r_i，速度为 v_i，则该质点的动能为$\frac{1}{2}\Delta m_i v_i^2$，$v_i = r_i\omega$，因此，整个刚体的动能为

$$E_{\mathrm{k}} = \sum \frac{1}{2}\Delta m_i v_i^2 = \frac{1}{2}\left(\sum \Delta m_i r_i^2\right)\omega^2$$

式中，$\sum \Delta m_i r_i^2$ 正是刚体对转轴的转动惯量 J，所以定轴转动刚体的动能可写为

$$E_{\mathrm{k}} = \frac{1}{2}J\omega^2 \tag{3-16}$$

式（3-16）的动能叫作刚体的**转动动能**，可以看出，转动动能与质点的动能在形式上相互对应，转动惯量与质量对应，角速度与速度对应。

如果刚体受到保守力的作用，也可引入势能的概念。例如在重力场中的刚体就具有一定的**重力势能**，对于一个不太大的质量为 m 的刚体，它的重力势能应是组成刚体的各个质点的重力势能之和，即

$$E_{\mathrm{p}} = \sum \Delta m_i g h_i = g\sum \Delta m_i h_i = mg\,\frac{\sum \Delta m_i h_i}{m}$$

如果记

$$h_C = \frac{\sum \Delta m_i h_i}{m}$$

则重力势能为

$$E_{\mathrm{p}} = mgh_C \tag{3-17}$$

根据质心的定义，h_C 恰好是刚体质心的高度。该结果表明，一个不太大的刚体的重力势能与它的质量集中在质心时所具有的势能一样。

三、定轴转动的动能定理

设在合外力矩 M 的作用下，刚体绕定轴转过角位移 $\mathrm{d}\theta$，合外力矩对刚体所做的元功为

$$\mathrm{d}A = M\mathrm{d}\theta$$

由转动定律 $M=J\alpha=J\dfrac{d\omega}{dt}$，上式可写为

$$dA=J\frac{d\omega}{dt}d\theta=J\omega d\omega$$

如刚体的角速度由 t_1 时刻的 ω_1 变为 t_2 时刻的 ω_2，则此过程中外力矩对刚体做的总功为

$$A=\int dA=\int_{\omega_1}^{\omega_2}J\omega d\omega$$

即

$$A=\frac{1}{2}J\omega_2^2-\frac{1}{2}J\omega_1^2 \tag{3-18}$$

式（3-18）表明，**合外力矩对刚体所做的功等于刚体转动动能的增量，这就是刚体定轴转动的动能定理。**

对于包含刚体的系统，如果在运动过程中只有保守内力做功，则该系统的机械能守恒。从形式上看，和质点系的机械能守恒定律完全相同，但对包含刚体的系统来说，既要考虑质点的动能、重力势能、弹性势能，还要考虑刚体的平动动能、重力势能及转动动能。

例 3-7 某一冲床利用飞轮的转动动能通过曲柄连杆机构的传动，带动冲头在铁板上穿孔。已知飞轮为均匀圆盘，其半径为 $r=0.4\text{m}$，质量为 $m=600\text{kg}$，飞轮的正常转速是 $n_1=240\text{r}\cdot\text{min}^{-1}$，冲一次孔转速降低20%。求冲一次孔冲头做的功。

解 以 ω_1 和 ω_2 分别表示冲孔前后飞轮的角速度，则由定轴转动的动能定理式（3-18），可得冲一次孔铁板阻力对冲头做的功为

$$A=\frac{1}{2}J\omega_2^2-\frac{1}{2}J\omega_1^2=\frac{1}{2}J\omega_1^2(0.8^2-1)$$

$$\omega_1=\frac{240\times2\pi}{60}\text{rad}\cdot\text{s}^{-1}=8\pi\ \text{rad}\cdot\text{s}^{-1}$$

因 $J=\dfrac{1}{2}mr^2$，代入数据可得

$$A=-5.45\times10^3\text{J}$$

这是冲一次孔铁板阻力对冲头做的功，它的大小也就是冲一次孔冲头克服此阻力做的功。

例 3-8 如图3-15所示，一半径为 R、质量为 $m_{轮}$ 的圆盘滑轮可绕通过盘心的水平轴转动，滑轮上绕有轻绳，绳的一端悬挂质量为 m 的物体。当物体从静止下降距离 h 时，物体的速度是多少？

解 以滑轮、物体和地球组成的系统为研究对象。由于只有保守内力做

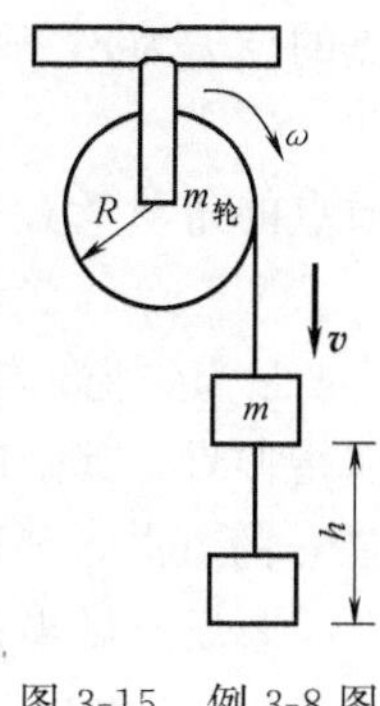

图 3-15 例 3-8 图

功，所以系统机械能守恒。

设物体开始下降时为初态，下降 h 距离时为终态，并设终态时重力势能为零。初态时：动能为零，重力势能为 mgh；终态时：动能包括滑轮的转动动能和物体的平动动能，由机械能守恒定律，有

$$mgh = \frac{1}{2}J\omega^2 + \frac{1}{2}mv^2$$

滑轮的转动惯量 $J=\frac{1}{2}m_{轮}R^2$，物体下落的速度与滑轮的角速度之间的关系为 $v=R\omega$，由此可解出

$$v = 2\sqrt{\frac{mgh}{m_{轮} + 2m}}$$

第四节 角动量 角动量守恒定律

上一节讨论了力矩对空间的积累作用，得出刚体转动的动能定理。本节将讨论力矩对时间的积累作用，得出角动量定理和角动量守恒定律。

在研究质点的平动时，我们用质点的动量来描述质点的运动状态。当研究刚体的转动问题时，例如圆盘形状的匀质飞轮绕通过其中心且垂直于飞轮平面的定轴转动，虽然飞轮在转动，但按质点系动量的定义，其总动量为零。这说明仅用动量来描述物体的机械运动是不够的，因此，需要引进另一个物理量—— 角动量，并讨论角动量所遵从的规律。

一、质点的角动量和角动量守恒定律

1. 质点的角动量

角动量，也称动量矩，用来描述物体的机械运动。设一质点 A 沿任意曲线 ML 运动，如图 3-16a 所示，在 t 时刻，质点的动量为 $\boldsymbol{p}=m\boldsymbol{v}$ ，质点相对于某 O

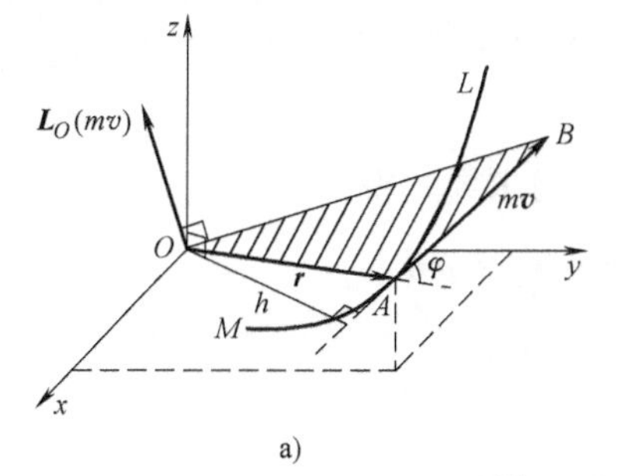

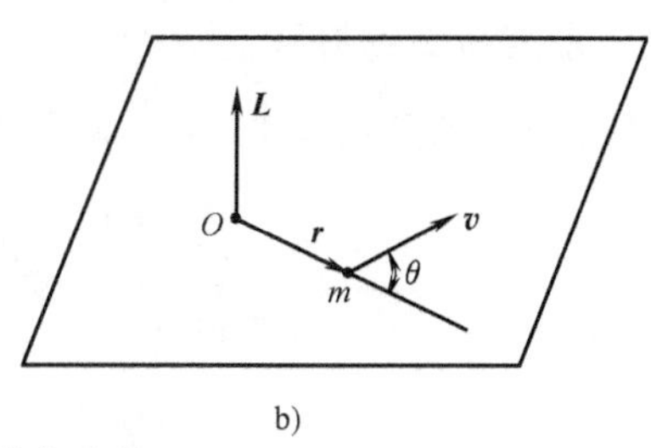

图 3-16 质点的角动量

点的位矢为 $\boldsymbol{r}$，则质点的动量对 O 点的角动量为

$$\boldsymbol{L}=\boldsymbol{r}\times\boldsymbol{p}=\boldsymbol{r}\times m\boldsymbol{v} \tag{3-19}$$

质点的角动量 $\boldsymbol{L}$ 是一个矢量，其大小为

$$L=rmv\sin\varphi \tag{3-20}$$

φ 为矢径 $\boldsymbol{r}$ 与 $\boldsymbol{v}$（或 $\boldsymbol{p}$）之间的夹角。$\boldsymbol{L}$ 的方向由右手螺旋法则确定，把右手拇指伸直，其余四指由矢径 $\boldsymbol{r}$ 通过小于180°的角弯向 $\boldsymbol{v}$ 或 $\boldsymbol{p}$，拇指所指的方向就是 $\boldsymbol{L}$ 的方向，如图 3-16b 所示。

若质点做半径为 r 的圆周运动，如图 3-17 所示，某一时刻质点位于 A 点，速度为 $\boldsymbol{v}$，如以圆心 O 为参考点，那么 $\boldsymbol{r}$ 与 $\boldsymbol{v}$（或 $\boldsymbol{p}$）总是相垂直的。质点对圆心 O 的角动量 $\boldsymbol{L}$ 的大小为

$$L=rmv=mr^2\omega \tag{3-21}$$

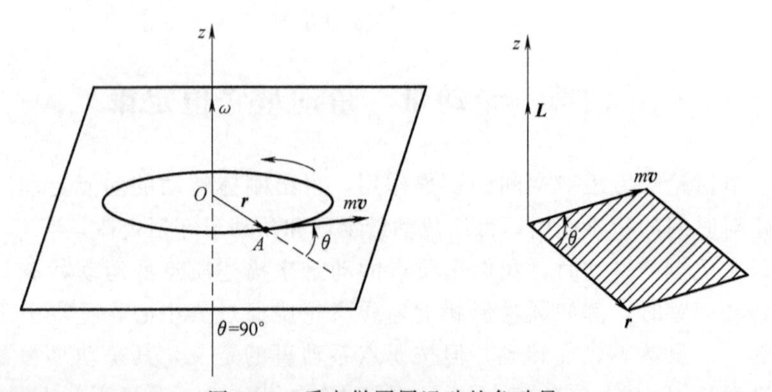

图 3-17　质点做圆周运动的角动量

$\boldsymbol{L}$ 的方向应平行于 Oz 轴，且与 $\boldsymbol{\omega}$ 的方向相同。

应当指出，质点的角动量 $\boldsymbol{L}$ 与矢径 $\boldsymbol{r}$ 和动量 $\boldsymbol{p}$ 有关，也就是与参考点 O 的选择有关，因此表述质点的角动量时，必须指明是对哪一点的角动量。在涉及质点的转动问题中，多以转动中心为参考点来表述角动量，故角动量是描述转动状态的物理量。例如，在微观粒子的运动中，不仅有电子绕原子核运动的轨道角动量，还有粒子本身自旋的角动量等。

在国际单位制中，角动量的单位是 $\mathrm{kg\cdot m^2\cdot s^{-1}}$。

2. 质点的角动量守恒定律

根据质点的角动量 $\boldsymbol{L}=\boldsymbol{r}\times m\boldsymbol{v}$，两边对时间求导，得

$$\frac{\mathrm{d}\boldsymbol{L}}{\mathrm{d}t}=\boldsymbol{r}\times\frac{\mathrm{d}}{\mathrm{d}t}(m\boldsymbol{v})+\frac{\mathrm{d}\boldsymbol{r}}{\mathrm{d}t}\times m\boldsymbol{v}$$

因 $\dfrac{\mathrm{d}\boldsymbol{r}}{\mathrm{d}t}=\boldsymbol{v}$，$\boldsymbol{F}=\dfrac{\mathrm{d}}{\mathrm{d}t}(m\boldsymbol{v})$，所以上式可写成

$$\frac{\mathrm{d}\boldsymbol{L}}{\mathrm{d}t}=\boldsymbol{r}\times\boldsymbol{F}+\boldsymbol{v}\times m\boldsymbol{v}$$

由矢径的定义，$\boldsymbol{v}\times m\boldsymbol{v}=0$，而 $\boldsymbol{r}\times\boldsymbol{F}=\boldsymbol{M}$，所以

$$\boldsymbol{M}=\frac{\mathrm{d}\boldsymbol{L}}{\mathrm{d}t} \tag{3-22}$$

式（3-22）表明，**质点所受的合外力矩等于质点的角动量对时间的变化率。** 这是质点角动量定理的一种形式，其中合外力矩和角动量都是相对同一参考点而言的。式（3-22）与牛顿第二定律 $\boldsymbol{F}=\frac{\mathrm{d}\boldsymbol{p}}{\mathrm{d}t}$ 在形式上是相似的，只是用 $\boldsymbol{M}$ 代替了 $\boldsymbol{F}$，用 $\boldsymbol{L}$ 代替了 $\boldsymbol{p}$。

由式（3-22），如果质点所受的合外力矩为零，即 $\boldsymbol{M}=0$，则有

$$\boldsymbol{L}=\boldsymbol{r}\times m\boldsymbol{v}=\text{恒矢量} \tag{3-23}$$

这就是说，相对于某一参考点，**如果质点所受的合外力矩为零，则质点的角动量保持不变**，这就是**质点的角动量守恒定律。**

应当注意，质点角动量守恒的条件是合外力矩 $\boldsymbol{M}=0$，这可能有两种情况：一是合力 $\boldsymbol{F}=0$；另一种是合力 $\boldsymbol{F}$ 虽不为零，但力的作用线通过参考点（这样的力称为有心力，参考点为力心），致使合力矩为零。质点做匀速圆周运动就是这样的例子，作用于质点的合力是指向圆心的向心力，故其力矩为零，此时，质点对圆心的角动量是守恒的。不仅如此，只要作用于质点的力是有心力，其对力心的力矩总为零，因此，在有心力作用下质点对力心的角动量都是守恒的。行星绕太阳的运动、卫星绕地球的运动、电子绕原子核的运动等都是在有心力作用下的运动，故它们的角动量都是守恒的。

例 3-9　我国第一颗人造地球卫星沿椭圆轨道绕地球运动，如图 3-18 所示。地心为该椭圆的一个焦点。已知地球半径 $R=6378\mathrm{km}$，卫星的近地点到地面的距离 $l_1=439\mathrm{km}$，卫星的远地点到地面的距离 $l_2=2384\mathrm{km}$。若卫星在近地点的速率为 $v_1=8.1\mathrm{km\cdot s^{-1}}$，求它在远地点的速率 v_2。

解　卫星在绕地球运动的过程中，所受的力主要是地球对它的万有引力，其他力可略去不计。故卫星在运动过程中对地心的角动量守恒，即

$$L=rmv\sin\theta=\text{常量}$$

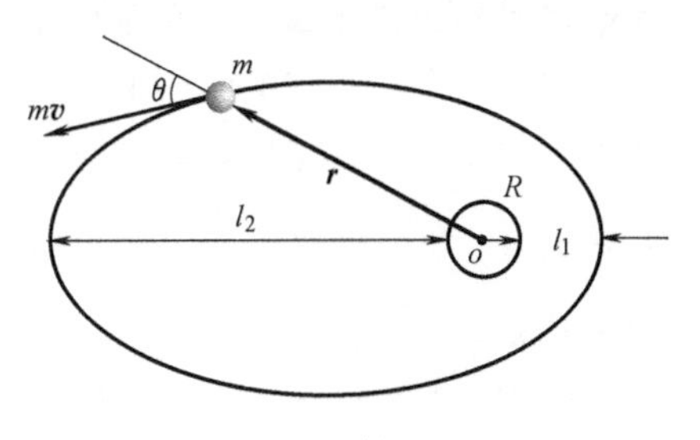

图 3-18　例 3-9 图

在近地点和远地点，$\theta=\frac{\pi}{2}$，所以

$$mv_1(R+l_1)=mv_2(R+l_2)$$

由此得

$$v_2=\frac{R+l_1}{R+l_2}v_1=\left(\frac{6378+439}{6378+2384}\times 8.1\right)\mathrm{km\cdot s^{-1}}=6.3\mathrm{km\cdot s^{-1}}$$

二、刚体的角动量和角动量守恒定律

前面介绍了质点的角动量概念，下面把这一概念扩展到刚体定轴转动的情形。

1. 刚体的角动量

如图3-19所示，刚体绕Oz轴以角速度ω转动，刚体上每一质点都以相同的角速度ω绕Oz轴作圆周运动。设刚体中第k个质点的质量为Δm_k，到转轴的距离为r_k，根据式（3-21），该质点的角动量为$\Delta m_k r_k^2 \omega$，则刚体对Oz轴的角动量为

$$L = \sum \Delta m_k r_k^2 \omega = \left(\sum \Delta m_k r_k^2\right)\omega$$

式中，$\sum \Delta m_k r_k^2$为刚体绕Oz轴的转动惯量J。于是刚体绕定轴Oz的角动量是

$$L = J\omega$$

其矢量式为

$$\boldsymbol{L} = J\boldsymbol{\omega} \tag{3-24}$$

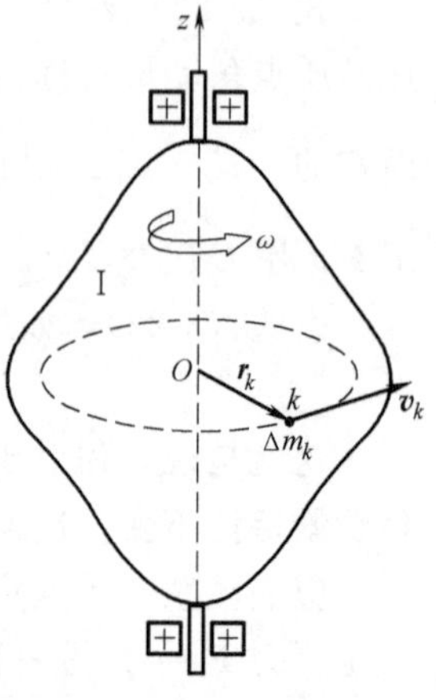

图3-19 刚体的角动量

即刚体对转轴的角动量等于其转动惯量与角速度的乘积。

2. 刚体的角动量守恒定律

根据转动定律，刚体所受的合外力矩与角加速度的关系为

$$\boldsymbol{M} = J\boldsymbol{\alpha} = J\frac{\mathrm{d}\boldsymbol{\omega}}{\mathrm{d}t}$$

利用角动量表示式，转动定理可重新表示为

$$\boldsymbol{M} = \frac{\mathrm{d}(J\boldsymbol{\omega})}{\mathrm{d}t} = \frac{\mathrm{d}\boldsymbol{L}}{\mathrm{d}t} \tag{3-25}$$

上式表明，刚体绕定轴转动时，**作用于刚体的合外力矩等于刚体绕此定轴的角动量对时间的变化率**。这是刚体角动量定理的一种形式。

与转动定律式（3-11）相比，式（3-25）是转动定律的另一表达式，其适用范围更加广泛。在定轴转动物体的转动惯量发生变化时，式（3-11）已不适用，但是式（3-25）仍然成立，这与质点动力学中牛顿第二定律的表达式$\boldsymbol{F}=\frac{\mathrm{d}\boldsymbol{p}}{\mathrm{d}t}$较之$\boldsymbol{F}=m\boldsymbol{a}$更普遍是一样的。

由式（3-25）可知，当合外力矩M为零时，可得

$$J\omega = \text{恒量} \tag{3-26}$$

这就是说，**如果物体所受的合外力矩为零，或不受外力矩的作用，物体的角动量保持不变**，这一结论就是**角动量守恒定律**。

必须指出，上面在导出角动量守恒定律的过程中虽然受到刚体、定轴等条件的限制，但它的适用范围非常广泛：

1）角动量守恒定律不仅适用于刚体，可以证明，该定律对非刚体同样适用。对于转动惯量可以变化的非刚体，当合外力矩 $M=0$ 时，可得

$$J_1\omega_1 = J_2\omega_2$$

即当转动惯量变化时，其旋转角速度也随之变化，以使二者的乘积 $J\omega$ 保持不变。当 J 减小时，ω 增大；当 J 增大时，ω 减小。利用改变转动惯量来改变旋转角速度的例子很多，如花样滑冰运动员做旋转动作时，往往先把两臂张开旋转，然后迅速收拢两臂靠近身体，使相对身体中心轴的转动惯量迅速减小，从而使旋转速度增大。

2）角动量守恒定律对天体运动以及微观粒子的运动同样适用。

角动量守恒定律与动量守恒定律、能量守恒定律都是自然界的普遍规律。虽然它们都是在不同理想化条件下，在经典的牛顿运动定律的基础上导出的，但适用范围远远超出了原有条件的限制。它们不仅适用于牛顿力学所研究的宏观、低速（远小于光速）领域，而且适用于牛顿力学失效的微观、高速（接近光速）领域。这三条守恒定律是比牛顿运动定律更基本、更普遍的物理定律。

例 3-10　在工程上，两飞轮常用摩擦离合器使它们以相同的转速一起转动，如图 3-20 所示，A 和 B 两飞轮的轴杆在同一中心线上，轮 A 的转动惯量为 $J_A=10\text{kg}\cdot\text{m}^2$，轮 B 的转动惯量为 $J_B=20\text{kg}\cdot\text{m}^2$。开始时轮 A 的转速为 $600\text{r}\cdot\text{min}^{-1}$，轮 B 静止。C 为摩擦离合器。求两轮在离合前后的转速。在离合过程中，两轮的机械能有何变化？

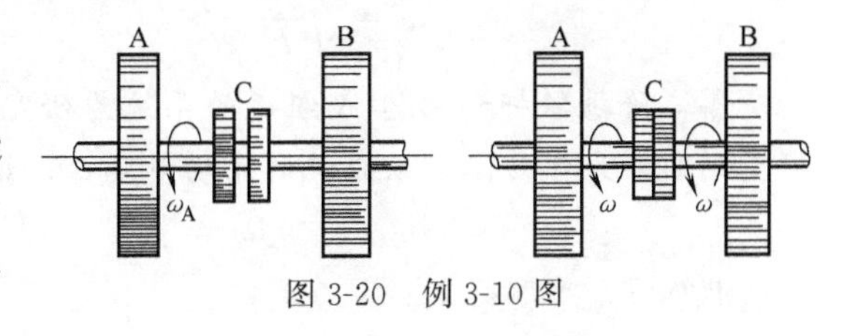

图 3-20　例 3-10 图

解　把飞轮 A、B 和离合器 C 作为一系统来考虑，在离合过程中，系统受到轴的正压力和离合器间的切向摩擦力，前者对转轴的力矩为零，后者为系统的内力矩，故系统受到的合外力矩为零，系统的角动量守恒，因此有

$$J_A\omega_A + J_B\omega_B = (J_A + J_B)\omega$$

ω 为两轮离合后共同转动的角速度，于是

$$\omega = \frac{J_A\omega_A + J_B\omega_B}{J_A + J_B}$$

把各量的数据代入，得

$$\omega = 20.9\text{rad}\cdot\text{s}^{-1}$$

或共同转速为

$$n = 200\text{r}\cdot\text{min}^{-1}$$

在离合过程中，摩擦力矩做功，故机械能不守恒，部分机械能转化为热能，损失的机械能为

$$\Delta E=\frac{1}{2}J_{A}\omega_{A}^{2}+\frac{1}{2}J_{B}\omega_{B}^{2}-\frac{1}{2}(J_{A}+J_{B})\omega^{2}=1.32\times10^{4}\mathrm{J}$$

例 3-11　长为 l、质量为 $m_{杆}$ 的匀质细杆，一端悬挂，可绕通过 O 点且垂直于纸面的轴转动。今杆由水平位置静止落下，在铅直位置处与质量为 m 的物体 A 做完全非弹性碰撞，如图 3-21 所示，若碰撞后物体沿摩擦因数为 μ 的水平面滑动，则物体能滑出多远的距离？

解　该问题可分为三个阶段分析求解。杆自水平位置落到铅直位置，与物体 A 碰撞前为第一阶段；杆与物体 A 的碰撞过程为第二阶段；第三阶段为物体 A 沿水平面滑动的过程。

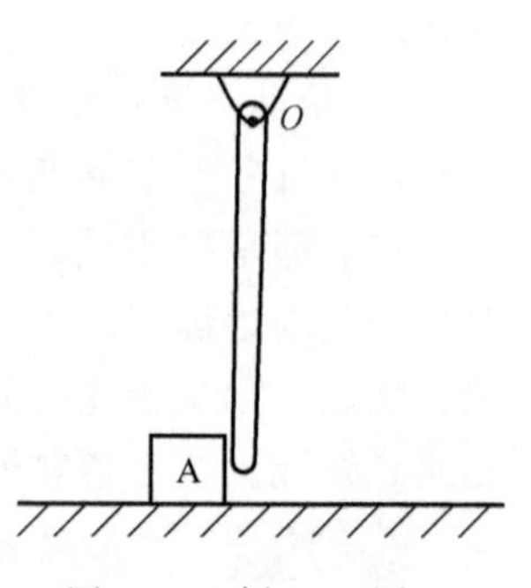

图 3-21　例 3-11 图

第一阶段取杆为研究对象。杆受重力及悬挂轴的作用力。设杆与物体 A 碰前的角速度为 ω，由动能定理

$$m_{杆}g\frac{l}{2}=\frac{1}{2}J\omega^{2}-0$$

杆对转轴 O 的转动惯量为 $J=\frac{1}{3}m_{杆}l^{2}$，所以

$$\omega=\sqrt{\frac{3g}{l}}$$

第二阶段取杆和物体 A 组成的系统为研究对象。碰撞过程中，系统相对轴 O 受到的外力矩为零，故系统的角动量守恒。设碰撞后杆的角速度为 ω'，则

$$J\omega=J\omega'+ml^{2}\omega'$$

代入 J，可解得

$$\omega'=\frac{m_{杆}\sqrt{\frac{3g}{l}}}{m_{杆}+3m}$$

第三阶段取物体 A 为研究对象。设物体 A 在摩擦力作用下可滑过 s 的距离，由质点的动能定理

$$-\mu mgs=0-\frac{1}{2}m(l\omega')^{2}$$

$$s=\frac{3lm_{杆}^{2}}{2\mu(m_{杆}+3m)^{2}}$$

思考题

3-1　如果刚体转动的角速度很大，那么

（1）作用于其上的力是否一定很大？

（2）作用于其上的力矩是否一定很大？

3-2 两个大小相同、质量相同的轮子，一个轮子的质量均匀分布，另一个轮子的质量主要集中在轮子边缘，两轮绕通过轮心且垂直于轮面的轴转动。问：

(1) 如果作用在它们上面的外力矩相同，哪个轮子转动的角速度较大？

(2) 如果它们的角加速度相同，哪个轮子受到的力矩大？

(3) 如果它们的角动量相等，哪个轮子转得快？

3-3 为什么质点系动能的改变不仅与外力有关，而且也与内力有关，而刚体绕定轴转动动能的改变只与外力矩有关，而与内力矩无关？

3-4 一人坐在角速度为 ω_0 的转台上，手持一个旋转着的飞轮，其转轴垂直于地面，角速度为 ω'。如果忽然使飞轮的转轴倒转，将会发生什么情况？（设转台和人的转动惯量为 J，飞轮的转动惯量为 J'）

习 题

3-1 一转速为 $1800\text{r}\cdot\text{min}^{-1}$ 的飞轮因受制动而均匀地减速，经 20s 停止转动。求：

(1) 角加速度；

(2) 从制动开始到停止转动飞轮转过的圈数；

(3) 制动开始后 10s 时，飞轮的角速度；

(4) 若飞轮半径为 0.5m，在 $t=10\text{s}$ 时飞轮边缘上一点的线速度、切向加速度和法向加速度。

3-2 用落体观察法测定飞轮的转动惯量，是将半径为 R 的飞轮支撑于 O 点上，然后在绕过飞轮的绳子的一端挂一质量为 m 的重物，令重物以零初速下落，带动飞轮转动（见习题 3-2 图）。记下重物下落的距离和时间，就可算出飞轮的转动惯量。试写出它的计算式。（设轴承的摩擦不计）

3-3 在习题 3-3 图所示的系统中，$m_1=50\text{kg}$，$m_2=40\text{kg}$，圆盘形滑轮质量为 $m_{轮}=16\text{kg}$，半径为 $r=0.1\text{m}$，斜面是光滑的，倾角为 $\theta=30^\circ$，绳与滑轮间无相对滑动，转轴摩擦不计。问：

(1) 绳中的张力是多少？

(2) 设运动开始时，m_1 距地面高度为 1m，需多长时间 m_1 到达地面？

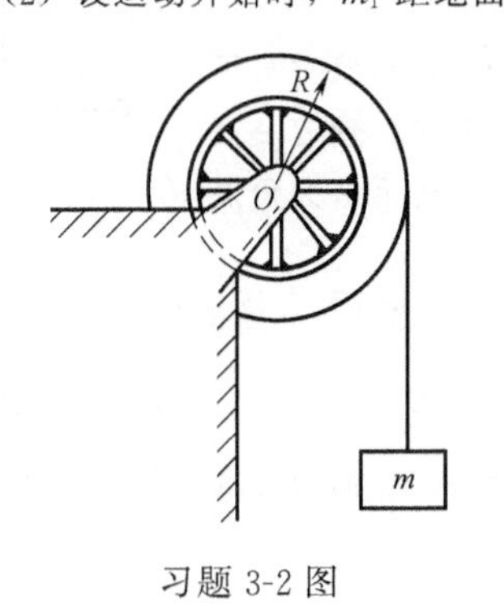

习题 3-2 图

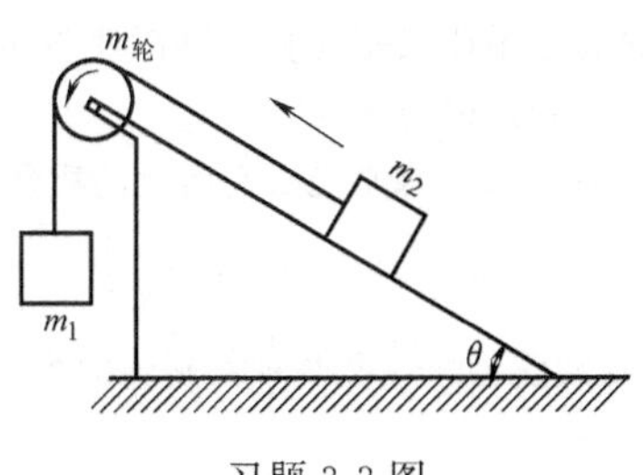

习题 3-3 图

3-4 质量为 m_1 和 m_2 的两物体分别悬挂在如习题 3-4 图所示的组合轮两端。设两轮的半

径分别为 r_1 和 r_2，两轮的转动惯量分别为 J_1 和 J_2，轮与轴承间、绳与轮间摩擦力均不计，绳的质量也不计。求两物体的加速度和绳的张力。

3-5　如习题 3-5 图所示，飞轮的质量为 60kg，直径为 0.50m，转速为 $1000\text{r}\cdot\text{min}^{-1}$。现用闸瓦制动使其在 5.0s 内停止转动，求制动力的大小 F。设闸瓦与飞轮间摩擦因数 $\mu=0.40$；飞轮的质量全部分布在边缘上。

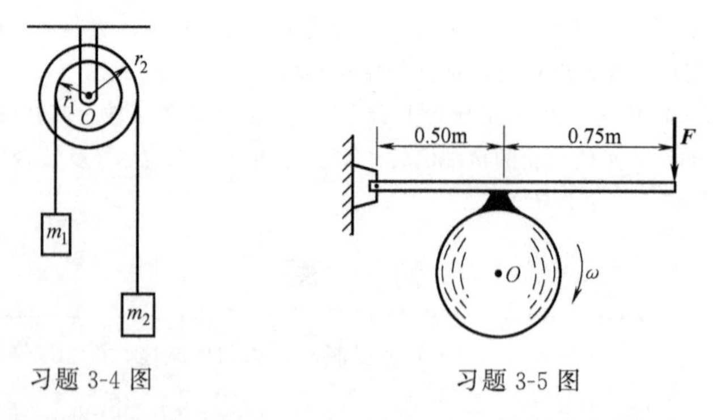

习题 3-4 图　　习题 3-5 图

3-6　一半径为 R、质量为 m 的匀质圆盘，以角速度 ω 绕其中心轴转动，现将它平放在一水平板上，盘与板表面的摩擦因数为 μ。

(1) 求圆盘所受的摩擦力矩。

(2) 经过多少时间后，圆盘才停止转动？

3-7　质量为 0.50kg，长为 0.40m 的均匀细棒，可绕垂直于棒的一端的水平轴转动。如将此棒放在水平位置，然后任其落下，求：

(1) 当棒转过60°时的角加速度和角速度；

(2) 下落到竖直位置时的动能；

(3) 下落到竖直位置时的角速度。

3-8　一质量为 20.0kg 的小孩，站在一半径为 3.00m、转动惯量为 $450\text{kg}\cdot\text{m}^2$ 的静止水平转台边缘上，转台可绕通过台中心的竖直轴转动，转台与轴间的摩擦不计。如果此小孩相对转台以 $1.00\text{m}\cdot\text{s}^{-1}$ 的速率沿转台边缘行走，问转台的角速率有多大？

3-9　如习题 3-9 图所示，质量为 m_1、长为 l 的均匀直杆可绕垂直于棒的一端的水平轴无摩擦地转动，它原来静止在平衡位置上，现有一质量为 m_2 的弹性小球飞来与棒下端垂直发生弹性碰撞使棒转至最大角度 $\theta=30°$处，求小球的初速度 v_0。

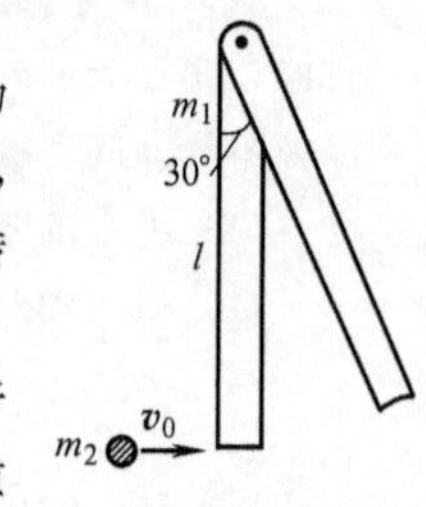

习题 3-9 图

3-10　一根放在水平光滑桌面上的质量均匀的棒，可绕通过其一端的竖直光滑固定轴 O 转动。棒的质量为 $m=1.0\text{kg}$，长度为 $l=1.0\text{m}$，转动惯量为 $J=\dfrac{1}{3}ml^2$。初始时棒静止。现有一水平运动的子弹垂直地射入到棒的另一端并留在棒内，子弹的质量 $m=0.020\text{kg}$，速率为$v=400\text{m}\cdot\text{s}^{-1}$。

(1) 求棒开始和子弹一起转动时的角速度；

(2) 设棒转动时受到大小为 $M_r=4.0\text{N}\cdot\text{m}$ 的恒定阻力矩作用，问棒能转过多大的角度？

第四章　狭义相对论

相对论是关于时间、空间和物质运动关系的理论，包括两部分：狭义相对论和广义相对论。在狭义相对论建立之前，牛顿力学被认为是普遍完美的理论，其基本信条是：空间和时间都是绝对的。这种观点虽早已被接受，但它却只是人们的直观概念，从未得到证明。直到 19 世纪末 20 世纪初物理学研究深入到高速和微观领域，才发现它已不再适用。爱因斯坦以“相对性原理”和“光速不变原理”为基本假设，于 1905 年建立了狭义相对论，1915 年又将其发展成广义相对论。本章重点介绍狭义相对论的基础知识。

第一节　伽利略变换和经典力学时空观

一、伽利略变换　经典力学时空观

假如有两个相对做匀速直线运动的惯性参考系 S 和 S′，参考系 S′（例如一节火车车厢）相对参考系 S（例如地面）沿共同的 x、x'轴正方向做速度为 $\boldsymbol{u}$ 的匀速直线运动，如图 4-1 所示。假设在 $t=t'=0$ 时，两坐标的坐标原点 O 与 O' 重合，则某时空点 P 的坐标变换方程为

$$\begin{cases} x' = x - ut \\ y' = y \\ z' = z \\ t' = t \end{cases} \quad \text{或} \quad \begin{cases} x = x' + ut' \\ y = y' \\ z = z' \\ t = t' \end{cases} \tag{4-1}$$

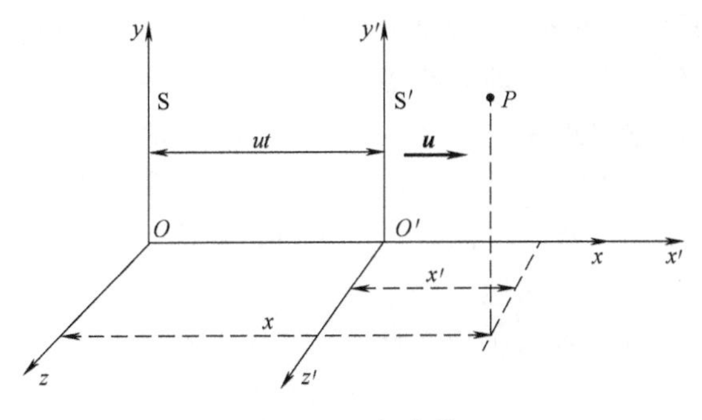

图 4-1　坐标变换

式（4-1）称为伽利略坐标变换方程。这个变换已经对时间、空间性质做了某些假定，这些假定主要有两条：第一，假定时间对于一切参考系、坐标系都是相同的，也就是假定存在着与任何具体的参考系的运动状态无关的统一的时间，即 $t'=t$。既然时间是不变的，那么，时间间隔 $\Delta t=t_2-t_1=\Delta t'$ 在一切参考系中也都是相同的，时间间隔与空间坐标变换无关。时间是用钟测量的数值，这相当于假定存在不受运动状态影响的时钟。第二，假定在任一确定时刻，空间两点间的长度

$$\Delta l=\sqrt{(x_2-x_1)^2+(y_2-y_1)^2+(z_2-z_1)^2}$$

对于一切参考系、坐标系都是相同的，也就是假定空间长度与任何具体参考系的运动状态无关。空间长度是用尺测量的数量，这相当于存在假定不受运动状态影响的直尺。用数学式表示就是

$$\Delta l=\Delta l'$$

或

$$\sqrt{(x_2-x_1)^2+(y_2-y_1)^2+(z_2-z_1)^2}$$
$$=\sqrt{(x'_2-x'_1)^2+(y'_2-y'_1)^2+(z'_2-z'_1)^2}$$

这些假定与经典力学时空观是一致的。牛顿说：“绝对的、真正的和数学的时间，就其本质而言，是永远均匀地流逝着，与任何外界事物无关”，“绝对空间，就其本质而言，是与任何外界事物无关的，它永远不动、永远不变”，这就是经典力学时空观，也称绝对时空观。按照这种观点，时间和空间是彼此独立的，互不相关，并且不受物质和运动的影响。这种绝对时间可以形象地比拟为独立的不断流逝着的流水；绝对空间可比拟为能容纳宇宙万物的一个无形的、永不动的容器。伽利略变换就是以这种绝对时空观为前提的。

二、力学相对性原理

早在1632年，伽利略曾在封闭的船舱中观察了力学现象，他的观察记录如下：“在这里（只要船的运动是等速的），你在一切现象中观察不出丝毫的改变，你也不能根据任何现象来判断船究竟是在运动着还是停止着。当你在地板上跳跃的时候，你所通过的距离和你在一条静止的船上跳跃时所通过的距离完全是相同的，也就是说，你向船尾跳时并不比你向船头跳时——由于船的迅速运动——跳得更远些。当然，当你跳在空中时，在你下面的地板是在向着和你跳跃相反的方向奔驰着。当你抛一件东西给你朋友的时候，如果你的朋友在船头而你在船尾，你费的力并不比你们站在相反的位置时所费的力更大。从挂在天花板上装着水的壶里滴下的水滴，将竖直地落在地板上，没有任何一滴水偏向船尾方向滴落，虽然当水滴尚在空中时，船在向前走……”。伽利略在这里描述

的种种现象表明：一切彼此做匀速直线运动的惯性系，对描述运动的力学规律来说是完全相同的。在一个惯性系内所做的任何力学实验都不能确定这一惯性系是在静止状态，还是匀速直线运动状态。或者说力学规律对一切惯性系都是等价的。这就是**力学的相对性原理**，也称**伽利略相对性原理**。

一个物理规律，它的基本定律用数学表述总可以写成一个数学方程式。如果方程式的每一项都服从相同的变换法则，则称该方程在这个变换下是协变的(不变式是协变式的特例：方程中的每一项在变换下都不变)。在某个变换下协变的物理规律，它的基本定律在该变换联系的那些参考系中具有相同的数学表达式，通常称这个规律在该变换下不变。经典力学的基本定律是牛顿运动定律，而牛顿运动定律对于由伽利略变换联系的所有惯性系都有相同的数学表达式，因此说，经典力学服从伽利略变换，满足伽利略相对性原理。

把式（4-1）对时间 t 求导一次，得

$$\begin{cases} v'_x = v_x - u \\ v'_y = v_y \\ v'_z = v_z \end{cases} \tag{4-2}$$

这就是惯性参考系 S 和 S′之间的**速度变换法则，称为伽利略速度变换法则**。

把上式对时间再求一次导数，得到惯性参考系 S 和 S′系中加速度变换关系，为

$$\begin{cases} a'_x = a_x \\ a'_y = a_y \\ a'_z = a_z \end{cases} \tag{4-3}$$

式（4-3）说明，在所有惯性系中，加速度是不变量。经典力学中质量也是与参考系选择无关的物理量，即 $m=m'$，式（4-3）两边同乘以 m' 和 m，于是，牛顿第二定律在所有惯性系中都具有相同的数学表述，即在惯性系 S 中有 $\boldsymbol{F}=m\boldsymbol{a}$，则在 S′系一定也有 $\boldsymbol{F}'=m'\boldsymbol{a}'$，即在不同的惯性系中牛顿运动定律的数学形式相同。或者说，牛顿运动定律经伽利略变换后数学形式不变。可以证明，经典力学中所有的基本定律，如动量守恒定律、机械能守恒定律等都具有这种形式不变性，因而我们可以得出结论：力学规律在一切惯性系中具有相同的数学形式。这就是力学相对性原理。

第二节 狭义相对论的基本原理 洛伦兹变换

一、狭义相对论的两条基本原理

19 世纪中叶建立了电磁现象的普遍理论——麦克斯韦方程组，它预言了电磁

波的存在。1888年，赫兹实验证实了电磁波的存在。电磁波就是以波动形式传播的电磁场。从麦克斯韦方程组可以得到电磁波在真空中的波速等于光速，于是断定光是特定波长范围的电磁波。由此麦克斯韦提出了光的电磁学说。人们在考察这一理论的基础时碰到了一些困难。由麦克斯韦方程组可知，光在真空中的传播速率为

$$c=\frac{1}{\sqrt{\varepsilon_0\mu_0}}=2.998\times10^8\,\mathrm{m/s}$$

其中，ε_0 为真空介电常数，$\varepsilon_0=8.85\times10^{-12}\,\mathrm{F/m}$；$\mu_0$ 为真空磁导率，$\mu_0=4\pi\times10^{-7}\,\mathrm{H/m}$。

c 是一个恒量，说明光在真空中沿各个方向的传播速度相同，与参考系的选择无关。但是根据伽利略变换式（4-1），不同惯性参考系中的观察者测定同一光束的传播速度时，所得结果应各不相同。假定在S系中，光沿各个方向传播的速度都是 c，则在S′系中应测得沿 x' 轴正向的光速为 $c-u$，沿 x' 负向的光速为 $c+u$ 等，即在S′系中，光沿各个方向的传播速率不同。由此人们认为：描述宏观电磁现象规律的麦克斯韦方程组不具有伽利略变换的不变性，只有在一个特殊的惯性系中，麦克斯韦方程组才严格成立。这个特殊的惯性系就是“以太”。假设以太是传播包括光波在内的电磁波的弹性媒质。当时人们认为机械波的传播需要媒质，而电磁波即便在真空中也能传播，所以“以太”充满整个宇宙空间。以太中的带电粒子振动会引起以太变形，这种变形以弹性波的形式传播，这就是电磁波。当时人们普遍认为，在相对以太静止的惯性系中，麦克斯韦方程组是成立的，因此导出的电磁波的波动方程成立。电磁波沿各个方向传播的速度都恒等于 c。那么，在相对于以太运动的惯性参考系中，电磁波沿各个方向的速度并不恒等于 c。这一结果很重要，引起当时物理学家的重视。

当时（19世纪），人们认为伽利略变换对一切物理规律都是适用的，麦克斯韦方程组不服从伽利略变换，它只在相对以太静止的惯性系中才成立。这样，以太就成了一个优越的参考系。既然根据伽利略相对性原理，人们不可能用力学实验找到力学中优越的惯性系（绝对空间），而现在，便可以用测量运动物体中光速的方法去寻找这一优越的参考系——以太。

若能找到以太，则可以把以太定义为绝对空间，相当于找到了牛顿的绝对空间。这样对许多问题的描述就可大为简化。于是，人们纷纷设计一些实验来寻找以太。在这些实验中，以迈克耳孙-莫雷实验最具代表性，但结果是没有观察到以太运动。

后来很多实验都没有观察到地球相对以太参考系的运动，于是爱因斯坦认为，应该抛弃以太和伽利略变换。他从一个完全崭新的角度提出了两个基本假设，从这两个假设出发，他推出了一系列结论，并都被实验所证实。这两个基

本假设就成为狭义相对论的两条基本原理：

1）**狭义相对性原理**：在一切惯性系中物理规律都相同，或者说在一切惯性系中物理规律都具有相同的数学形式。

2）**光速不变原理**：所有惯性系中测量到的真空中的光速沿各方向都等于 c，与光源的运动状态无关。

这两条基本原理是整个狭义相对论的基础。这两条基本原理虽然非常简单，但却和人们习以为常的经典时空观及经典力学体系不相容。确认这两个基本假设，就必须彻底摒弃绝对时空观概念，修改伽利略变换和力学定律，而伽利略变换和牛顿力学定律是在长期实践中被证明是正确的，它们应该是新的变换和新的力学定律在一定条件下的近似。

二、洛伦兹变换

由于光速不变原理否定了伽利略变换，因此需要寻找一个满足相对性原理的变换式，同时能够包含伽利略变换。洛伦兹变换是洛伦兹于 1904 年提出的，它包含了伽利略变换。爱因斯坦从相对论的两个基本原理推导出了洛伦兹变换。

设 S 系和 S′系是两个相对做匀速直线运动的惯性系（见图 4-1），我们总可以适当地选取坐标轴、坐标原点和计时零点，使 S 系和 S′系的关系满足以下规定：设 S′系沿 S 系的 x 轴正向以速度 u 相对于 S 系做匀速直线运动；使 x'、y'、z'轴分别与 x、y、z 轴平行；当 S 系的原点 O 与 S′系的原点 O'重合时，两惯性系在原点处的时钟都指示零点。洛伦兹求出同一事件 P（就是某时刻在空间某点的物理事件，仅用一个时空点来表示）的两组坐标（x，y，z，t）和（x'，y'，z'，t'）之间的关系式：

S→S′系的变换方程称为坐标正变换：

$$\begin{cases} x' = \gamma(x - ut) \\ y' = y \\ z' = z \\ t' = \gamma\left(t - \dfrac{u}{c^2}x\right) \end{cases} \tag{4-4a}$$

S′→S 系变换方程称为坐标逆变换：

$$\begin{cases} x = \gamma(x' + ut') \\ y = y' \\ z = z' \\ t = \gamma\left(t' + \dfrac{u}{c^2}x'\right) \end{cases} \tag{4-4b}$$

式中，γ 称为相对论因子：

$$\gamma = \frac{1}{\sqrt{1-\left(\frac{u}{c}\right)^2}}$$

记

$$\beta = \frac{u}{c}$$

则

$$\gamma = \frac{1}{\sqrt{1-\beta^2}}$$

在爱因斯坦建立狭义相对论之前，洛伦兹在研究电磁场理论、解释迈克耳孙-莫雷实验时就提出了这些变换方程式，因此，式（4-4）称为洛伦兹变换方程。

对于洛伦兹变换的几点说明：

1）在狭义相对论中，洛伦兹变换占据中心地位。它以确切的数学语言反映了相对论理论与伽利略变换及经典相对性原理的本质差别。新的相对论时空观的内容都集中表现在洛伦兹变换上。物理定律的数学表达式（如力学规律，见相对论动力学）在洛伦兹变换下保持不变。

2）洛伦兹变换是同一事件在不同惯性系中两组时空坐标之间的变换方程。所以，在应用时，必须首先核实（x，y，z，t）和（x'，y'，z'，t'）确实是描述同一个事件。

3）各个惯性系中的时间、空间量度的基准必须一致。时间的基准必须选择相同的物理过程，比如某种晶体振动的周期。空间长度的基准必须选择相同的物体或对象。统一规定，各个惯性系中的钟和尺，必须相对于该参考系处于静止状态，这样，各个惯性系时空量度结果的差异，反映出与这些惯性系固连的标准时钟和标准直尺的运动状态的差异。

4）洛伦兹变换揭示了时间和空间与物质运动密不可分的联系。从式（4-4）看到，不仅x'是x、t的函数，t'也是x、t的函数，而且都与两惯性系的相对速度u有关。这就是说，相对论将时间和空间与物质的运动不可分割地联系起来了，而且同一事件在不同的参考系中有各自不同的时空坐标，时空是相对的不是绝对的。

5）洛伦兹变换揭示了光速是一切物体运动速度的极限。时间和空间的坐标都是实数，变换式中$\sqrt{1-\left(\frac{u}{c}\right)^2}$不应该出现虚数，这就要求$u \leqslant c$，而$u$代表选为参考系的任意两个物理系统的相对速度。这就得到一个结论：物体的速度有个上限，就是光速c。换句话说，光速是一切物体运动速度的极限。这是狭义相对论理论本身的要求，它已被现代科技实践所证实。

6）洛伦兹变换是不同惯性系中时空坐标变换的普遍关系。在低速（$u \ll c$）和宏观世界范围内（即空间尺度远小于宇宙尺度），洛伦兹变换可以还原为伽利略变换。因此，洛伦兹变换并没有否定伽利略变换，而是包含了伽利略变换。

因为 $u \ll c$，所以 $\beta=\frac{u}{c}\to 0$，于是

$$\gamma=\frac{1}{\sqrt{1-\left(\frac{u}{c}\right)^2}}\to 1$$

代入式（4-4）便过渡为伽利略变换式（4-1）。这说明，伽利略变换是洛伦兹变换在低速情况下的近似。

例 4-1　一短跑选手，在地球上以 10s 的时间跑完 100m，在相对地球以 $0.98c$ 速率飞行的飞船上的观察者看来，这个选手跑了多长时间和多长距离？（设飞船沿跑道的竞跑方向飞行）

解　设地面为 S 参考系，飞船为 S′参考系。本题要研究起跑（事件 1）和跑到终点（事件 2）这两个事件的时间间隔和空间间隔（距离）。根据题意，有

$$\Delta x=x_2-x_1=100\text{m},\qquad \Delta t=t_2-t_1=10\text{s}$$

由洛伦兹变换得

$$\Delta x'=x_2'-x_1'=\frac{x_2-x_1-u\ (t_2-t_1)}{\sqrt{1-\frac{u^2}{c^2}}}=\frac{100-0.98\times 3\times 10^8\times 10}{\sqrt{1-0.98^2}}\text{m}$$

$$=-1.48\times 10^{10}\text{m}$$

$$\Delta t'=t_2'-t_1'=\frac{t_2-t_1-\frac{u}{c^2}\ (x_2-x_1)}{\sqrt{1-\frac{u^2}{c^2}}}=\frac{10-\frac{0.98\times 100}{3\times 10^8}}{\sqrt{1-0.98^2}}\text{s}=50.25\text{s}$$

飞船中的观察者看到短跑选手在 50.25s 的时间内沿轴方向倒退了 1.48×10^{10}m。

三、洛伦兹速度变换

现在考虑一个质点 P 在某一瞬间的速度。P 点在 S 系中的速度为 $\boldsymbol{v}(v_x, v_y, v_z)$，在 S′系中的速度为 $\boldsymbol{v}'(v_x', v_y', v_z')$。根据速度的定义，则

$$v_x=\frac{\mathrm{d}x}{\mathrm{d}t},\quad v_y=\frac{\mathrm{d}y}{\mathrm{d}t},\quad v_z=\frac{\mathrm{d}z}{\mathrm{d}t}$$

$$v_x'=\frac{\mathrm{d}x'}{\mathrm{d}t'},\quad v_y'=\frac{\mathrm{d}y'}{\mathrm{d}t'},\quad v_z'=\frac{\mathrm{d}z'}{\mathrm{d}t'}$$

对洛伦兹变换式（4-4a）取微分，有

$$\mathrm{d}x'=\gamma(\mathrm{d}x-u\mathrm{d}t)=\gamma\left(\frac{\mathrm{d}x}{\mathrm{d}t}-u\right)\mathrm{d}t=\gamma(v_x-u)\mathrm{d}t$$

$$\mathrm{d}y'=\mathrm{d}y$$

$$\mathrm{d}z'=\mathrm{d}z$$

$$\mathrm{d}t'=\gamma\left(\mathrm{d}t-\frac{u}{c^2}\mathrm{d}x\right)=\gamma\left(1-\frac{u}{c^2}\frac{\mathrm{d}x}{\mathrm{d}t}\right)\mathrm{d}t=\gamma\left(1-\frac{uv_x}{c^2}\right)\mathrm{d}t$$

用 dt' 去除上面三式，即得洛伦兹速度正变换：

$$\begin{cases} v'_x = \dfrac{dx'}{dt'} = \dfrac{\gamma(v_x - u)dt}{\gamma\left(1 - \dfrac{uv_x}{c^2}\right)dt} = \dfrac{v_x - u}{1 - \dfrac{uv_x}{c^2}} \\ v'_y = \dfrac{dy'}{dt'} = \dfrac{dy}{\gamma\left(1 - \dfrac{uv_x}{c^2}\right)dt} = \dfrac{v_y}{\gamma\left(1 - \dfrac{uv_x}{c^2}\right)} \\ v'_z = \dfrac{dz'}{dt'} = \dfrac{dz}{\gamma\left(1 - \dfrac{uv_x}{c^2}\right)dt} = \dfrac{v_z}{\gamma\left(1 - \dfrac{uv_x}{c^2}\right)} \end{cases} \tag{4-5}$$

根据相对性原理，把上式中的 u 换为 $-u$，带撇的量和不带撇的量对调，便得到从 S′系到 S 系的速度逆变换式为

$$\begin{cases} v_x = \dfrac{dx}{dt} = \dfrac{\gamma(v'_x + u)dt'}{\gamma\left(1 + \dfrac{uv'_x}{c^2}\right)dt'} = \dfrac{v'_x + u}{1 + \dfrac{uv'_x}{c^2}} \\ v_y = \dfrac{dy}{dt} = \dfrac{dy'}{\gamma\left(1 + \dfrac{uv'_x}{c^2}\right)dt'} = \dfrac{v'_y}{\gamma\left(1 + \dfrac{uv'_x}{c^2}\right)} \\ v_z = \dfrac{dz}{dt} = \dfrac{dz'}{\gamma\left(1 + \dfrac{uv'_x}{c^2}\right)dt'} = \dfrac{v'_z}{\gamma\left(1 + \dfrac{uv'_x}{c^2}\right)} \end{cases} \tag{4-6}$$

式（4-5）和式（4-6）称为**洛伦兹速度变换式**。虽然垂直于运动方向的长度不变，但速度是变的，这是因为时间间隔变了。

当 $u \ll c$ 和 $v_x \ll c$ 时，$\gamma \to 1$，$\dfrac{uv_x}{c^2} \to 0$，则式（4-5）为

$$v'_x = v_x - u,\ v'_y = v_y,\ v'_z = v_z$$

这就是伽利略速度变换式，亦即在低速情况下，洛伦兹变换回归到伽利略变换。

在 $\boldsymbol{v}$ 平行于 x 轴的特殊情况下，即 $v_x = v$，$v_y = 0$，$v_z = 0$，代入式（4-5），得到

$$v'_x = \frac{v - u}{1 - \dfrac{uv}{c^2}},\ v'_y = 0,\ v'_z = 0 \tag{4-7}$$

在 $\boldsymbol{v}'$ 平行于 x' 轴的特殊情况下，即 $v'_x = v'$，$v'_y = 0$，$v'_z = 0$，代入式（4-6），得到其逆变换

$$v_x = \frac{v' + u}{1 + \dfrac{uv'}{c^2}},\ v_y = 0,\ v_z = 0 \tag{4-8}$$

式（4-7）、式（4-8）是常用的特殊情况。

例 4-2 有一列火车以速度 u 相对地面做匀速直线运动，火车上向前和向后射出两道光，求光相对地面的速度。

解 以地面为 S 系，火车为 S′系，则光相对车向前的速度为 c，向后的速度为 $-c$，代入式（4-8），则得光相对地面的速度：

光向前的速度为
$$v=\frac{c+u}{1+\frac{uc}{c^2}}=c$$

光向后的速度为
$$v=\frac{-c+u}{1-\frac{uc}{c^2}}=-c$$

计算结果符合光速不变原理。

第三节 狭义相对论的时空观

牛顿力学认为，在一个惯性系中同时发生的两个事件，在另一个惯性系中也同时发生，即“同时”是绝对的。同样，两事件的空间间隔（空间两点之间的距离）也是绝对的，与参考系无关。狭义相对论则认为“同时”是相对的，两事件的时间间隔与空间间隔也是相对的，与参考系的选择有关。爱因斯坦由洛伦兹变换导出了上述结论，建立了狭义相对论的时空观。这些结论虽与我们的习惯感觉大相径庭，却更深刻地揭示了时间和空间与运动密不可分的关系，并为实验所证实。

一、“同时”的相对性

首先定性分析一个理想实验，说明“同时”是相对的。

设想有一车厢在地面上以高速 $\boldsymbol{u}$ 匀速行驶，如图 4-2 所示，车厢正中处有一光源 M，光源发出一个闪光，光信号向车厢两端传去。根据光速不变原理，在车厢上（S′系）的观察者观察到光信号同时到达车厢的两端 A 和 B，即光信号

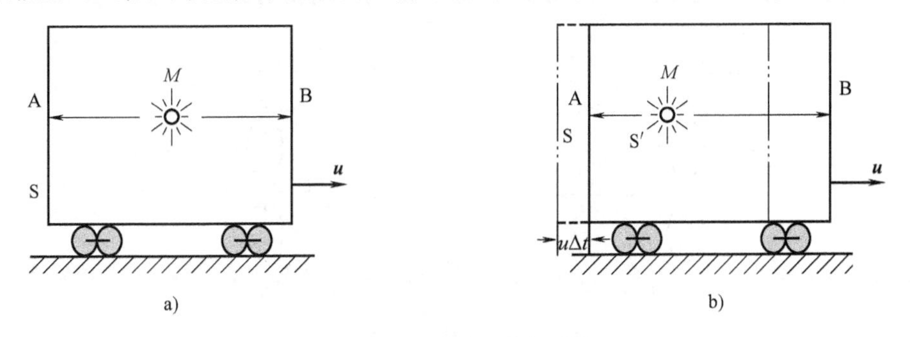

图 4-2 “同时”的相对性

a）车上观察者测得光同时到达 A 和 B　b）地面上观察者测得光先到达 A 后到达 B

到达车厢两端A和B这两个事件是同时发生的。然而，对地面上（S系）的观察者来说，光信号离开光源后仍然以光速c向前后传播。由于光信号到达车厢两端需要一段时间，在这段时间内车厢向前运动了一段距离，故在地面上看来，光信号先到达A端，后到达B端，所以两事件不是同时发生的。

如果把此车厢固定在地面上（S系），地面上的观察者观察到光同时到达A端和B端，在相对地以速度$\boldsymbol{u}$匀速运动的另一个列车上（S′系）的观察者，同样观察到光到达A端和B端不是同时的。

用洛伦兹变换分析，在S′系中，事件A发生的时空坐标为t_1'、x_1'。事件B发生的时空坐标为t_2'、x_2'，事件A、B同时发生表明$\Delta t'=t_2'-t_1'=0$，因此，在S系看来，事件A、B发生的时空坐标分别为t_1、x_1和t_2、x_2，有

$$\Delta t = t_2 - t_1 = \frac{t_2' - t_1' + \dfrac{u}{c^2}(x_2' - x_1')}{\sqrt{1-\dfrac{u^2}{c^2}}} = \frac{\dfrac{u}{c^2}(x_2' - x_1')}{\sqrt{1-\dfrac{u^2}{c^2}}} > 0$$

事件A先发生，事件B后发生，两事件不同时发生。

上面的讨论说明：①在一个惯性系中同地不同时发生的两个事件，在另一个惯性系中不同时；②在一个惯性系中不同地点同时发生的两个事件，在另一个惯性系中肯定是不同时的，也就是说同时性是相对的。③当$x_2'=x_1'$，$t_2'=t_1'$时，$\Delta t=0$。即在一个惯性系中同一地点同时发生的两个事件，在另一个惯性系中一定是同时的，即同地事件的同时性是绝对的。

二、时间膨胀（钟慢效应）

在一个惯性参考系（S′系）中，同一地点先后发生的两个事件A和B的时间间隔叫作固有时间，用τ_0表示。它是由静止于此参考系中的一只钟测出的。在另一个参考系看来，事件A和事件B是异地事件，它们的时间间隔叫作运动时间，用τ表示。它是由静止于此参考系中的两只同步的钟测出的（见图4-3）。

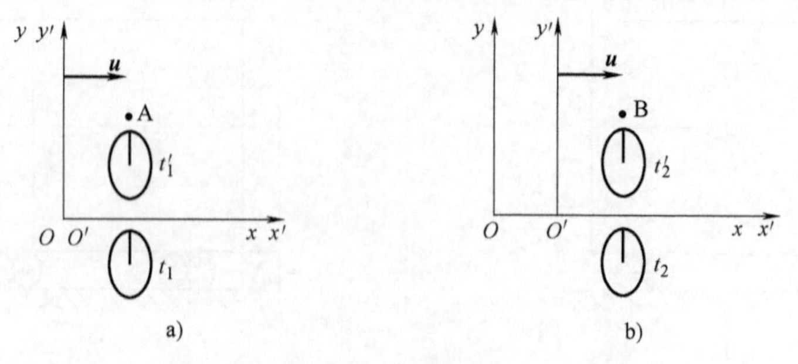

图4-3　时间膨胀

a）事件A发生　b）事件B发生

当事件 A 发生时，S′系的钟测得的时间为 t_1'，S 系的钟测得的时间为 t_1；当事件 B 发生时，S′系的钟测得的时间为 t_2'，S 系的钟测得的时间为 t_2。

因 $\tau_0=t_2'-t_1'$，$x_1'=x_2'$

所以从 S′系变换到 S 系后，时间间隔为

$$\tau = t_2 - t_1 = \frac{t_2'-t_1'+\frac{u}{c^2}(x_2'-x_1')}{\sqrt{1-\frac{u^2}{c^2}}} = \frac{t_2'-t_1'}{\sqrt{1-\frac{u^2}{c^2}}} = \frac{\tau_0}{\sqrt{1-\frac{u^2}{c^2}}} \tag{4-9}$$

上式表明：$\tau>\tau_0$，即时间膨胀了，固有时间最短。

这个效应叫作运动的时钟变慢效应或时间延缓，也叫钟慢效应。在 S′系中时钟测出的是固有时间，在 S 系的时钟测出的是运动时间。与 S 系的时钟比较，S′系的钟走慢了。由于在 S 系看来 S′系的钟是运动的，所以也可以说运动的时钟变慢了。时钟变慢效应是相对的，S′系的观察者同样也认为 S 系的钟是运动的，比自己参考系的钟走得慢。

时钟变慢或时间延缓效应说明时间间隔是相对的，与参考系有关，这在现代粒子物理的研究中得到了大量的实验证明。

由式（4-9）还可以看出，当 $u\ll c$ 时，$\tau=\tau_0$，同样两个事件的时间间隔在各参考系中测得的结果相同，与参考系无关，这就是牛顿的绝对时间概念。由此可知，绝对时间的概念是相对论时间概念在低速情况下的近似。

例 4-3　一飞船以 $u=9\times10^3\text{m}\cdot\text{s}^{-1}$ 的速率相对于地面匀速飞行，若飞船上的钟走了 5s 的时间，问地面上的钟走了多长的时间？

解　设地面为 S 系，飞船为 S′系。飞船上的钟走的时间为固有时间，地面上的钟走的时间为运动时间，所以有

$$\tau = \frac{\tau_0}{\sqrt{1-\frac{u^2}{c^2}}} = \frac{5}{\sqrt{1-9\times10^3/3\times10^8}}\text{s} \approx 5.000000002\text{s}$$

这个结果说明，即使对于飞船这样的速率，时间延缓效应实际上也是极微小的，很难测出来。

三、长度收缩（尺缩效应）

牛顿力学中物体的长度不会因物体运动而改变，长度是绝对的。而在狭义相对论中物体的长度与物体运动的速度有关，长度是相对的。为了说明这个问题，我们先给长度一个明确的定义。

物体的长度是指对物体的两端同时进行测量所得的坐标值之差。如一把直尺的长度，如图 4-4 所示，假设直尺固定在 S′系，在 S′系测得的 A、B 两端的时空坐标为 t_1'、x_1'和 t_2'、x_2'，它的长度 $L_0=x_2'-x_1'$叫作直尺的固有长度（或静止

长度，简称静长)。实际上 t'_1 与 t'_2 是否同时与物体静止长度的测量是无关的，因为它两端的坐标在静止参考系中不会改变。在 S 系的观察者测得直尺 A、B 两端的时空坐标为 t_1、x_1 和 t_2、x_2，它的长度 $l=x_2-x_1$ 叫作直尺的运动长度（简称动长)。测量运动直尺的长度，同时性是必须的，即 $t_1=t_2$。现在的问题是：运动长度 l 与固有长度 l_0 之间存在怎样的关系？

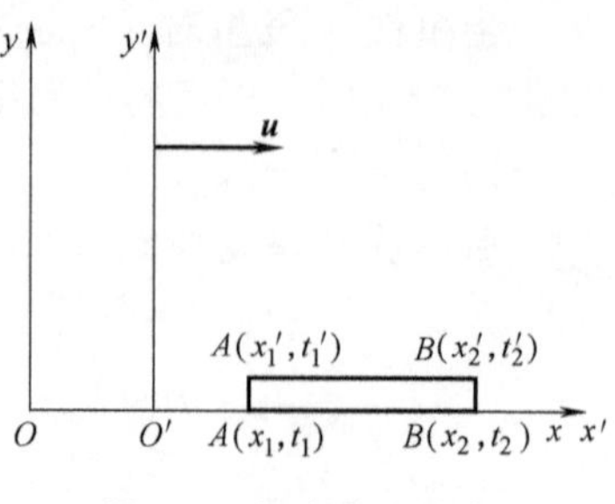

图 4-4　长度收缩效应

根据洛伦兹变换得

$$l_0 = x'_2 - x'_1 = \frac{x_2 - x_1 - u(t_2 - t_1)}{\sqrt{1-\frac{u^2}{c^2}}} = \frac{x_2 - x_1}{\sqrt{1-\frac{u^2}{c^2}}} = \frac{l}{\sqrt{1-\frac{u^2}{c^2}}}$$

亦即

$$l = l_0\sqrt{1-\frac{u^2}{c^2}} \tag{4-10}$$

显然运动长度小于固有长度 l_0，这表明：物体沿运动方向的长度缩短了，固有长度最长，这叫长度收缩效应。长度收缩效应是相对的，如果在 S 系有一把固定的直尺，则 S′系的观察者认为它的长度因为运动也缩短了。

由式（4-10）可以看出，当 $u \ll c$ 时，$l=l_0$，这又回到牛顿的绝对空间概念：长度的测量与参考系无关。这说明牛顿的绝对空间概念是相对论空间概念在低速情况下的近似。

μ 介子的发现证实了狭义相对论的尺缩效应和钟慢效应。

宇宙射线中含有许多能量极高的 μ 介子，它是不稳定粒子，在静止参考系中观察，它们平均经过 2×10^{-6} s（固有寿命）就衰变为电子和中微子，宇宙线在大气上层产生的 μ 介子速度极大，可达 $u=2.994\times10^8$ m/s $=0.998c$。按经典力学规律，μ 介子衰变前的最大行程约为 2.2×10^{-6} s $\times 0.998c=660$m，但是地球大气层厚度约为 9000m。为什么它能穿越这么厚的大气层到达地面而被检测到？

用尺缩效应来解释：设地球为参考系 S 系，μ 介子本身为 S′系，则 9000m 为固有长度，根据尺缩效应，在地面上看大气厚度，有

$$l=l_0\sqrt{1-\frac{u^2}{c^2}}=9000\sqrt{1-\frac{(0.998c)^2}{c^2}}<660\text{m}$$

计算结果表明，μ 介子的高速运动，相当于大气层变薄了，在 μ 介子寿命时间内完全可以穿越大气来到地面实验室。

用钟慢效应来解释：以地面为 S 系，μ 介子本身为 S′系，则 2×10^{-6} s 为固

有时间，根据钟慢效应，在地面上看 μ 介子的寿命，有

$$\Delta t=\gamma\tau=\frac{2\times10^{-6}\mathrm{s}}{\sqrt{1-(0.998c)^2}}=3.17\times10^{-5}\mathrm{s}$$

也就是说，μ 介子的运动相当于其寿命变长了，其衰减之前走过的距离为

$$S\approx\Delta tu=3.17\times10^{-5}\times2.994\times10^{+8}\mathrm{m}\approx9500\mathrm{m}$$

可见，μ 介子的高速运动确实能在其寿命内穿越 9000m 的大气来到地面实验室。通过上述尺缩效应和钟慢效应，都可解释 μ 介子的运动，这也是狭义相对论的实验验证之一。

四、因果关系的绝对性

对于有因果关系的事件，它们的因果关系即事件发生的先后次序，不会因为参考系改变而颠倒。狭义相对论同样符合因果关系的要求。下面做一简要的说明。

所谓 A、B 两个事件有因果关系，或者说事件 B 是事件 A 引起的，则事件 A 必然先于事件 B 发生。例如：

1）某处枪口发出子弹（事件 A），另一处靶被子弹击中（事件 B）；

2）地面某处发射电磁波（事件 A），地面另一处接收到电磁波（事件 B）。

A 事件引起 B 事件可看作事件 A（发生地）向事件 B（发生地）传递了某种“信号”，如“子弹”和“电磁波”。在 S 系观察，“信号”的传递速度为

$$v_s=\frac{x_2-x_1}{t_2-t_1}\leqslant c$$

由洛伦兹变换得 S′系测量的时间间隔为

$$t_2'-t_1'=\frac{t_2-t_1-\frac{u}{c^2}(x_2-x_1)}{\sqrt{1-\frac{u^2}{c^2}}}=\frac{t_2-t_1}{\sqrt{1-\frac{u^2}{c^2}}}\left(1-\frac{u}{c^2}\frac{x_2-x_1}{t_2-t_1}\right)=\frac{t_2-t_1}{\sqrt{1-\frac{u^2}{c^2}}}\left(1-\frac{uv_s}{c^2}\right)$$

因 $u<c$，所以$\frac{uv_s}{c^2}<1$，$t_2'-t_1'$与 t_2-t_1 符号相同。也就是说，两事件的先后次序在 S 系中观察与在 S′系中观察是一样的，即因果关系是绝对的。

必须指出：因果关系的绝对性是以物体的运动速度不能超过光速为前提的，即 $u<c$，$v_s\leqslant c$。若物体的运动速度超过光速，$\frac{uv_s}{c^2}$就可大于 1，则 $t_2'-t_1'$就有可能与 t_2-t_1 异号，即因果关系发生了倒转，在一个参考系中为原因的事件，在另一个参考系中就可能成为结果，这将是十分荒唐的。因此，为保证因果关系的绝对性，物体的运动速度不能超过光速，这也从另一角度说明：光速是物体运动速度的极限。

比较牛顿力学的绝对时空观与狭义相对论的相对时空观，它们的根本区别是对“绝对性”与“相对性”的认识不同。牛顿力学的观点认为时间、空间是绝对的，物体的运动（位矢、位移、速度和加速度等）是相对的；狭义相对论的观点则认为相对性原理和光速不变原理是绝对的，而时间、空间和物体的运动是相对的。在认识上狭义相对论比牛顿力学更深刻、更具有普遍性。

第四节　相对论动力学基础

在经典力学中，质量、加速度、力等物理量都是伽利略变换的不变量，因此牛顿定律是伽利略变换的不变式。狭义相对论要求物理规律经洛伦兹变换后数学形式不变，即对洛伦兹变换具有不变性。而牛顿定律、动量守恒定律等都不满足这个要求。因此，建立狭义相对论的动力学就需要对这些定律与动力学规律进行修改，使之成为相对论的动力学规律，并要求它们在低速情况下回到牛顿力学中的形式。研究发现，要做到以上两点，必须对质量、动能和能量的表达式进行修改。

一、相对论质速关系

在牛顿力学中，质点动力学的基本方程是牛顿第二定律，即 $\boldsymbol{F}=\frac{\mathrm{d}\boldsymbol{p}}{\mathrm{d}t}=m\frac{\mathrm{d}\boldsymbol{v}}{\mathrm{d}t}$，因而质点动量的表达式为 $\boldsymbol{p}=m\boldsymbol{v}$，当合外力为零时，质点系的动量守恒，即

$$\sum_i \boldsymbol{p}_i=\sum_i m\boldsymbol{v}_i=\text{恒矢量}$$

动量守恒定律是一条基本的物理定律。在相对论力学中，动量守恒仍被认为是基本定律，而且动量的定义是相同的，所不同的是在牛顿力学中质量是恒量，上式经伽利略变换后形式不变，但对洛伦兹变换不具备不变性，因此需要修正。通过推导可知，要使动量守恒表达式经洛伦兹变换后形式不变，质点的动量表达式应为

$$\boldsymbol{p}=\frac{m_0\boldsymbol{v}}{\sqrt{1-\frac{v^2}{c^2}}} \tag{4-11}$$

式中，m_0 为质点静止时的质量，即由相对该质点静止的观察者测得的质量，叫静质量；$\boldsymbol{v}$ 为质点相对观察者的速度。当 $v\ll c$ 时，$\boldsymbol{p}=m_0\boldsymbol{v}$ 回到牛顿力学的动量表达式。

为了不改变动量的定义，将式（4-11）写成

$$\boldsymbol{p}=m\boldsymbol{v}$$

则
$$m=\frac{m_0}{\sqrt{1-\frac{v^2}{c^2}}} \tag{4-12}$$

m 叫**相对论质量**，可见相对论质量随物体速度的变化而变化，式（4-12）称为质速关系式。不难看出，当质点速率远小于光速时，所有上述关系式与经典力学中对应的关系式相同，说明经典力学是相对论力学的近似。

当物体速度与光速相比很小时，质量几乎不变；当速度与光速可比拟时，质量随速度的增加而显著增大。

设 $v=0.98c$，则

$$m=\frac{m_0}{\sqrt{1-\frac{v^2}{c^2}}}=\frac{m_0}{\sqrt{1-0.98^2}}=5.03m_0$$

这时，质量随速度的变化就不能不考虑了。

由式（4-12）可以证明光速是狭义相对论中的最高速度：

在式（4-12）中，当 v 增加时，m 就增加；当 $v \to c$ 时，相对论因子 $\gamma \to \infty$，此时 $m \to \infty$，也就是说，不论对物体施加多大的力也不能使质量趋于无限大的物体的速度再增加，所以一切运动物体的速度极限是光速。

二、相对论动力学的基本方程

在相对论力学中，将动量修改成式（4-11）后，牛顿第二定律修改成

$$\boldsymbol{F}=\frac{\mathrm{d}\boldsymbol{p}}{\mathrm{d}t}=\frac{\mathrm{d}}{\mathrm{d}t}\frac{m_0\boldsymbol{v}}{\sqrt{1-\frac{v^2}{c^2}}} \tag{4-13}$$

式（4-13）是相对论动力学的基本方程。

式（4-13）对洛伦兹变换具有不变性，而且在 $v \ll c$ 时约化为牛顿第二定律。需要说明，经洛伦兹变换后，质量、速度都发生了变化，因而力在不同惯性系中也是不相同的。可由速度变换公式导出质量、动量和力的变换公式。

由式（4-13）得

$$\boldsymbol{F}=\frac{\mathrm{d}}{\mathrm{d}t}(m\boldsymbol{v})=m\frac{\mathrm{d}\boldsymbol{v}}{\mathrm{d}t}+\frac{\mathrm{d}m}{\mathrm{d}t}\boldsymbol{v}$$

上式表明，物体在恒力作用下，不会有恒定的加速度，且加速度 $\frac{\mathrm{d}\boldsymbol{v}}{\mathrm{d}t}$ 与力 $\boldsymbol{F}$ 的方向也不一致。随着物体速率的增加，加速度的量值不断减小。当 $v \to c$ 时，$m \to \infty$，则 $\frac{\mathrm{d}v}{\mathrm{d}t} \to 0$，这说明，无论使用多大的力，力持续时间有多长，都不可能把物体速度加速到超过光速。

三、相对论动能

在经典力学中，质点动能表示式为 $E_k=\frac{1}{2}mv^2$，式中 m 为常量，并且质点动能的增量等于合力对质点所做的功。在相对论力学中，动能定理仍然成立，并由此可导出相对论中质点动能的表达式。设质点速度为 $\boldsymbol{v}$，在外力 $\boldsymbol{F}$ 作用下发生位移 $\mathrm{d}\boldsymbol{r}$，质点动能的增量等于外力所做的功，即

$$\begin{aligned}\mathrm{d}E_k &= \boldsymbol{F}\cdot\mathrm{d}\boldsymbol{r}=\frac{\mathrm{d}(m\boldsymbol{v})}{\mathrm{d}t}\cdot\boldsymbol{v}\mathrm{d}t=\mathrm{d}(m\boldsymbol{v})\cdot\boldsymbol{v}\\ &=\boldsymbol{v}\cdot\boldsymbol{v}\mathrm{d}m+\boldsymbol{v}\cdot m\mathrm{d}\boldsymbol{v}\\ &=v^2\mathrm{d}m+mv\mathrm{d}v\end{aligned}$$

由式（4-12）得

$$m^2c^2-m^2v^2=m_0^2c^2$$

两边微分得

$$2mc^2\mathrm{d}m-2mv^2\mathrm{d}m-2m^2v\mathrm{d}v=0$$

即

$$c^2\mathrm{d}m=v^2\mathrm{d}m+mv\mathrm{d}v$$

所以

$$\mathrm{d}E_k=c^2\mathrm{d}m$$

当 $v=0$ 时，$m=m_0$，$E_k=0$，对上式积分

$$\int_0^{E_k}\mathrm{d}E_k=\int_{m_0}^{m}c^2\mathrm{d}m$$

得

$$E_k=mc^2-m_0c^2 \tag{4-14}$$

这就是相对论的动能表达式。

当 $v\ll c$ 时

$$E_k=m_0c^2\left(1-\frac{v^2}{c^2}\right)^{-\frac{1}{2}}-m_0c^2\approx m_0c^2\left(1+\frac{v^2}{2c^2}\right)-m_0c^2\approx\frac{1}{2}m_0v^2$$

回到牛顿力学的动能公式。

四、质能关系式

由质点动能表达式（4-14）出发，爱因斯坦在进行了更深入的研究之后，提出了一个重要的新概念。把式（4-14）写成

$$E_k=mc^2-m_0c^2=E-E_0$$

爱因斯坦指出，式中 $E_0=m_0c^2$ 应当是质点静止时所具有的能量（称为物体

的静止能量，简称静能)，$E=mc^2$ 是质点运动时所具有的总能量，二者之差即为质点由于其运动而增加的能量，即动能 E_k。这显然是一个合乎逻辑的推论。

$$E_0 = m_0 c^2 \tag{4-15}$$

$$E = mc^2 \tag{4-16}$$

上式便是著名的爱因斯坦质能关系，是狭义相对论中一个极为重要的推论。它揭示了物质的两个基本属性——质量和能量之间不可分割的联系和对应关系：一定的质量对应一定的能量，二者的数值只相差一个恒定的因子 c^2。当质量发生变化时，能量也随之发生变化；反之当能量发生变化时，质量也一定发生变化。式（4-16）是原子能利用的理论基础，原子能时代也可以说是随同这一关系的发现到来的。

物体的静能实际上是物体内能的总和，包括分子运动的动能，分子间相互作用的势能，分子内部各原子的动能和相互作用的势能，以及原子内部、原子核内部和质子、中子内部……各组成粒子间的相互作用等。

由于质能关系，牛顿力学中的质量（静止质量）守恒定律和能量守恒定律在相对论中统一成一个守恒定律，即在一个孤立系统内，所有粒子的相对论能量的总和在相互作用过程中保持不变。这称为质能守恒定律，用数学式表示为

$$\sum_i E_i = \sum_i m_i c^2 = \sum_i (m_{i0} c^2 + E_{ki}) = \text{恒量} \tag{4-17}$$

由于真空中的光速是一个常量，故上式可以写成

$$\sum_i m_i = \text{恒量} \tag{4-18}$$

即粒子在相互作用过程中相对论质量保持不变。这称为相对论质量守恒定律，是质能守恒定律的等价表述。

质量亏损必然释放能量是狭义相对论的另一个重要推论。在核反应中，以 m_{01} 和 m_{02} 分别表示反应粒子和生成粒子的总静质量，以 E_{k1} 和 E_{k2} 分别表示反应前后它们的总动能。根据质能守恒定律应有

$$m_{01} c^2 + E_{k1} = m_{02} c^2 + E_{k2}$$

由此可得

$$E_{k2} - E_{k1} = m_{01} c^2 - m_{02} c^2$$

上式左边是核反应后粒子总动能的增加 ΔE_k，也就是核反应释放的能量。$m_{01}-m_{02}$ 表示经过核反应后粒子的总静质量的减少，我们把系统的静质量减少叫质量亏损，用 Δm_0 表示，这样得到原子核反应中释放的核能与质量亏损的基本关系式为

$$\Delta E_k = \Delta m_0 c^2 \tag{4-19}$$

当重原子核裂变成中等质量的原子核（原子弹、核裂变反应堆）或轻原子核聚变成中等质量的原子核（氢弹、核聚变反应堆）时，总静质量减少，因而

释放大量的能量。

质能关系式为人类利用核能奠定了理论基础，它是狭义相对论对人类的最重要贡献之一。原子弹的爆炸成功、核能的利用，也证明了狭义相对论。

五、相对论能量和动量的关系

在相对论中，由质速关系可知

$$m^2\left(1-\frac{v^2}{c^2}\right)=m_0^2$$

等式两边同时乘以 c^4，并整理可得

$$m^2c^4=m^2v^2c^2+m_0^2c^4$$

由于 $p=mv$，$E=mc^2$，$E_0=m_0c^2$，上式又可写成

$$E^2=(pc)^2+E_0^2 \tag{4-20}$$

这就是相对论中总能量和动量的关系式。式（4-20）虽然表面上与经典力学公式大不相同，但可以证明，当 $u\ll c$ 时，该式仍可还原为经典力学中能量和动量的关系式 $E_k=p^2/2m_0$。

由式（4-12），当物体运动速度接近于光速（$v\rightarrow c$）时，若 $m_0\neq 0$，则 $m\rightarrow\infty$，说明对质量不为0的物体以光速运动是不可能的，或者说，以光速运动的物体，其静质量必为0。因此，对于以光速运动的光子，$m_0=0$，

$$p=\frac{E}{c}=\frac{mc^2}{c}=mc$$

$$m=\frac{E}{c^2}$$

可见，光子的静止质量为0，而运动质量则不为0，实际上光子也不可能静止。

最后必须强调，相对论并没有否定牛顿力学，在低速情况下，即 $u\ll c$ 时，除总能量和静能在经典力学中没有对应的关系式外，其余都能一一还原为经典力学中相应的关系式，这些都充分说明相对论比经典力学更深刻、更真实地反映了物质世界的客观规律。

思 考 题

4-1　根据力学相对性原理判断下列说法哪些是正确的：

（1）在一切惯性系中，力学现象完全相同，即描述运动的各运动学量和各动力学量都相同；

（2）在一切惯性系中，力学规律是相同的，即运动学规律和动力学规律都是相同的；

（3）在一切惯性系中，力学规律的数学表达式都是相同的。

4-2　根据力学相对性原理证明，对于两个质点组成的系统，动量守恒定律经过伽利

略变换后形式不变。

4-3　狭义相对论中同时性是相对的，为什么会有这种相对性？如果光速是无限大，是否还有同时性的相对性？

4-4　(1) 物体的长度与空间间隔有何不同？它们分别是怎样测量的？

(2) 固有的时间间隔与运动的时间间隔有何不同？它们又分别是怎样测量的？

4-5　相对论力学基本方程与牛顿第二定律有什么主要区别与联系？

4-6　一个具有能量的粒子是否一定具有动量？如果粒子没有静质量，情况如何？

4-7　什么叫质量亏损？它和原子能的释放有何关系？

习　题

4-1　设S′系相对S系的速度$u=0.6c$，在S系中事件A发生于$x_A=10\text{m}$处，$t_A=5.0\times10^{-7}\text{s}$，$y_A=z_A=0$，事件$B$发生在$x_B=50\text{m}$处，$t_B=3.0\times10^{-7}\text{s}$，$y_B=z_B=0$，求在S′系中这两个事件的空间间隔与时间间隔。

4-2　一宇航员要到离地球为5光年的星球去旅行，如果宇航员希望把这段路程缩短为3光年，则他所乘的火箭相对于地球的速度是多少？

4-3　等边三角形固有边长为a，在相对与三角形以速率$u=\sqrt{3}c/2$匀速运动的另一个惯性系中观测，此三角形周长为多少？假设：(1) 运动的惯性系沿着三角形的角平分线运动；(2) 运动惯性系沿着三角形的一条边运动。

4-4　静长为100m的宇宙火箭以$0.6c$速度向右做直线飞行，一流星从船头飞向船尾，宇航员测得的时间间隔为$1.2\times10^{-6}\text{s}$，求：(1) 地面上观测者测得的时间间隔；(2) 在此时间内流星飞过的距离。

4-5　一个静质量为m_0的质点在恒力$\boldsymbol{F}=F\boldsymbol{i}$ (N) 的作用下从静止开始运动，经过时间t，它的速度v是多少？(1) 用经典力学计算；(2) 用相对论力学计算；(3) 在$t\ll\dfrac{m_0c}{F}$和$t\gg\dfrac{m_0c}{F}$两种极端情况下，v的值各为多少？

4-6　观察者以$4c/5$的速度相对于静止的观察者甲运动。求：(1) 乙带着质量为1kg的物体，甲测得的此物体质量是多少？(2) 甲、乙分别测得该物体的总能量是多少？(3) 乙带着一长为l_0，质量为m的棒，该棒沿运动方向放置，甲、乙分别测得该棒的密度是多少？

4-7　电子的静质量为$9.1\times10^{-31}\text{kg}$，以0.8c速度运动，求它的相对论总能量、总动量、动能。

4-8　欲将静质量为m_0的粒子从速度$0.6c$增加到$0.8c$，需对它做多少功？

4-9　质子静质量为$m_p=1.67262\times10^{-27}\text{kg}$，中子静质量$m_n=1.67493\times10^{-27}\text{kg}$，中子和质子结合成氘核的静质量为$m_0=3.34365\times10^{-27}\text{kg}$，求结合放出的能量是多少？这能量叫氘核结合能，它是氘核静能的百分之几？

第二篇　热　　学

第五章　气体动理论

物质由大量的微观粒子（原子、分子）组成。微观粒子不停地做无规则的运动，宏观上表现为热现象。通常把这种大量微观粒子的无规则运动称为热运动。热运动是比机械运动复杂得多的一种物质运动形式。

气体动理论从宏观物质系统是由大量微观粒子组成这一事实出发，认为物质的宏观性质是大量微观粒子运动的平均效果，宏观物理量是相应的微观物理量的统计平均值。本章从气体分子热运动出发，运用统计物理的方法和观点来研究大量气体分子的热运动规律，阐明平衡状态下的宏观参量——压强和温度的微观本质，并对理想气体的热学性质给予微观说明，主要内容有：气体动理论的基本概念、理想气体温度和压强的微观解释、能量均分定理和理想气体的内能、麦克斯韦速率分布、分子平均自由程、平均碰撞率等。

第一节　气体动理论的基本概念

一、分子热运动的图像和统计规律

在热学中，我们的研究对象是大量微观粒子（分子、原子等）组成的宏观物体，称为热力学系统，简称系统，而处于系统以外的物体称为外界。要研究一个系统的性质及其变化规律，首先要对系统的状态加以描述。对系统状态从整体上加以描述的方法称为宏观描述，所用的表征系统状态的物理量为宏观量，例如体积、压强、温度、浓度等。宏观量可以直接用仪器测量，而且一般都能被人的感官所察觉。

任何宏观物体都是由大量分子组成的。分子是微观粒子。宏观物体所包含的微观粒子的数量是非常巨大的，典型的数值是阿伏加德罗常数 N_A，$N_A=6.023\times10^{23}\,\mathrm{mol}^{-1}$。通过对微观粒子状态的说明而对系统的状态加以描述的方法称为微观描述。描述微观粒子运动状态的物理量为微观量，如分子质量、速度、位置、能量等。微观量不能被我们的感官直接观察到，一般也不能直接测量。

1. 微观粒子热运动的图像

1）分子线度约为 $10^{-10}\,\mathrm{m}$ 数量级，质量也很小，如氢分子的质量为 $0.332\times$

10^{-26} kg，氧分子的质量为 5.31×10^{-26} kg。实验表明，组成物质的分子之间存在一定的间隙。气体很容易被压缩，水与酒精混合后体积小于二者原来体积之和，用 2.026×10^{9} Pa 的压强压缩钢桶中的油，发现油可以透过桶壁渗出，这些都说明分子间有空隙。现在有很多仪器可以观察或测量分子或原子的大小和它们的排布，如电子显微镜、扫描隧道显微镜、原子力显微镜等。

2）分子之间存在相互作用力，既有引力，也有斥力，统称为分子力。如固体难以拉伸是因为分子间的引力，而固体和液体难以压缩是由于分子间的斥力。分子只有相距到一定距离（约 10^{-9} m）时引力才会出现，而出现斥力时的距离更小。图 5-1 所示为分子力与分子间距的关系，当 $r<r_0$（约 10^{-10} m）时，分子表现为斥力；当 $r=r_0$ 时，分子力为零；当 $r>r_0$ 时，则表现为引力。当 $r>10^{-9}$ m 时，分子力可以忽略，表明分子间的作用力是短程力。

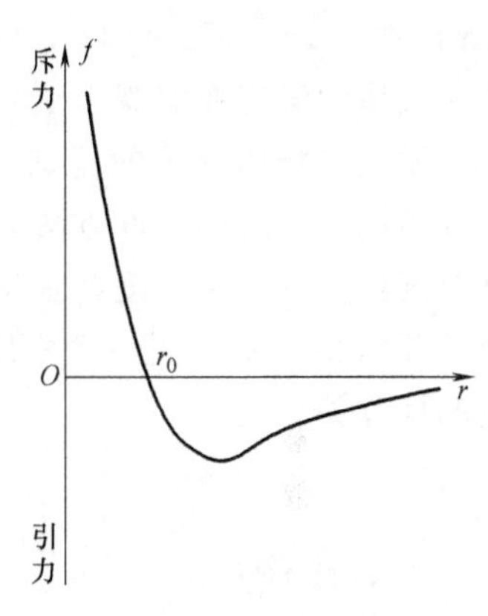

图 5-1　分子力与分子间距的关系

3）系统中的每个分子都在不停地运动，如扩散现象、布朗运动等。

2. 统计规律

大量偶然事件的集合所表现的规律称为统计规律。热学的研究对象是大量分子组成的热力学系统。分子又在不停地运动，频繁地发生碰撞。每个分子的运动都是随机的，因此，我们不可能对每个分子的运动做出精确的描述，但大量分子的整体表现是有规律的，其微观统计平均值与宏观量之间有确定的关系。这表明大量气体分子的整体运动规律服从统计规律，可以用统计方法进行研究。气体动理论的任务是从物体是由大量分子组成以及分子做热运动这一观点出发来研究热现象的本质，运用统计方法来建立微观量的统计平均值与宏观量之间的关系，进而说明宏观量的微观本质。

二、状态参量

在力学中，我们用位矢和速度来描述物体系统的机械运动状态。热学的研究对象是热力学系统。实验表明，对一定质量的气体，其宏观状态可以用气体的体积、压强、温度这三个宏观量来描述。这些描述状态的参量，称为状态参量。

气体的体积是指分子做无规则热运动活动的空间，处于容器中的气体，容器的容积就是气体的体积。切不可把气体的体积与分子本身体积的总和相混淆，体积用符号 V 表示。在国际单位制中，体积的单位是 m^3，也可以用较小的单位，如升（L，$1L=10^{-3}m^3$）、cm^3 等。

气体的压强是指气体作用于容器壁单位面积上的正压力。由于容器中的大量气体分子不断与容器壁碰撞，大量分子与器壁形成持续的作用力，因而压强是大量分子对器壁碰撞产生的宏观效果。压强的符号用 p 表示。在国际单位制中，压强的单位是帕斯卡（Pa），$1Pa=1N\cdot m^{-2}$。实际中，常用的压强单位还有mmHg⊖，1mmHg=133.3Pa。

气体的温度在宏观上表示物体的冷热程度，较热的物体有较高的温度。温度本质上与物质分子的运动密切相关，温度不同，反映物质内部分子运动剧烈程度不同。温度的分度方法即温标，在国际单位制中，热力学温标为基本温标，其温度称为热力学温度，它是国际单位制中的一个基本物理量，用 T 表示，单位是开尔文（K）。另一个常用温标是摄氏温标 t，单位是℃。摄氏度与热力学温度的换算关系是

$$T = 273.15 + t \tag{5-1}$$

三、平衡态

一般情况下，按系统与外界的不同接触方式，热力学系统可被分为开放系统（与外界既有能量的传递，也有质量的传递）、孤立系统（与外界既没有能量的传递，也没有质量的传递）和封闭系统（与外界有能量的传递，没有质量的传递）。

对于一封闭的系统而言，在经过相当长的时间后，系统宏观性质将不随时间变化，而具有确定的状态，系统所处的这种状态，称为平衡状态，简称平衡态。实际上系统不可能完全不受外界的影响，也不可能与外界不发生能量交换，因此，平衡状态只是在一定条件下，从实际情况中抽象出来的理想情况。并且，系统处于热学上的平衡态时，虽然其宏观性质不随时间而变，但从微观上看，组成系统的分子、原子仍不停地做无规则的热运动，所以这是一种所谓的“热动平衡”。

当一定量的气体处于平衡态时，可用状态参量 p、V、T 的一组参量值来表示。当气体的外界条件改变时，系统的状态就会发生变化。气体从一个状态变化到另一个状态，所经历的是状态变化过程。如果过程进展得十分缓慢，使所经历的一系列中间状态都无限接近平衡状态，则这个过程叫作平衡过程，也叫准静态过程。平衡过程是个理想过程，在许多情况下，可近似地把实际过程当作平衡过程来处理。

四、理想气体的微观模型

理想气体是一种最简单的热力学系统。从宏观角度讲，当压强不太大（与

⊖ mmHg的单位名称为毫米汞柱，是非法定计量单位。

大气压比较）、温度不太低（与室温比较）时，即气体比较稀薄时，遵守玻意尔-马略特定律、盖-吕萨克定律和查理定律的气体可视为理想气体。实际上，理想气体是不存在的，它只是气体在某种条件下共性的抽象概念。从微观角度来看，理想气体是和物质分子结构的一定微观模型相对应的。理想气体的微观模型应具有以下特征：

1）分子本身的线度比起分子之间的平均距离可以忽略不计。分子可视为质点。

2）分子之间只有在比较接近时才有相互作用。所以理想气体分子在其运动的绝大部分时间内是不受其他分子作用的。可以认为除碰撞瞬间外，分子之间以及分子与容器壁之间都无相互作用。

3）气体分子的运动遵从牛顿运动定律。分子之间及分子与容器壁之间的碰撞是完全弹性的，且气体分子的动能不随碰撞而损失。

这样，从气体动理论的观点来看，理想气体可视为由大量的、体积可以忽略不计的、彼此之间相互作用可不予考虑的弹性小球所组成。显然，这是一个理想模型。它只是实际气体在压强较小时的近似模型。

五、理想气体状态方程

实验表明，表征气体平衡状态的三个参量 p、V、T 之间存在着一定的关系，我们把反映它们之间数量关系的关系式称为理想气体的状态方程。理想气体的状态方程可以从三条实验定律和阿伏加德罗定律导出。当质量为 m、摩尔质量为 M_{mol} 的理想气体处于平衡态时，它的状态方程为

$$pV = \frac{m}{M_{\text{mol}}}RT \tag{5-2}$$

式中，R 叫作摩尔气体常数。在国际单位制中，$R=8.31\text{J}\cdot\text{mol}^{-1}\cdot\text{K}^{-1}$。

上面曾指出，一定质量气体的每一个平衡态可用一组参量（p，V，T）来表示，由于 p、V、T 之间存在式（5-2）的关系，所以通常用 p-V 图上一点表示气体的平衡态。而气体的一个平衡方程，在 p-V 图上可用一条相应的曲线来表示。图 5-2 所示为平衡状态和准静态过程 p-V 图，曲线表示从初态Ⅰ（p_1，V_1，T_1）到末态Ⅱ（p_2，V_2，T_2）缓慢变化的一个平衡过程。

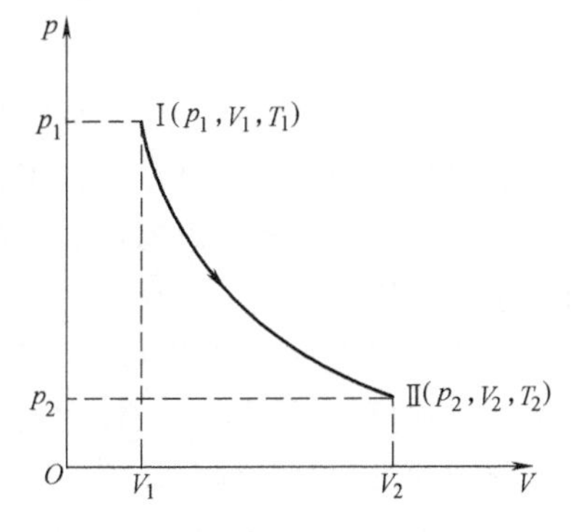

图 5-2　平衡状态和准静态过程 p-V 图

例 5-1　容器内装有质量为0.10kg、压强为10×10^5Pa、温度为47℃的氧气。因为漏气，经过若干时间后，压强降到原来的5/8，温度降到27℃。问：(1) 容器的容积有多大？(2) 漏去了多少氧气？(假设氧气可看作理想气体)

解　(1) 根据理想气体状态方程，$pV=\frac{m}{M_{\mathrm{mol}}}RT$，求得容器体积$V$为

$$V=\frac{mRT}{M_{\mathrm{mol}}p}=\frac{0.10\times8.31\times(273+47)}{0.032\times10\times10^5}\mathrm{m}^3=8.31\times10^{-3}\mathrm{m}^3$$

(2) 设漏气若干时间之后，压强减小到p'，温度降到T'。如果用m'表示容器中剩余的氧气的质量，从状态方程求得

$$m'=\frac{M_{\mathrm{mol}}p'V}{RT'}=\frac{0.032\times(5/8)\times10\times10^5\times8.31\times10^{-3}}{8.31\times10(237+27)}\mathrm{kg}=6.67\times10^{-2}\mathrm{kg}$$

所以，漏去氧气的质量为

$$\Delta m=m-m'=(0.10-6.67\times10^{-2})\mathrm{kg}=3.33\times10^{-2}\mathrm{kg}$$

第二节　理想气体压强与温度的微观解释

一、理想气体的压强公式

现在从理想气体的微观模型出发来阐明理想气体压强的实质，并采用求统计平均值的方法导出气体压强公式。容器中气体在宏观上施于器壁的压强，是大量气体分子对器壁不断碰撞的结果。无规则运动的气体分子不断地与器壁相碰，就某一分子来说，它对器壁的碰撞是不连续的，而且它每次给器壁多大的冲量，碰在什么地方都是偶然的。但对大量分子整体来说，每一时刻都有许多分子与器壁相碰，所以，在宏观上就表现出一个恒定的、持续的压力。这和雨点打在雨伞上的情形相似：一个雨点打在雨伞上是不连续的，大量密集的雨点打在伞上就使我们感受到一个持续向下的压力。

为了方便，我们选择一个长、宽、高分别为l_1、l_2、l_3的长方体容器，如图5-3所示，并假设容器中有N个同类气体分子，每个分子质量为m。在平衡状态下，器壁各处的压强完全相同。下面计算器壁面A_1所受到的压强。

先讨论一个分子a对器壁的碰撞。设分子a的速度是$\boldsymbol{v}$，在x、y、z三个方向的速率分量分别为v_x、v_y、v_z。当分子a撞击A_1面时，它将受到A_1面沿x负方向的作用力（见图5-3）。因为碰撞是弹性的，所以就x方向的运动来看，分子a以速度v_x撞击A_1面，然后以速度$-v_x$弹回。这样，每与A_1面碰撞一次，分子动量的改变为$(-mv_x-mv_x)=-2mv_x$。由动量定理，这一动量的改变等于A_1面沿$-x$方向、作用在分子a上的冲量。根据牛顿第三定律，这时分子a对A_1面也必有一个沿$+x$方向的同样大小的反作用冲量。分子a从A_1面弹

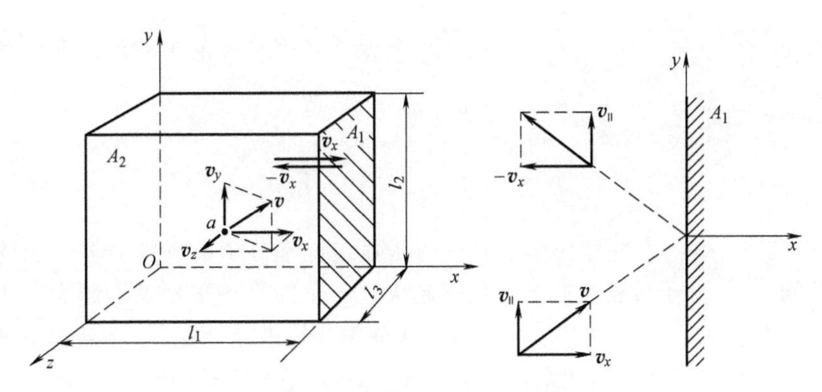

图 5-3 推导压强公式用图

回，飞向 A_2 面后再回到 A_1 面。在与 A_1 面做连续两次碰撞之间，由于分子 a 在 x 方向的速度分量 v_x 的大小不变，而在 x 方向所经历的路程是 $2l_1$，所以所需要的时间为 $2l_1/v_x$。在单位时间内，分子 a 就要与 A_1 面不连续地碰撞 $v_x/2l_1$ 次。每碰撞一次，分子 a 作用在 A_1 面上的冲量是 $2mv_x$，所以在单位时间内，分子 a 作用在 A_1 面上的冲量总值就是作用在 A_1 面上的力，即为 $2mv_x\dfrac{v_x}{2l_1}=m{v_x}^2/l_1$。

A_1 面所受到的平均作用力的大小 $\overline{F}$ 应等于单位时间内所有分子与 A_1 面碰撞时所作用的冲量的总和，即

$$\overline{F}=\sum_{i=1}^{N}\left(2mv_{ix}\frac{v_{ix}}{2l_1}\right)=\sum_{i=1}^{N}\frac{mv_{ix}^2}{l_1}=\frac{m}{l_1}\sum_{i=1}^{N}v_{ix}^2$$

式中，v_{ix} 是第 i 个分子在 x 方向的速度分量。由压强定义得

$$p=\frac{\overline{F}}{l_2l_3}=\frac{m}{l_1l_2l_3}\sum_{i=1}^{N}v_{ix}^2=\frac{m}{l_1l_2l_3}(v_{1x}^2+v_{2x}^2+\cdots+v_{Nx}^2)$$

$$=\frac{Nm}{l_1l_2l_3}\left(\frac{v_{1x}^2+v_{2x}^2+\cdots+v_{Nx}^2}{N}\right)$$

式中，括弧内的量是容器内 N 个分子沿 x 方向速度分量平方的平均值，可写作 $\overline{v_x^2}$。又因气体的体积为 $l_1l_2l_3$，所以单位体积内的分子数（称为分子数密度）为 $n=\dfrac{N}{l_1l_2l_3}$，故上式可写作

$$p=nm\overline{v_x^2}$$

在平衡态下，气体的性质与方向无关，分子向各个方向运动的概率均等，所以对大量分子来说，三个速度分量平方的平均值必然相等，即

$$\overline{v_x^2}=\overline{v_y^2}=\overline{v_z^2}$$

又因为 $\overline{v_x^2}+\overline{v_y^2}+\overline{v_z^2}=\overline{v^2}$，所以

$$\overline{v_x^2}=\frac{1}{3}\overline{v^2} \tag{5-3}$$

此处，$\overline{v^2}=\dfrac{v_1^2+v_2^2+\cdots+v_N^2}{N}$ 为 N 个分子速率平方的平均值。考虑到分子的平均平动动能 $\overline{E}_k=\dfrac{1}{2}m\overline{v^2}$，压强 p 为

$$p=\frac{2}{3}n\left(\frac{1}{2}m\overline{v^2}\right)=\frac{2}{3}n\overline{E}_k \tag{5-4}$$

式（5-4）表明，气体作用于器壁的压强正比于分子数密度 n 和分子的平均平动动能 $\overline{E}_k$。分子数密度越大，压强越大；分子的平均平动动能越大，压强也越大。这个公式把宏观量压强 p 和微观量分子平均平动动能 $\overline{E}_k$ 联系起来了，从而揭示了压强的微观本质和统计意义。式（5-4）是气体动理论的基本公式之一。

概括起来说，气体的压强是由大量分子对器壁的碰撞而产生的平均效果。由于单个分子对器壁的碰撞是断续的，施于器壁的冲量是起伏不定的。只有当分子数足够大时，器壁所获得的冲量才有确定的统计平均值，所以，气体的压强所描述的是大量分子的集体行为，离开大量分子统计平均的概念，压强就失去了意义。

二、温度的微观本质

利用理想气体的压强公式和状态方程可以导出理想气体的温度公式与分子平均平动动能之间的关系，从而说明温度这一宏观量的微观本质。

设每个分子的质量是 m_0，则气体的摩尔质量 M_{mol} 与 m_0 之间应有关系 $M_{mol}=N_Am_0$，而气体质量为 m 时的分子数为 N，所以 m 与 m_0 也有关系 $m=Nm_0$。把这两个关系式代入理想气体状态方程 $pV=\dfrac{m}{M_{mol}}RT$，消去 m_0，得 $p=\dfrac{N}{V}\dfrac{R}{N_A}T$，式中 $\dfrac{N}{V}=n$，R 和 N_A 都是常量，两者的比值常用 k 表示，k 叫作玻耳兹曼常数。

$$k=\frac{R}{N_A}=\frac{8.31}{6.023\times10^{23}}\mathrm{J\cdot K^{-1}}=1.38\times10^{-23}\mathrm{J\cdot K^{-1}}$$

因此，理想气体的状态方程可改写为

$$p=nkT$$

将上式和理想气体的压强公式（5-4）比较，得

$$\overline{E}_k=\frac{1}{2}m\overline{v^2}=\frac{3}{2}kT \tag{5-5}$$

上式是宏观温度 T 与微观量 $\overline{E}_k$ 的关系式，说明分子的平均平动动能仅与温度成正比。该公式揭示了气体温度的统计意义，即气体的温度是分子平均平动动能的量度。分子的平均平动动能越大，也就是分子热运动的强度越剧烈，则气体的温度越高。温度是大量气体分子热运动的集体表现，具有统计意义，对某个分子或少数几个分子，说它的温度是多少是没有意义的。

如果两种气体分别处于平衡态，且这两种气体的温度也相等。那么由式(5-5)可以看出，这两种气体分子的平均平动动能也相等。换句话说，如果分别处于各自平衡态的两种气体，其分子的平均平动动能相等，那么这两种气体的温度也必相等。这时，若使这两种气体相接触，两种气体间将没有宏观的能量传递，它们各自处于热平衡状态。因此，我们也可以说，温度是表征气体处于热平衡状态的物理量。

例 5-2　一容积为 $V=1.0\mathrm{m}^3$ 的容器内装有 $N_1=1.0\times10^{24}$ 个氧分子和 $N_2=3.0\times10^{24}$ 个氮分子的混合气体，混合气体的压强 $p=2.58\times10^4\mathrm{Pa}$。求：(1) 分子的平均平动动能；(2) 混合气体的温度。

解　(1) 由压强公式 $p=\frac{2}{3}n\overline{E}_\mathrm{k}$，得

$$\overline{E}_\mathrm{k}=\frac{3p}{2n}$$

n 为气体分子数密度，根据题意，$n=\dfrac{N_1+N_2}{V}$，代入上式得

$$\overline{E}_\mathrm{k}=\frac{3}{2}\frac{p}{(N_1+N_2)/V}=9.68\times10^{-21}\mathrm{J}$$

(2) 由关系式 $p=nkT$，得

$$T=\frac{p}{nk}=\frac{p}{\left(\dfrac{N_1+N_2}{V}\right)k}$$

代入数值得 $T=467\mathrm{K}$。

第三节　能量均分定理

在前面讨论大量分子热运动时，只考虑了分子的平动。但是除单原子分子外，一般分子都具有较复杂的结构，不能简单地看成质点。对于一般分子，它们的运动不仅有平动，还有转动和分子内原子间的振动，而分子热运动的能量应该把这些形式的能量都包含在内。为了研究这一类问题，首先需引入自由度的概念。

一、分子的自由度

现在根据力学的概念来讨论分子的自由度。当确定一个物体在空间的位置时，需要引入独立的坐标数目，称为该物体的自由度数。按分子的结构，气体分子可以是单原子分子（如 He、Ne 等）、双原子分子（如 H_2、O_2 等）、三原子分子或多原子分子（如 H_2O、NH_3 等）。

单原子分子由于原子很小，仍可作为质点来处理。确定一个质点在空间的位置需要三个独立坐标，如图5-4a所示，因此，单原子分子有3个自由度。

在双原子分子中，若原子间的距离保持不变，则称为刚性双原子分子。分子可以看作由保持一定距离的质点组成，如图5-4b所示。由于质心的位置需要用3个独立的坐标决定，连线的方位还需用2个独立的坐标决定，若两质点以连线为轴的转动可忽略不计，则双原子分子共有5个自由度，包括3个平动自由度与2个转动自由度。

在由3个及3个以上原子组成的多原子分子中，若原子之间相对位置保持不变，称为刚性多原子分子，如图5-4c所示。除需要3个坐标确定质心的位置、2个角坐标确定转轴的方位外，还需要1个角坐标说明分子绕转轴的转动，所以刚性多原子分子有3个平动自由度，3个转动自由度，共6个自由度。事实上，双原子或多原子气体分子一般不是完全刚性的，原子间的距离在原子间的相互作用下要发生变化，分子内部还会出现振动。因此除平动自由度和转动自由度外，还有振动自由度。但在常温下，振动自由度可以不考虑，因此，在常温下，大多数气体分子属于刚性分子。

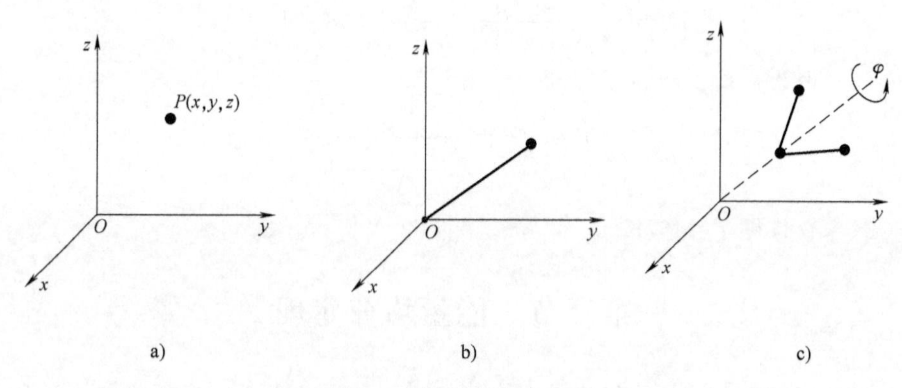

图5-4　分子的自由度

a）单原子分子　b）刚性双原子分子　c）刚性三原子分子

二、能量均分定理

由式（5-5），理想气体平均平动动能为

$$\overline{E_{\mathrm{k}}}=\frac{1}{2}m\overline{v^2}=\frac{3}{2}kT$$

又

$$\overline{v^2}=\overline{v_x^2}+\overline{v_y^2}+\overline{v_z^2}$$

考虑到大量分子在做杂乱无章的运动时，各个方向机会均等的统计假设，因而有

$$\overline{v_x^2} = \overline{v_y^2} = \overline{v_z^2} = \frac{1}{3}\,\overline{v^2}$$

这就是说

$$\frac{1}{2}m\,\overline{v_x^2} = \frac{1}{2}m\,\overline{v_y^2} = \frac{1}{2}m\,\overline{v_z^2} = \frac{1}{3}\left(\frac{1}{2}m\,\overline{v^2}\right) = \frac{1}{2}kT \tag{5-6}$$

这个结果表明，气体分子的平均动能可看成是平均分配在每一个自由度上的，即每一个自由度的能量都是 $kT/2$ 。对于分子的转动和振动，考虑到分子热运动的无规则性，可以推论，任何一种运动都不比其他运动占有特别的优越性而应当机会均等。因此，平均说来，处于平衡态的理想气体分子无论做何种运动，相对于分子每个自由度的平均动能都应相等，并且都等于 $kT/2$ 。这样的能量分配原则称为能量按自由度均分定理。在经典物理学中，这一理论也适用于液体和固体分子的无规则运动。根据这个定理，若分子有 i 个自由度，则每个分子的平均总动能为 $ikT/2$ 。

能量均分定理是对大量分子平均统计所得出的结果，实际上对于个别分子来说，在任一瞬间，它的各种形式的动能和总动量也许与根据能量按自由度均分定理给出的平均值相差很大，而且每种形式的能量也不一定按自由度均分。由于大量分子的无规则运动，分子之间频繁碰撞，彼此交换能量，因此每个分子的总能量以及相应于各个自由度的动能都在不断改变。但是，对于处于平衡态的大量分子的整体而言，各个时刻的平均值是不变的，其能量按自由度均匀分配。

三、理想气体的内能

组成物体的分子或原子除了具有热运动动能外，还应有分子与分子间及分子内原子与原子间相互作用产生的势能，这两部分之和称为分子的势能。通常把物体中所有分子的热运动动能与分子势能的总和称为物体的内能。但对理想气体来说，由于分子间的相互作用可忽略不计，即分子势能为零，所以理想气体的内能只是所有分子的热运动动能之和。已知 1mol 理想气体的分子数为 N_A，若该气体的自由度为 i，每个分子的平均动能为 $ikT/2$ ，则 1mol 理想气体分子的平均能量，即 1mol 理想气体的内能 E 为

$$E = N_A\,\frac{i}{2}kT = \frac{i}{2}RT \tag{5-7}$$

质量为 m（其摩尔质量为 M_{mol}）的理想气体的内能是

$$E = \frac{m}{M_{mol}}\,\frac{i}{2}RT \tag{5-8}$$

可以看出，一定质量的理想气体的内能完全取决于分子运动的自由度 i 和气体温度 T。对于给定气体，i 是确定的，所以其内能就只与温度有关，这与宏观

实验观测结果是完全一致的。当温度改变 ΔT 时，其相应的内能改变为 $\Delta E = \frac{m}{M_{\mathrm{mol}}}\frac{i}{2}R\Delta T$。此式表明，对于某种给定理想气体，在状态变化过程中，内能的改变只取决于初态和终态的温度，而与具体过程无关。

例 5-3 计算温度为 300K 时，一个氦气分子和一个氢气分子的平均动能及 1kg 氦气和 1kg 氢气的内能。

解 氦气是单原子分子，其自由度 $i=3$，只有平动动能，一个氦气分子的平均动能为

$$\overline{E}_{\mathrm{k}} = \frac{3}{2}kT = 1.5\times1.38\times10^{-23}\times300\mathrm{J} = 6.21\times10^{-21}\mathrm{J}$$

氢气是双原子分子，其自由度 $i=5$，包括 3 个平动自由度和 2 个转动自由度，一个氢气分子的平均动能为

$$\overline{E}_{\mathrm{k}} = \frac{5}{2}kT = 2.5\times1.38\times10^{-23}\times300\mathrm{J} = 1.04\times10^{-20}\mathrm{J}$$

根据理想气体的内能公式，1kg 氦气的内能为

$$E = \frac{m}{M_{\mathrm{mol}}}\frac{3}{2}RT = \frac{1}{4\times10^{-3}}\times1.5\times8.31\times300\mathrm{J} = 9.35\times10^{5}\mathrm{J}$$

1kg 氢气的内能为

$$E = \frac{m}{M_{\mathrm{mol}}}\frac{5}{2}RT = \frac{1}{2\times10^{-3}}\times2.5\times8.31\times300\mathrm{J} = 3.12\times10^{6}\mathrm{J}$$

从上述结果可以看出，一个分子的平均动能虽然很小，但是，由于系统内的气体分子数非常庞大，所以一定量理想气体的内能可以达到很大的值。

第四节 麦克斯韦速率分布律

在理想气体中，由于分子在容器中的分布很稀疏，分子间的距离很大；分子与分子间的相互作用除了相互碰撞以外，是极其微小的，可以忽略不计。因而，对每个分子来说，在其前后两次碰撞之间，可以看成是在惯性支配下的自由运动。此外对于大量分子的热运动来说，各分子运动的方向是杂乱无章的，速率的大小也互不相同，而且由于频繁的碰撞，每个分子速度的大小、方向又随时在改变。总体来说，气体分子热运动的图像是：在每一时刻各个分子运动的方向和速率的大小各不相同；对于每个分子来说，由于碰撞，其运动方向和速率大小在随时改变。

因此，处于平衡态的气体，对于某一个分子来说，它将与哪个分子碰撞，它的速度大小、方向将如何变化，是不可预知的。但对于大量分子，运动却表现出确定的统计规律，即所有分子速率的大小有一定的分布规律，这是对大量

分子集体适用的统计规律性。正是因为有这种统计规律性的存在，才使得在一定的宏观条件下，整个气体表现出具有一定的压强、温度等性质。

一、气体分子的速率分布　速率分布函数

研究气体分子的速率分布需要用统计的方法。但是，由于气体的分子数目 N 非常大，要想逐个查清每个分子的速率，然后统计具有不同速率的分子各有多少个，这是不可能的，也是不必要的。按经典力学的概念，气体分子的速率可以连续地取零到无限大的任何数值。因此，可采用按速率区间分组的方法，先将分子的速率划分为若干区间 Δv，见表 5-1，然后，在某种温度下，将速率属于各个区间内的分子数 ΔN 占总的分子数的百分比（$\Delta N/N$）$\times 100\%$（即相对分子数）统计出来，记录在表 5-1 的右栏中，即得速率分布。从表 5-1 中可以看出，低速或高速运动的分子数目较少（如速率在 $100\text{m}\cdot\text{s}^{-1}$ 以下的分子数只占总数的 1.4%，而速率在 $800\text{m}\cdot\text{s}^{-1}$ 以上的分子数只占总数的 2.9%），而占总数的 21.4% 的分子运动速率在 $300\sim400\text{m}\cdot\text{s}^{-1}$ 之间，比这速率大或小的相对分子数都依次递减。在大量分子的热运动中，对于处于任何温度下的任何一种气体，其分子按速率分布的情况大体都是如此。这就是分子速率分布规律。

表 5-1　空气分子速率在 273K 时的分布情况

速率间隔 $\Delta v/\text{m}\cdot\text{s}^{-1}$	分子数百分比/（$\Delta N/N$）$\times 100\%$
100 以下	1.4
100～200	8.1
200～300	16.5
300～400	21.4
400～500	20.6
500～600	15.1
600～700	9.2
700～800	4.8
800 以上	2.9

图 5-5 所示为气体分子在 273K 的速率分布。水平轴代表速率 v 的大小，将它等分成为许多小段，每一段代表 $\Delta v=100\text{m}\cdot\text{s}^{-1}$ 的速率区间。在每一速率区间上方有一个长方形的面积代表在该速率区间内的分子数的百分比，如图 5-5a 所示。显然，如果速率区间取的越小，所得的统计越精细，如图 5-5b 所示。

当速率区间 $\Delta v\to 0$ 时，图中所有长方形顶端的折线就变成一条光滑的曲线，如图 5-5c 所示。用这条曲线可以精确地表示气体分子的速率分布情况，称为速率分布曲线。

图 5-5c 中速率分布曲线的横坐标是分子的速率 v，纵坐标的物理意义是什

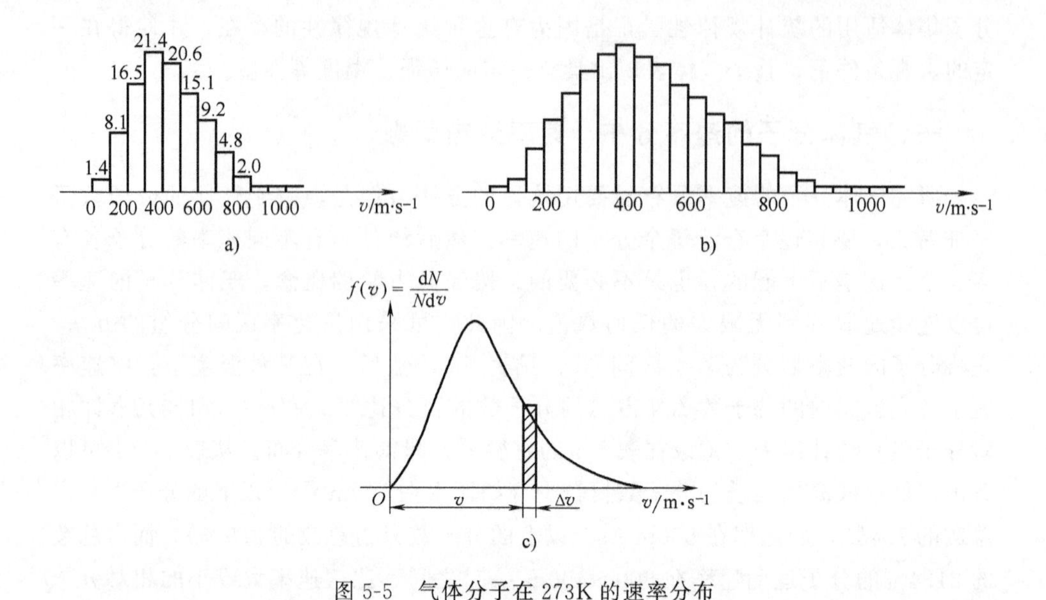

图 5-5　气体分子在 273K 的速率分布

a）$\Delta v=100\mathrm{m}\cdot\mathrm{s}^{-1}$　b）$\Delta v=50\mathrm{m}\cdot\mathrm{s}^{-1}$　c）$\Delta v\to 0$

么？图中阴影线所标出的小长方形的面积表示速率在 $v\sim(v+\Delta v)$ 区间内分子数的百分比 $\Delta N/N$，所以长方形的高为 $\Delta N/N\Delta v$，其意义为：在 $v\sim(v+\Delta v)$ 区间中平均每单位速率区间内的分子数占总分子数的百分比（在统计规律中，某一单位区间内的分子数占总分子数的百分比，就是一个分子处于该单位速率区间的“概率”）。

在 $\Delta v\to 0$ 时，阴影线所标出的小长方形的高即为曲线的纵坐标，显然它是速率 v 的函数，可以用 $f(v)$ 来表示，即

$$f(v)=\lim_{\Delta v\to 0}\frac{\Delta N}{N\Delta v}=\frac{\mathrm{d}N}{N\mathrm{d}v}$$

$f(v)$ 称为速率分布函数，其物理意义是：速率在 v 值附近的单位速率区间内的分子个数占总分子数的百分比。

速率分布曲线下的面积代表在 $v=0$ 到 $v\to\infty$ 整个速率范围内的全部相对分子数的总和，应当等于 100%，亦即

$$\int_0^{\infty}f(v)\mathrm{d}v=1 \tag{5-9}$$

这就是速率分布函数 $f(v)$ 所必须满足的归一化条件。

二、麦克斯韦速率分布率

在理想气体处于平衡态且无外力场作用时，气体分子按速率分布的分布函数$f(v)$是由麦克斯韦于 1860 年从理论上导出的，1920 年，这一分布规律被斯特

恩的实验所验证。

$$f(v)=\frac{\mathrm{d}N}{N\mathrm{d}v}=4\pi\left(\frac{m}{2\pi kT}\right)^{3/2}\mathrm{e}^{-\frac{mv^2}{2kT}}v^2 \tag{5-10}$$

上式称为麦克斯韦速率分布函数，式中 T 为气体的热力学温度；m 为分子的质量；k 为玻耳兹曼常数。

由麦克斯韦速率分布函数式（5-10）可以得出在任一速率区间 $v\sim(v+\mathrm{d}v)$ 内的分子数百分比

$$\frac{\mathrm{d}N}{N}=f(v)\mathrm{d}v=4\pi\left(\frac{m}{2\pi kT}\right)^{3/2}\mathrm{e}^{-\frac{mv^2}{2kT}}v^2\,\mathrm{d}v \tag{5-11}$$

这个规律称为麦克斯韦速率分布定律。

根据麦克斯韦速率分布函数画出的曲线，称为麦克斯韦速率分布曲线。这条线与实验给出的速率分布曲线图 5-5c 基本相符。

由式（5-10）可知，气体分子的速率分布与温度有关。不同的温度有不同的分布曲线。图 5-6 给出两种不同温度下的麦克斯韦速率分布曲线。不难看出，温度升高时，曲线的最高点向速率增大的方向迁移，这是因为温度越高，分子的运动程度越剧烈，速率大的分子数目就相对增多。并且，由于气体分子总数不变，曲线下的总面积，由归一化条件可知，恒等于 1，所以，随着温度的升高，曲线变得较为平坦。

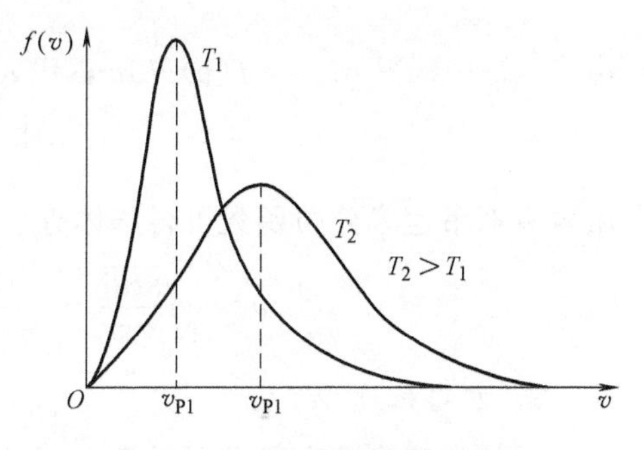

图 5-6　麦克斯韦速率分布曲线

要强调的是，麦克斯韦速率分布只适用于处在平衡态的热力学系统，对于少量分子组成的系统不适用。

三、气体分子的三种统计速率

利用麦克斯韦速率分布函数可以求出许多与分子热运动有关的物理量的统计平均值。在分子动理论中，常用到反映分子热运动状态的三种统计速率。

1. 最概然速率 v_p

气体分子速率分布曲线有个极大值，与这个极大值对应的速率叫作气体分子的最概然速率，常用 v_p 来表示，如图 5-6 所示。其物理意义是：在 v_p 附近，单位速率区间内的分子数在总分子数中所占的百分比最大，即分布函数 $f(v)$ 具有极大值。因此，v_p 可由下式求出

$$\left.\frac{\mathrm{d}f(v)}{\mathrm{d}v}\right|_{v=v_\mathrm{p}}=0$$

由此得

$$v_p=\sqrt{\frac{2kT}{m}}=\sqrt{\frac{2RT}{M_{mol}}}\approx 1.41\sqrt{\frac{RT}{M_{mol}}} \tag{5-12}$$

2. 平均速率 $\overline{v}$

在平衡状态下，气体分子的速率有大有小，从统计意义上说，总有一个平均值。设速率为 v_1 的分子数有 ΔN_1 个，速率为 v_2 的分子数有 ΔN_2 个，……，总分子数 N 是具有各种速率的分子数之和，即 $N=\Delta N_1+\Delta N_2+\cdots+\Delta N_n$ 。平均速率为分子的速率的算术平均值，即

$$\overline{v}=\frac{v_1\Delta N_1+v_2\Delta N_2+\cdots+v_n\Delta N_n}{N}$$

对于连续分布，上式有

$$\overline{v}=\frac{\int_0^\infty v\mathrm{d}N}{N}$$

由式（5-10）得 $\mathrm{d}N=f(v)N\mathrm{d}v$，代入上式，即得

$$\overline{v}=\int_0^\infty vf(v)\mathrm{d}v$$

由麦克斯韦速率分布函数可得气体分子的平均速率

$$\overline{v}=\sqrt{\frac{8kT}{\pi m}}=\sqrt{\frac{8RT}{\pi M_{mol}}}\approx 1.6\sqrt{\frac{RT}{M_{mol}}} \tag{5-13}$$

3. 方均根速率 $\sqrt{\overline{v^2}}$

方均根速率是大量分子速率的平方平均值的平方根。根据求平均值的平方根的定义有

$$\sqrt{\overline{v^2}}=\sqrt{\frac{v_1^2\Delta N_1+v_2^2\Delta N_2+\cdots+v_n^2\Delta N_n}{N}}$$

则由麦克斯韦速率分布函数可得气体的方均根速率，或由温度公式推出

$$\sqrt{\overline{v^2}}=\sqrt{\frac{3kT}{m}}=\sqrt{\frac{3RT}{M_{mol}}}\approx 1.73\sqrt{\frac{RT}{M_{mol}}} \tag{5-14}$$

气体分子的上述三种速率 v_p、$\overline{v}$ 和 $\sqrt{\overline{v^2}}$ 都与 $\sqrt{T}$ 成正比，与 $\sqrt{M_{mol}}$ 成反比，即温度越高，三者都越大；分子质量越大，三者都越小。在室温下，它们的数量级一般为每秒几百米。这三种速率对于不同的问题有各自的应用。例如，在讨论速率分布时，要了解哪一种速率的分子所占的百分比最高就需用到最概然速率；在计算分子的平均动能时，要用到方均根速率；在讨论分子的碰撞时，要用到平均速率。

例 5-4　求 $T=273\mathrm{K}$ 时氧的平均速率。

解　将氧气的摩尔质量 $M_{mol}=0.032\mathrm{kg\cdot mol^{-1}}$，$R=8.31\mathrm{J\cdot mol^{-1}\cdot K^{-1}}$，

$T=273\mathrm{K}$ 代入式（5-13）得

$$\bar{v}=\sqrt{\frac{8RT}{\pi M_{\mathrm{mol}}}}=\sqrt{\frac{8\times8.31\times273}{\pi\times0.032}}\mathrm{m}\cdot\mathrm{s}^{-1}=424.9\mathrm{m}\cdot\mathrm{s}^{-1}$$

结果说明氧气分子的平均速率比一般的超声速飞机的速率还要大。

应该注意，不论对哪一种气体来说，并不是全部分子都是以它的方均根速率在运功。实际上，气体分子以各种不同的速率在运动着，有的比方均根速率大，有的比方均根速率小，而方均根速率不过是速率的平均值而已。对于平均速率和最概然速率也应做类似的理解。

第五节　气体分子的平均碰撞频率和平均自由程

由例 5-4 可看出氧气分子在 0℃时的平均速率为 424.9m/s。这种数值引起 19 世纪末物理学家们的怀疑：既然气体分子速率极高，似乎气体中的一切过程都应在一瞬间就完成，为什么气体的扩散实际上却进行得相当缓慢，为什么气体的温度趋于均匀（热传导过程）也需要一定时间呢？这个矛盾首先是克劳修斯解决的。这是因为气体分子在从一处（如图 5-7 中 A 点）移至另一处（如图 5-7 中 B 点）的过程中，它要不断地与其他分子碰撞，每碰撞一次，分子运动的方向就发生改变，分子的路径就偏折一次。分子沿着迂回的折线前进，其运动路径不是一条简单的直线。气体的扩散、热传导等过程进行得快慢都取决于分子间相互碰撞的频繁程度。

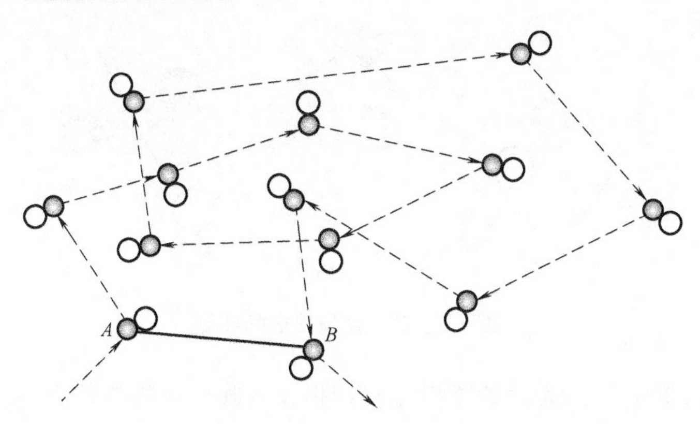

图 5-7　气体分子的碰撞

分子是由原子核和电子组成的复杂系统，分子间的相互碰撞实际上是在分子力作用下分子相互间的散射过程。在初步考虑问题时，可以把分子看作具有一定体积的钢球，把分子间的相互作用过程看作钢球的弹性碰撞。两分子质心间的最小距离就是钢球的直径。

分子在任意两次连续碰撞之间自由通过的路程叫作分子的自由程。单位时间内一个分子与其他分子碰撞的次数称为分子的碰撞频率。每个分子任意两次碰撞之间所通过的自由程的长短和所需时间的多少具有偶然性。自由程和碰撞频率的大小是随机变化的，但是大量分子在无规则热运动过程中，分子的自由程与碰撞频率服从一定的统计规律。我们可采用统计平均方法分别计算出平均自由程和平均碰撞频率，前者以 $\overline{\lambda}$ 表示，后者以 $\overline{Z}$ 表示。

平均自由程和碰撞频率的大小反映了分子间碰撞的频繁程度。显然，在分子的平均速率一定的情况下，分子间的碰撞越频繁，$\overline{Z}$ 就越大，而 $\overline{\lambda}$ 就越小。

平均自由程 $\overline{\lambda}$ 和碰撞频率 $\overline{Z}$ 之间存在着简单的关系。如果用 $\overline{v}$ 表示分子的平均速率，则在任意一段时间 t 内，分子所通过的路程为 $\overline{v}t$，而分子的碰撞次数，也就是整个路程折成的路段数为 $\overline{Z}t$，根据定义，平均自由程为

$$\overline{\lambda}=\frac{\overline{v}t}{\overline{Z}t}=\frac{\overline{v}}{\overline{Z}} \tag{5-15}$$

为了确定 $\overline{Z}$，我们可以设想"跟踪"一个分子，比如分子 A。对于碰撞来说重要的是分子间的相对运动，为了简单起见，假设分子 A 以平均相对速率 $\overline{u}$ 运动，这样就可以认为其他分子都静止不动。

在分子 A 运动的过程中，显然只有那些中心与 A 中心之间横向间距离小于或等于分子有效直径 d 的分子才可能与 A 相碰。可以设想以 A 的中心的运动轨迹为轴线，以分子的有效直径为半径作一曲折的圆柱体（见图 5-8）。这样，凡是分子中心在此圆柱内的分子才会与 A 相碰。

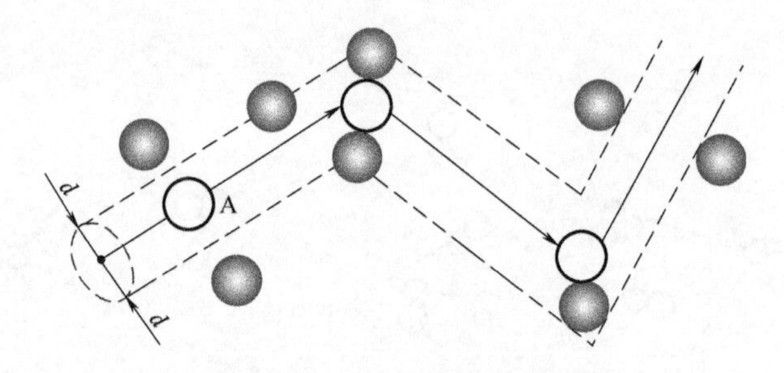

图 5-8　分子碰撞次数的计算

在时间 t 内，A 所走过的路程为 $\overline{u}t$，相应的圆柱体的体积为 $\pi d^2\overline{u}t$，如果以 n 表示单位体积内的分子数，则在此圆柱体内的总分子数，即 A 与其他分子的碰撞次数为 $n\pi d^2\overline{u}t$，因此碰撞频率为

$$\overline{Z}=\frac{n\pi d^2\overline{u}t}{t}=n\pi d^2\overline{u}$$

利用麦克斯韦速率分布律可以证明，气体分子的平均相对速率 $\overline{u}$ 与平均速率 $\overline{v}$ 之间存在下列关系：

$$\overline{u}=\sqrt{2}\,\overline{v}$$

把这个关系代入上式，即得

$$\overline{Z}=\sqrt{2}n\pi d^2\overline{v} \tag{5-16}$$

将式（5-16）代入式（5-15），可得平均自由程为

$$\overline{\lambda}=\frac{1}{\sqrt{2}n\pi d^2} \tag{5-17}$$

式（5-17）说明，平均自由程与分子的有效直径 d 的平方及单位体积内的分子数 n 成反比，而与平均速率无关。

因为 $p=nkT$，所以式（5-17）可写作

$$\overline{\lambda}=\frac{kT}{\sqrt{2}\pi d^2 p} \tag{5-18}$$

式（5-18）说明，当温度恒定时，平均自由程与压强成反比，压强越小（空气越稀薄），平均自由程越大。

应当指出，在前面的讨论中把气体分子看成是直径为 d 的小球，并且把分子间的碰撞看成是弹性碰撞，这都不能反映实际情况。分子是一个复杂的系统，而且分子间的相互作用也很复杂。在碰撞散射的过程中，两分子质心靠近的最小距离的平均值是 d，由式（5-18）计算出的 d 常叫作分子的有效直径。实验表明，在 n 一定时，$\overline{\lambda}$ 随温度升高而略有增加。这是因为分子的平均速率随温度的升高而增大，分子更容易彼此穿插，因而分子的有效直径将随温度的升高而略有减小。在标准状态下几种气体的平均自由程和分子的有效直径见表 5-2。

表 5-2　在标准状态下几种气体的平均自由程和分子的有效直径

（单位：m）

气　体	H_2	N_2	O_2	CO_2
λ	1.13×10^{-7}	5.99×10^{-8}	6.47×10^{-8}	3.97×10^{-8}
d	2.30×10^{-10}	3.10×10^{-10}	2.90×10^{-10}	3.20×10^{-10}

思 考 题

5-1　对一定量的气体来说，当温度不变时，气体的压强随体积的减小而增大；当气体体积不变时，压强随温度的升高而增大。从微观来看，这两种情况下压强的增大有何区别？

5-2　温度的微观本质是什么？讨论某单一分子的温度有意义吗？

5-3　试指出下列各式表示的物理意义：

（1）$\frac{1}{2}kT$；　（2）$\frac{i}{2}RT$；　（3）$\frac{M}{M_{mol}}\frac{i}{2}RT$；　（4）$\frac{3}{2}kT$。

5-4　速率分布函数 $f(v)$的物理意义是什么？说明下列各式的物理意义（n 为分子数

密度，N 为系统总分子数）：

(1) $f(v)\mathrm{d}v$；　(2) $nf(v)\mathrm{d}v$；　(3) $Nf(v)\mathrm{d}v$；

(4) $\int_{v_1}^{v_2} f(v)\mathrm{d}v$；　(5) $\int_{v_1}^{v_2} Nf(v)\mathrm{d}v$。

5-5　在相同的温度下，氢气和氧气分子的速率分布是否一样？试在同一图中定性画出两种气体的麦克斯韦速率分布曲线。

5-6　最概然速率和平均速率的物理意义是什么？最概然速率就是速率分布中的最大速率吗？

5-7　一定量的气体，保持体积不变，当温度升高时分子运动得更剧烈，因而平均碰撞频率增多，平均自由程是否会因此减小？为什么？

习　题

5-1　一体积为 $1.0\times10^{-3}\mathrm{m}^3$ 的容器中，装有 $4.0\times10^{-5}\mathrm{kg}$ 的氦气和 $4.0\times10^{-5}\mathrm{kg}$ 的氢气，它们的温度为30℃，试求容器中混合气体的压强。

5-2　一容器内储有氢气，其压强为 $1.01\times10^5\mathrm{Pa}$，温度为300K，求：

(1) 气体分子数密度；

(2) 气体的质量密度。

5-3　容器中储有氧气，其压强 $p=0.1\mathrm{MPa}$（即1atm），温度为27℃，求：(1) 单位体积中的分子数 n；(2) 氧分子质量 μ；(3) 气体密度 ρ；(4) 分子间的平均距离 $\bar{l}$；(5) 平均速率 $\bar{v}$；(6) 方均根速率 $\sqrt{\overline{v^2}}$；(7) 分子的平均动能 $\bar{E}_\mathrm{k}$。

5-4　1mol氢气，在温度为27℃时，它的平均动能、转动动能和内能各为多少？

5-5　设容器内盛有质量为 m，摩尔质量为 M_mol 的多原子气体，分子的有效直径为 d，气体的内能为 E，压强为 p，求：(1) 分子平均碰撞频率；(2) 分子最概然速率；(3) 分子的平均平动动能。

5-6　1mol氧气从初态出发，经过等容升压过程，压强增大为原来的2倍，然后又经过等温膨胀过程，体积增大为原来的2倍，求末态与初态之间：(1) 气体分子方均根速率之比；(2) 分子平均自由程之比。

5-7　一真空管的真空度约为 $1.38\times10^{-3}\mathrm{Pa}$（即 $1.0\times10^{-5}\mathrm{mmHg}$）。试求在27℃时单位体积中的分子数及分子的平均自由程。（设分子的有效直径为 $10^{-10}\mathrm{m}$）

5-8　某种柴油机的气缸容积为 $0.827\times10^{-3}\ \mathrm{m}^3$。设压缩前其中的空气温度是47℃，压强为 $8.5\times10^4\mathrm{Pa}$。当活塞急剧上升时，可把空气压缩到原体积的1/17，使压强增加到 $4.7\times10^6\mathrm{Pa}$，求此时空气的温度。（假设空气可看作理想气体）

第六章　热力学基础

本章着重讨论热力学系统在状态发生变化时所遵循的规律，从能量的观点出发，不过问物质的微观结构，以大量试验观测为基础，通过数学演绎来研究热力学系统在状态变化过程中的宏观基本规律及其应用，主要介绍热力学第一定律及其应用、热力学第二定律及其微观本质和熵的概念等。热力学第一定律给出了热功转换关系，热力第二定律给出了转换条件。

第一节　热力学第一定律

一、热力学过程

一个热力学系统在外界影响（做功或传热）下，其状态将发生变化。系统从一个状态到另一个状态所经历的变化过程就是热力学过程。热力学过程根据其中间状态不同而被分为准静态过程和非平衡态过程两种。如果过程中任一中间状态都可看作平衡状态，这个过程叫准静态过程，也叫平衡过程。如果中间状态为非平衡态（系统无确定的 p、V、T 值），这个过程叫非平衡态过程。准静态过程是一种理想的极限过程，它是由无限缓慢的状态变化抽象出来的一种理想模型，利用它可以使热力学问题处理大为简化。

准静态过程如图 6-1 所示，有一个带活塞的容器，里面储有气体，气体与外界处于平衡（外界温度 T_0 保持不变），此时气体的状态参量用 p_0、T_0 表示。将活塞迅速下压，则气体体积缩小，从而破坏了原来的平衡状态，在活塞停止运动后，经过足够长的时间，气体将达到新的平衡状态，具有各处均匀一致的压强 p 和温度 T。但在活塞下压的过程中，气体往往来不及使各处压强、温度趋于均匀一致，气体每一时刻都处于非平衡状态，这个过程是非静态过程。若活塞与壁间无摩擦，且控制外界压强，使它在每一时刻比气体的压强仅大一微小量 Δp，这样气体就被缓慢压缩，气体体积每减小一微小量 ΔV，所经过的时间都比较长，使系统有充分时间达到平衡态，那么这一压缩过程就可以认为是准静态过程。

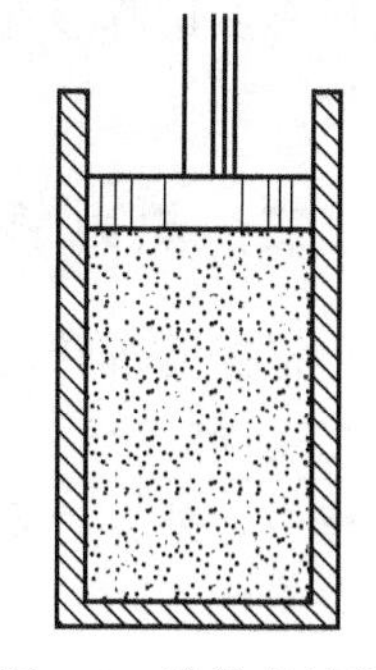

图 6-1　准静态过程

实际过程都是在有限时间内进行的，不可能是无限缓慢的。但是在许多情形下仍可以近似地把实际过程当作准静态过程处理。

二、内能 功 热量

1. 内能

在第五章中，我们从微观角度定义了系统的内能。系统的内能是系统内分子无规则运动所具有的动能和分子之间相互作用的势能的总和。对于理想气体，分子间相互作用力可以忽略，理想气体的内能仅是温度的单值函数。对于实际气体，当实际气体的压强较大时，气体的内能还包括分子间的势能，该势能与气体的体积有关，所以一般地讲，实际气体的内能是状态的单值函数。

当系统从初状态变化到末状态时，外界对系统做功和向系统传递的热量的总和与过程无关，仅由系统始末状态决定。由此可见，热力学系统在一定状态下，应具有一定能量，称为热力学系统的内能。内能是系统状态的单值函数，当状态确定后，其内能为一确定值。

2. 功 热量

试验证明，要改变一个热力学系统的状态，也即改变其内能，有两种方式：做功和热传递。例如一杯水，可以通过加热，即热传递的方法，从某一温度升高到另一温度；也可通过搅拌做功的方法，使该杯水的温度升高。两者虽然方式不同，但都能导致内能增加，这表明做功和热传递是等效的，因此，做功和热传递均可作为内能变化的量度。

做功是系统与外界相互作用的一种方式，这种交换方式通过宏观的有规则运动（如机械运动，电流等）来完成。

传递热量和做功不同，这种能量交换的方式是通过分子的无规则运动完成的。当外界物体（热源）与系统接触时，通过分子之间的碰撞进行能量交换，这就是传递热量。做功与热传递的热量都是在系统状态变化时与外界交换能量的量度，做功的作用是把物体的规则运动转化为系统内分子的无规则运动，而热传递是系统外物体分子无规则运动与系统内分子无规则运动的相互交换，它们只有在过程发生时才有意义，它们的大小也与过程有关，因此它们都是过程量。

三、热力学第一定律

根据能量转换与守恒定律，在系统状态发生变化的过程中，做功和热传递往往是同时存在的。假定系统从内能 E_1 的状态变化到内能为 E_2 的状态的某一过程中，外界对系统热传递的热量为 Q，同时系统对外做功为 A，根据能量转换守衡定律有

$$Q=(E_2-E_1)+A \tag{6-1}$$

即系统从外界吸收的热量一部分使系统内能增加，另一部分用于对外做功。这就是热力学第一定律。显然，热力学第一定律是包含热现象在内的能量守恒与转换定律，适合于任何系统的任何过程。

式（6-1）中各量应使用统一单位，在国际单位制中，它们的单位都是焦耳(J)。为了便于应用热力学第一定律，规定：系统从外界吸收热量时，Q 为正值，反之为负值；系统对外界做功时，A 为正值，反之为负值；系统内能增加时，(E_2-E_1) 为正，反之为负。

对于无限小的状态变化过程，热力学第一定律可表示为

$$\mathrm{d}Q=\mathrm{d}E+\mathrm{d}A \tag{6-2}$$

式（6-1）与式（6-2）对准静态过程普遍成立，对于非平衡态过程，则仅当初态和末态为平衡态时才适用。由热力学第一定律可知，要使系统对外做功，可以消耗系统的内能，也可以吸收外界的热量，或者两者兼有。

在热力学第一定律建立以前，历史上曾有人企图制造一种机器，它既不消耗系统内能，也不需要外界供给任何能量，但却可以不断地对外做功。这种机器叫作第一类永动机。很显然，它是违背热力学第一定律的。热力学第一定律指出，做功必须由能量转化而来，不消耗能量而获得功的企图是不能实现的。

在热力学中，功的计算的出发点仍是力学中功的定义。图 6-2 所示为气缸中气体膨胀推动活塞对外界做功，设气体压强为 p，活塞面积为 S。活塞移动一微小距离 Δl 时，压强 p 可视作不变，则气体对活塞的压力为 $F=pS$，在无摩擦的准静态条件下，气体所做的功为

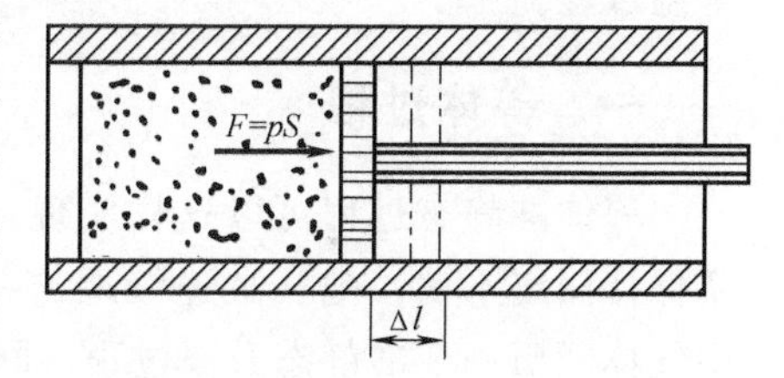

图 6-2 气缸中气体膨胀时对外做功

$$\Delta A=F\Delta l=pS\Delta l=p\Delta V \tag{6-3}$$

式中，ΔV 为气体容积的改变。如果 ΔV 为正，即气体膨胀，ΔA 也为正，它表示系统对外界做功；如果 ΔV 为负，即气体压缩，ΔA 也为负，它表示外界对系统做功。气体膨胀平衡做功过程可以用 p-V图反映出来，如图 6-3 所示。功 ΔA 可以用画有斜线的小面积来表示。

从状态Ⅰ到状态Ⅱ，气体做的总功等于许多这样小面积的总和，即曲线下的面积，于是总功可以用积分法求出

$$A=\int_V \mathrm{d}A=\int_{V_1}^{V_2} p\mathrm{d}V \tag{6-4}$$

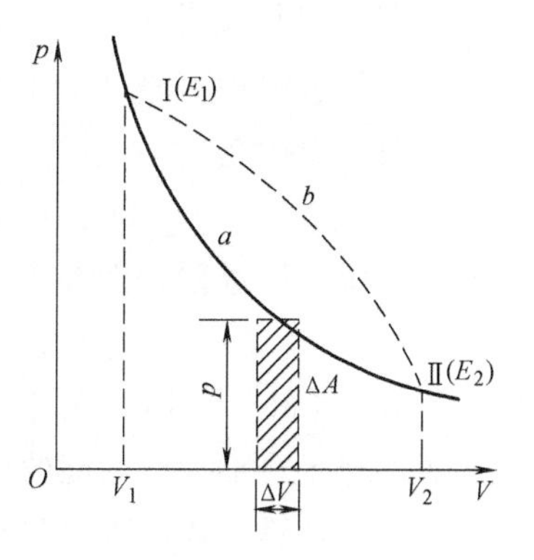

图 6-3 气体膨胀做功 p-V 图

若过程是沿图6-3中的虚线进行的，则气体所做的功比沿实线所做的功大，由此可得出重要结论，系统从一个状态到另一个状态时所做的功不仅取决于始末状态，而且与它所经历的过程有关。

对于平衡过程，热力学第一定律可写成

$$Q = E_2 - E_1 + \int_{V_1}^{V_2} p\mathrm{d}V \tag{6-5}$$

当系统由一状态变到另一状态时，内能仅是状态量；而功则随过程的不同而异。因此，由式（6-5）可知，系统吸收或放出的热量也必然随过程的不同而不同。功与热量的传递都不是系统的状态函数，两者都是过程量。

第二节　理想气体的等值过程

热力学第一定律确定了系统在状态变化过程中功、热量、内能之间的转换关系。作为热力学第一定律的应用，本节讨论理想气体的等值过程，即在系统状态变化的过程中，有一个状态参量保持不变。一定量气体的状态参量共有三个：体积V、压强p、温度T；相应地有三种等值过程：等体过程、等压过程和等温过程。

一、等体过程

等体准静态过程可以这样实现：设封闭气缸内有一定质量的理想气体，活塞保持固定不动，把气缸连续地与一系列有微小温差的恒温热源相接触，让缸中气体经历一个准静态升温过程，同时压强增大，且体积不变。

在等体过程中系统体积保持不变，因此等体过程的特征是$\mathrm{d}V=0$。由理想气体的状态方程，等体过程的方程为

$$pT^{-1} = \text{恒量}$$

在p-V图上等体过程可表示为平行于p轴的一条直线，如图6-4所示。

等体过程中系统不对外做功，即$A=0$，由热力学第一定律有

$$\mathrm{d}Q_V = \mathrm{d}E \tag{6-6a}$$

对于有限等体过程，则有

$$Q_V = E_2 - E_1 \tag{6-6b}$$

式（6-6b）表明，在等体过程中，气体从外界吸收的热量全部用于内能的增加。

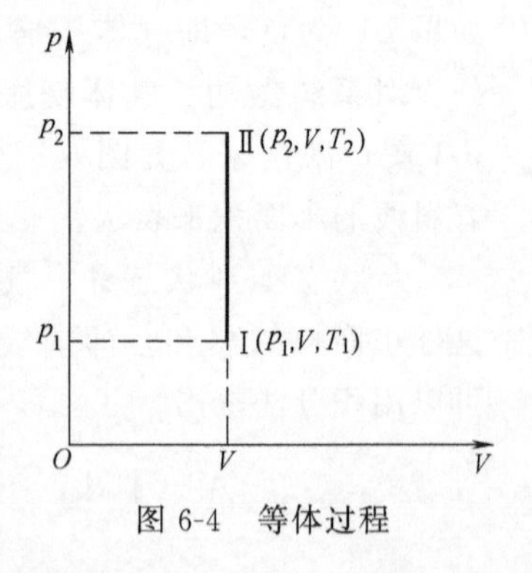

图6-4　等体过程

为了计算气体的吸收热量，我们要用到摩尔热容的概念。同一种气体在不同的过程中有不同的热

容。最常用的是等体过程与等压过程中的两种热容。气体的摩尔定容热容指，1mol 气体在体积保持不变时，温度改变 1K 所吸收或放出的热量，用 $C_{V,\mathrm{m}}$ 表示，即

$$C_{V,\mathrm{m}} = \frac{\mathrm{d}Q_{V,\mathrm{m}}}{\mathrm{d}T} \tag{6-7}$$

质量为 m 的气体在等体过程中，温度改变 $\mathrm{d}T$ 所需要的热量为

$$\mathrm{d}Q_V = \frac{m}{M_{\mathrm{mol}}} C_{V,\mathrm{m}} \mathrm{d}T$$

将上式代入式（6-6a)，即得

$$\mathrm{d}E = \frac{m}{M_{\mathrm{mol}}} C_{V,\mathrm{m}} \mathrm{d}T \tag{6-8}$$

由第五章的式（5-8)，理想气体的内能为

$$E = \frac{m}{M_{\mathrm{mol}}} \frac{i}{2} RT$$

由此可得

$$\mathrm{d}E = \frac{m}{M_{\mathrm{mol}}} \frac{i}{2} R \mathrm{d}T$$

把它与式（6-8）比较，可得

$$C_{V,\mathrm{m}} = \frac{i}{2} R \tag{6-9}$$

对于有限等体过程，可写成

$$E_2 - E_1 = \frac{m}{M_{\mathrm{mol}}} C_{V,\mathrm{m}} (T_2 - T_1) \tag{6-10}$$

应该指出，不能因为式（6-10）的表达式中含有 $C_{V,\mathrm{m}}$，就认为该式只有等体过程中才能应用。理想气体的内能只与温度有关，所以理想气体在不同的状态变化过程中，只要温度增量相同，则不论气体经历什么过程，它们的内能增量一样，都可用式（6-10）计算。由于系统内能增量在等体过程中与吸收热量相等，所以式（6-10）才会有 $C_{V,\mathrm{m}}$ 的出现。

二、等压过程

设想装有一定质量的理想气体的封闭气缸，与一系列有微小温差的恒温热源连续接触。接触过程中活塞上所加外力保持不变，接触结果，将有微小的热量传给气体，使气体温度升高，压强也随之较外界所施压强而以微小量增加，于是推动活塞对外做功，体积随之膨胀。体积膨胀反过来使气体压强降低，从而保证气缸内外压强随时保持不变，系统经历一准静态等压过程。

等压过程的特征是系统的压强保持不变，即 p 为常量，$\mathrm{d}p=0$。由理想气体状态方程，等压过程的过程方程为

$$VT^{-1} = \text{恒量}$$

在 p-V 图中等压过程可表示为平行于 V 轴的一条直线，如图 6-5 所示。

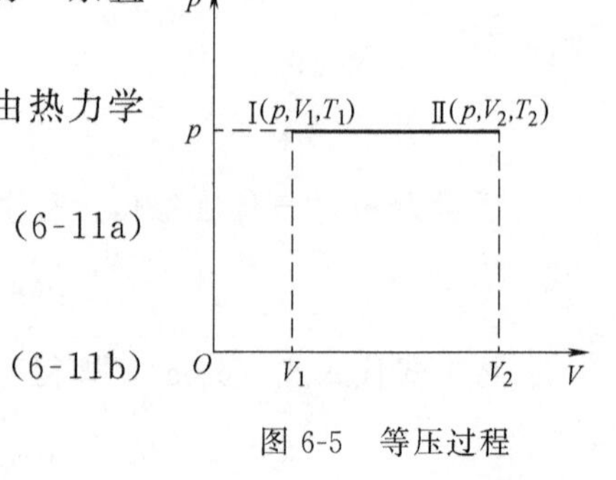

图 6-5　等压过程

在等压过程中，气体吸收的热量为 Q_p，由热力学第一定律

$$\mathrm{d}Q_p = \mathrm{d}E + p\mathrm{d}V \tag{6-11a}$$

对于有限等压过程，则有

$$Q_p = E_2 - E_1 + \int_{V_1}^{V_2} p\mathrm{d}V \tag{6-11b}$$

可得

$$Q_p = E_2 - E_1 + p(V_2 - V_1) \tag{6-11c}$$

式（6-11c）表明，在等压过程中，气体从外界吸收热量的一部分用来使内能增加，另一部分使系统对外做功。

根据理想气体状态方程

$$PV = \frac{m}{M_{\mathrm{mol}}}RT$$

气体所做的元功为

$$\mathrm{d}A = p\mathrm{d}V = \frac{m}{M_{\mathrm{mol}}}R\mathrm{d}T$$

气体从状态Ⅰ（p，V_1，T_1）等压变化到状态Ⅱ（p，V_2，T_2）过程中，气体对外做功为

$$A = \int_{T_1}^{T_2} \frac{m}{M_{\mathrm{mol}}}R\mathrm{d}T = \frac{m}{M_{\mathrm{mol}}}R(T_2 - T_1) \tag{6-12}$$

又因 $E_2 - E_1 = \frac{m}{M_{\mathrm{mol}}}C_{V,\mathrm{m}}(T_2 - T_1)$，所以整个过程中传递的热量为

$$Q_p = \frac{m}{M_{\mathrm{mol}}}(C_{V,\mathrm{m}} + R)(T_2 - T_1) \tag{6-13}$$

我们把 1mol 气体在压强不变的条件下，温度改变 1K 所需要的热量称为气体的摩尔定压热容，用 $C_{p,\mathrm{m}}$ 表示，根据这个定义可得

$$Q_p = \frac{m}{M_{\mathrm{mol}}}C_{p,\mathrm{m}}(T_2 - T_1)$$

与式（6-13）比较，不难看出

$$C_{p,\mathrm{m}} = C_{V,\mathrm{m}} + R \tag{6-14}$$

式（6-14）叫作迈耶公式。它的意义是，1mol 理想气体温度升高 1K 时，在等压力过程中比在等体过程中多吸收 8.31J 热量。这个是容易理解的，因为在等体过程中，气体吸收的热量全部用于内能增加，而在等压的过程中，气体吸收热量除了用于增加同样多的内能外，还要用于对外做功，故等压过程要使系统

升高与等体过程相同的温度，需要吸收更多的热量。

因 $C_{V,\mathrm{m}}=\frac{i}{2}R$，由式（6-14）得

$$C_{p,\mathrm{m}}=\frac{i}{2}R+R=\frac{i+2}{2}R \tag{6-15}$$

摩尔定压热容 $C_{p,\mathrm{m}}$ 与摩尔定容热容 $C_{V,\mathrm{m}}$ 之比，叫作比热容比，用 γ 表示，于是

$$\gamma=\frac{C_{p,\mathrm{m}}}{C_{V,\mathrm{m}}}=\frac{i+2}{i} \tag{6-16}$$

表 6-1 列出了单原子、双原子、多原子分子气体的摩尔热容理论值和实验值。从表中的对应数据比较可以看出，对于单原子和双原子分子气体，理论值和实验值很接近，而对于多原子分子气体，理论值与实验值存在较大差异。这表明，经典热容量理论得来的能量均分定理是有缺陷的，只有用量子理论才能圆满地解释多原子分子气体的热容量问题。

表 6-1 几种气体摩尔热容的理论值和实验值

（在压强 $p=1.013\times10^5\,\mathrm{Pa}$，温度 $t=25℃$ 条件下）

气体		摩尔定压热容 $\frac{C_{p,\mathrm{m}}}{R}$		摩尔定容热容 $\frac{C_{V,\mathrm{m}}}{R}$		摩尔热容比 γ	
		实验值	理论值	实验值	理论值	实验值	理论值
单原子分子	He	2.50	2.50	1.50	1.50	1.67	1.67
	Ne	2.50		1.50		1.67	
	Ar	2.50		1.50		1.67	
双原子分子	H_2	3.49	3.50	2.45	2.50	1.41	1.40
	O_2	3.51		2.51		1.40	
	N_2	3.46		2.47		1.40	
多原子分子	H_2O	4.39	4.00	3.33	3.00	1.31	1.33
	CO_2	4.41		3.39		1.30	
	CH_2	4.28		3.29		1.30	

例 6-1 质量为 $2.8\times10^{-3}\,\mathrm{kg}$、温度为 300K、压强为 1atm 的氮气，等压膨胀至原来的 2 倍，求氮气对外所做的功、内能增量以及吸收的热量。

解 本题中已知 $m=2.8\times10^{-3}\,\mathrm{kg}$，$M_{\mathrm{mol}}=28\times10^{-3}\,\mathrm{kg\cdot mol^{-1}}$，则氮气的物质的量为

$$\nu=m/M_{\mathrm{mol}}=0.1\mathrm{mol}$$

又因为 $T_1=300\mathrm{K}$，$\frac{V_2}{V_1}=2$，由理想气体状态方程得

$$T_2 = \frac{V_2}{V_1}T_1 = 2 \times 300 = 600\text{K}$$

等压过程气体对外做功为

$$A = p(V_2 - V_1) = \frac{m}{M_{\text{mol}}}R(T_2 - T_1) = [0.1 \times 8.31 \times (600 - 300)]\text{J} = 249\text{J}$$

内能增量为

$$E_2 - E_1 = \frac{m}{M_{\text{mol}}}C_{V,\text{m}}(T_2 - T_1) = \frac{m}{M_{\text{mol}}}\frac{i}{2}R(T_2 - T_1)$$

氮气为双原子气体，$i=5$

$$E_2 - E_1 = [0.1 \times 20.8 \times (600 - 300)]\text{J} = 624\text{J}$$

吸收的热量为

$$Q_p = \frac{m}{M_{\text{mol}}}C_{p,\text{m}}(T_2 - T_1) = [0.1 \times 29.1 \times (600 - 300)]\text{J} = 873\text{J}$$

以上算得的 A、E_2-E_1 和 Q_p 的数值符合热力学第一定律

$$Q_p = E_2 - E_1 + A$$

这就验证了计算的正确性。

三、等温过程

设想一气缸，其四壁和活塞是绝对不导热的，而底部绝对导热。今将气缸底部与一恒温热源相接触，当活塞上的外界压强无限缓慢地降低时，缸内气体随之逐渐膨胀，对外做功，气体内能缓慢减少，温度随之微微降低。此时，由于缸底部与恒温热源相接触，当气体温度比热源温度稍低时，就有微小的热量传给气体，使气体的温度维持原值不变，气体经历一个准静态等温过程。等温过程的特征是 $\mathrm{d}T=0$ 或 $T=$常数。由理想气体状态方程，等温过程的过程方程为

$$pV = 恒量$$

在 p-V 图中，与等温过程对应的是双曲线，如图 6-6 所示，该曲线称为等温曲线。

由于理想气体的内能只与温度有关，所以在等温过程中内能保持不变，即 $\Delta E=0$。由热力学第一定律，有

$$Q_T = A$$

即在等温膨胀的过程中，理想气体吸收的热量 Q_T 全部用来对外做功，都转化为气体向外界放出的能量。

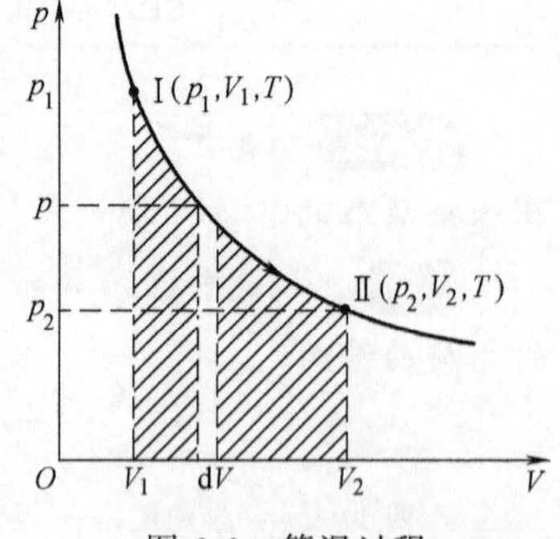

图 6-6　等温过程

气体从状态（p_1，V_1，T）等温变化到状态

(p_2, V_2, T) 时有

$$Q_T = A = \int_{V_1}^{V_2} p\mathrm{d}V = \int_{V_1}^{V_2} \frac{m}{M_{\mathrm{mol}}} RT \frac{\mathrm{d}V}{V}$$

即

$$Q_T = \frac{m}{M_{\mathrm{mol}}} RT \ln \frac{V_2}{V_1}$$

由过程方程 $p_1V_1 = p_2V_2$

$$Q_T = \frac{m}{M_{\mathrm{mol}}} RT \ln \frac{p_1}{p_2} \tag{6-17}$$

热量 Q_T 和功 A 的值都等于等温线下的面积。

例 6-2　容器内储有氧气 3.2×10^{-3}kg，温度为 300K，等温膨胀为原来体积的 2 倍。求气体对外做功和吸收的热量。

解　在本题中，已知氧气的质量 $m = 3.2 \times 10^{-3}$kg，氧的摩尔质量 $M_{\mathrm{mol}} = 32 \times 10^{-3}\,\mathrm{kg \cdot mol^{-1}}$，则氧气中包含的物质的量 $\nu = m/M_{\mathrm{mol}} = 0.1$mol，并已知温度 $T = 300$K 和 $\frac{V_2}{V_1} = 2$，则

$$A = \nu RT \ln \frac{V_2}{V_1} = (0.1 \times 8.31 \times 300 \times \ln 2)\mathrm{J} = 173\mathrm{J}$$

氧气在等温过程中吸收的热量为　$Q_T = A = 173$J。

第三节　绝热过程

一、绝热过程

绝热过程是系统与外界没有热量交换的过程。例如，一个被良好的绝热材料所包围的系统中所进行的就是绝热过程，如图 6-7a 所示。由于过程进行得很快，系统来不及与外界交换热量的过程，如内燃机中的爆炸过程等，也可近似地看作绝热过程。

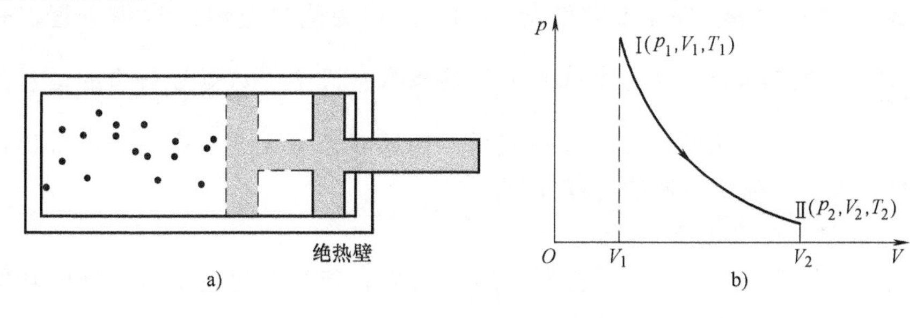

图 6-7　理想气体的绝热过程

1. 绝热过程方程

绝热过程的特征是过程中没有热量的传递，即 $\mathrm{d}Q=0$ 或 $Q=0$。由热力学第一定律有

$$\mathrm{d}Q=\mathrm{d}E+p\mathrm{d}V=0$$

由于理想气体的内能仅是温度的函数，由式（6-8），上式可改写为

$$\frac{m}{M_{\mathrm{mol}}}C_{V,\mathrm{m}}\mathrm{d}T+p\mathrm{d}V=0 \tag{6-18}$$

对理想气体状态方程 $pV=\frac{m}{M_{\mathrm{mol}}}RT$ 两边取微分得

$$p\mathrm{d}V+V\mathrm{d}p=\frac{m}{M_{\mathrm{mol}}}R\mathrm{d}T$$

将上式代入式（6-18）整理得

$$C_{V,\mathrm{m}}(p\mathrm{d}V+V\mathrm{d}p)=-Rp\mathrm{d}V$$

因为 $R=C_{p,\mathrm{m}}-C_{V,\mathrm{m}},\gamma=\frac{C_{p,\mathrm{m}}}{C_{V,\mathrm{m}}}$，代入上式得

$$\gamma\frac{\mathrm{d}V}{V}=-\frac{\mathrm{d}p}{p}$$

积分有

$$\gamma\ln V+\ln p=\text{恒量}$$

即

$$pV^{\gamma}=\text{恒量} \tag{6-19a}$$

这就是理想气体的绝热过程方程，在 p-V 图中，与绝热过程对应的曲线称为绝热线，如图 6-7b 所示。

将理想气体状态方程 $pV=\frac{m}{M_{\mathrm{mol}}}RT$ 与式（6-19a）联立，消去 p 或 V，还可得到

$$V^{\gamma-1}T=\text{恒量} \tag{6-19b}$$

$$p^{\gamma-1}T^{-\gamma}=\text{恒量} \tag{6-19c}$$

式（6-19a）、式（6-19b）和式（6-19c）均为绝热过程的过程方程，式中 $\gamma=\frac{C_{p,\mathrm{m}}}{C_{V,\mathrm{m}}}$ 为比热容比，工程上称其为绝热指数。三个等数等号右边的恒量的大小在三个式中各不相同，与气体的质量及初始状态有关，在应用时，可根据具体条件选取一个应用方便的过程方程。

2. 绝热过程的功和内能

由热力学第一定律和绝热过程的特征可知，绝热过程系统对外做的功等于其内能的减少。绝热过程的功为

$$A = -(E_2 - E_1) = -\frac{m}{M_{mol}} C_{V,m}(T_2 - T_1) \tag{6-20}$$

理想气体在绝热过程中所做的功除了可以用上式计算外，还可根据功的定义利用绝热方程直接求得。由于

$$pV^\gamma = p_1 V_1^\gamma = p_2 V_2^\gamma$$

所以

$$A = \int_{V_1}^{V_2} p\mathrm{d}V = \int_{V_1}^{V_2} pV^\gamma \frac{\mathrm{d}V}{V^\gamma} = \int_{V_1}^{V_2} p_1 V_1^\gamma \frac{\mathrm{d}V}{V^\gamma} = \frac{1}{\gamma - 1}(p_1 V_1 - p_2 V_2) \tag{6-21}$$

二、绝热线与等温线

在 p-V 图上的绝热曲线是根据绝热方程 pV^γ＝恒量作出的。而等温线是根据准静态等温过程中等温方程 pV＝恒量作出的。

在图 6-8 中，两曲线在 A 点相交，绝热线要比等温线陡一些。下面对两条曲线交点 A 处斜率的计算，证实了这一点。

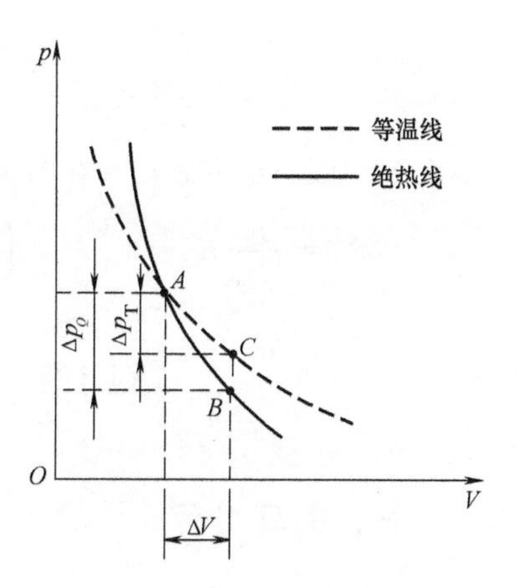

图 6-8 绝热线与等温线

等温线的斜率为

$$\left(\frac{\mathrm{d}p}{\mathrm{d}V}\right)_T = -\frac{p_A}{V_A}$$

而 A 点绝热线的斜率为

$$\left(\frac{\mathrm{d}p}{\mathrm{d}V}\right)_Q = -\gamma \frac{p_A}{V_A}$$

由于 $\gamma>1$，所以绝热线比等温线要陡，究其物理原因，可解释如下：处于某状态的气体，经等温过程和绝热过程膨胀相同的体积 ΔV 在绝热过程中压强的降低 Δp_Q 比在等温过程中压强的降低 Δp_T 要多，这是因为随着体积的增大，气体分子数密度减小，绝热过程和等温过程分子数密度 n 的减小量是相同的，由 $p=nRT$ 可知，在等温过程中，气体的压强只随 n 减小。而在绝热过程中，随着体积的增大，不仅分子数密度在减小，同时温度也在降低，所以，当气体膨胀相同的体积时，在绝热过程中压强的降低比在等温过程中的要多。

例 6-3 设有 8g 氧气，体积为 $0.41\times10^{-3}\mathrm{m}^3$，温度为 300K，如果氧气做绝热膨胀，膨胀后体积为 $4.1\times10^{-3}\mathrm{m}^3$，问气体做功为多少？如果氧气做等温膨胀，膨胀后的体积也为 $4.1\times10^{-3}\mathrm{m}^3$，问这时气体做功为多少？

解 氧气的质量是 $m=0.008\mathrm{kg}$，摩尔质量 $M_{mol}=0.032\mathrm{kg\cdot mol^{-1}}$，原来温度 $T_1=300\mathrm{K}$。设 T_2 为氧气绝热膨胀后的温度，由式（6-20）有

$$A = -\frac{m}{M_{mol}} C_{V,m}(T_2 - T_1)$$

根据绝热方程中 T 与 V 的关系式

$$V_1^{\gamma-1}T_1 = V_2^{\gamma-1}T_2$$

得

$$T_2 = T_1\left(\frac{V_1}{V_2}\right)^{\gamma-1}$$

以 $T_1=300\text{K}$、$V_1=0.41\times10^{-3}\text{m}^3$、$V_2=4.1\times10^{-3}\text{m}^3$ 及 $\gamma=1.40$ 代入上式，得

$$T_2 = 300\times\left(\frac{1}{10}\right)^{1.4-1}\text{K} = 119\text{K}$$

又因氧分子是双原子分子，$i=5$，$C_{V,\text{m}} = \frac{i}{2}R = 20.8\text{J}\cdot\text{mol}^{-1}\cdot\text{K}^{-1}$

于是得

$$A = -\frac{m}{M_{\text{mol}}}C_{V,\text{m}}(T_2-T_1) = \left(\frac{1}{4}\times20.8\times181\right)\text{J} = 941\text{J}$$

如果氧气做等温膨胀，气体所做的功为

$$A = \frac{m}{M_{\text{mol}}}RT_1\ln\frac{V_2}{V_1} = \left(\frac{1}{4}\times8.31\times300\times\ln 10\right)\text{J} = 1.44\times10^3\text{J}$$

第四节　循环过程　卡诺循环

一、循环过程

在生产实践中，往往需要持续不断地将热能转换为机械能，即系统吸收热量，对外做功。热力学研究多种过程的主要目的之一，就是探索怎样才能提高热机的效率。所谓热机，就是通过某种工质（如气体）不断地把吸收的热量转变为机械功的装置，如蒸汽机、内燃机、汽轮机等。这就需要利用循环过程。理想气体的等温膨胀过程对做功是最理想的，它将吸收的热量全部用于对外做功，但这样的膨胀对外做功只是一次性的。如果系统经历一系列状态变化过程又回到初始状态，这样的过程称为循环过程，简称循环。进行循环过程的物质系统称为工质。在 p-V 图上，循环过程对应一条闭合曲线。由于工质的内能是状态的单值函数，所以经历了一个循环回到初始状态时，内能没有改变，这是循环过程的重要特征。热机就是实现这种循环的机器。

按照循环过程进行的方向可把循环过程分为两类。如图 6-9a 所示，在 p-V 图上沿顺时针方向进行的循环称为正循环，工质做正循环的机器可以吸收热量对外做功，具有热机工作的一般过程，因此也叫热机循环，它是把热能不断转变为机械能的机器。反之，在 p-V 图上沿逆时针方向进行的循环称为逆循环，如图 6-9b 所示，工质做逆循环的机器可以利用外界对系统做功将热量不断地从低温处向高温处传递，这是制冷机的工作过程，因此也叫制冷循环。

考虑以气体为工质的循环过程。如果循环是准静态过程，就可在 p-V 图上用一条闭合曲线来表示，如图 6-10 所示。

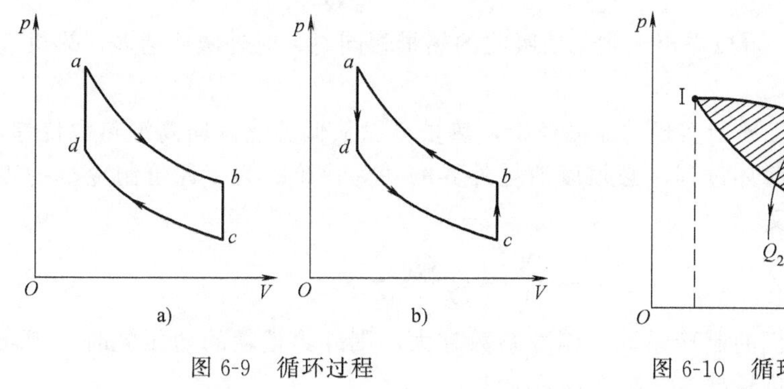

图 6-9 循环过程

a）正循环 b）逆循环

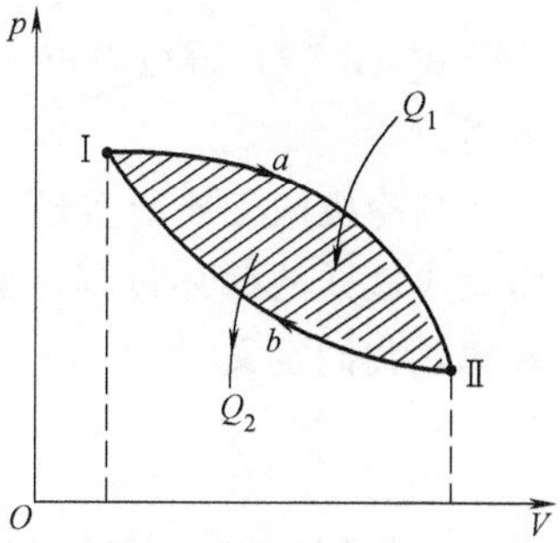

图 6-10 循环过程所做的功

从状态Ⅰ开始，在ⅠaⅡ的膨胀过程中，工质吸收热量 Q_1，并对外做功 A_1，功值等于ⅠaⅡ曲线下的面积；从状态Ⅱ经过ⅡbⅠ回到状态Ⅰ的压缩过程中，外界对工质做功 A_2，其值与曲线ⅡbⅠ下的面积相等，同时工质将放出热量 Q_2。在整个循环过程中，工质对外所做的净功为 $A=A_1-A_2$，其值等于闭合曲线所包围的面积。

对于循环过程，系统最后回到初状态，因而 $\Delta E=0$。在正循环中，系统从外界吸收的总热量 Q_1 大于向外界放出的总热量 Q_2，根据热力学第一定律，应有 $Q_1-Q_2=A$。一般地说，工质在正循环中将从某些高温热源吸收热量，部分用于对外做功，部分放到某些低温热源中去，这是热机循环（见图 6-11）。在逆循环中，外界对工质做正功 A，工质从低温热源吸收热量 Q_2 而向外界放出热量 Q_1，并且 $Q_1=Q_2+A$，这是制冷循环（见图 6-12）。

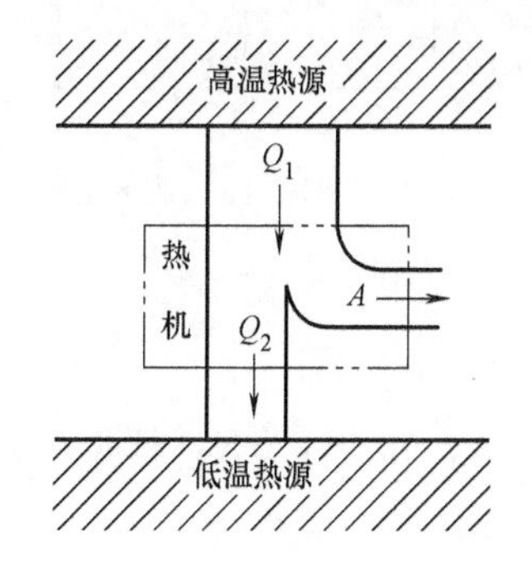

图 6-11 热机循环的示意图

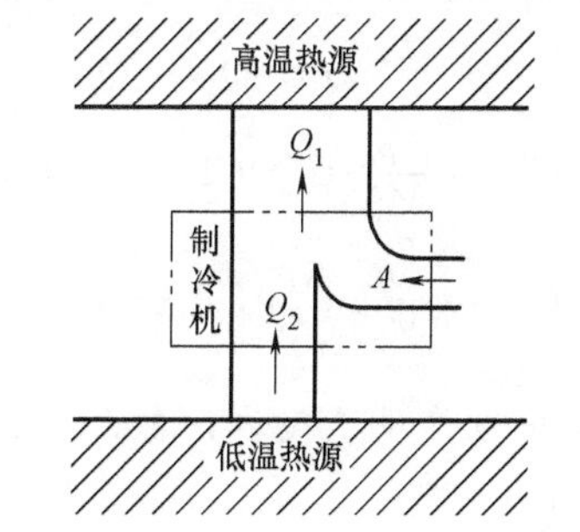

图 6-12 制冷机的制冷循环示意图

二、循环效率

在热机循环中，工质对外所做的功 A 与它吸收的热量 Q_1 的比值，称为热机

效率或循环效率，即

$$\eta=\frac{A}{Q_1}=\frac{Q_1-Q_2}{Q_1}=1-\frac{Q_2}{Q_1} \tag{6-22}$$

由式（6-22）可以看出，当工质吸收的热量相同时，对外做功越多，热机效率越高。

在制冷机内工质所实现的逆循环中，热量可以从低温热源向高温热源传递，但要完成这样的循环过程，必须以消耗外界的功为代价。为了评价制冷机的工作效率，我们定义

$$w=\frac{Q_2}{A}=\frac{Q_2}{Q_1-Q_2} \tag{6-23}$$

式中，w 为制冷机的制冷系数。制冷系数越大，则外界消耗的功相同时，工质从冷库中取出的热量越多，制冷效果越佳。

例 6-4　1mol 氦气经图 6-13 所示的循环，其中 $p_2=2p_1$，$V_2=2V_1$，求循环的效率。

解　气体经循环过程所做的净功为图中过程曲线所围面积，即

$$A=(p_2-p_1)(V_2-V_1)$$

因 $p_2=2p_1$，$V_2=2V_1$，所以

$$A=p_1V_1$$

由图 6-13 可见，在循环过程中：

1→2 为等体升压过程，系统从外界吸热；2→3 为等压膨胀过程，系统从外界吸热；3→4 为等体降压过程，系统向外界放热；4→1 为等压压缩过程，系统向外界放热。整个循环过程吸收的总热量为

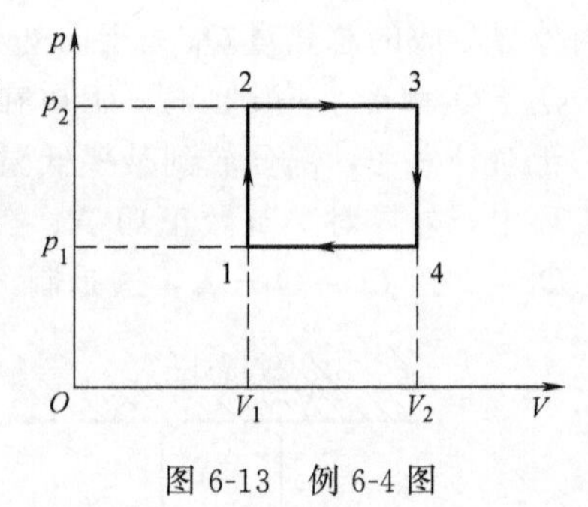

图 6-13　例 6-4 图

$$Q=Q_{12}+Q_{23}$$

式中 $Q_{12}=\frac{m}{M_{\mathrm{mol}}}C_{V,\mathrm{m}}(T_2-T_1)$

$$Q_{23}=\frac{m}{M_{\mathrm{mol}}}C_{p,\mathrm{m}}(T_3-T_2)$$

氦气为单原子气体，自由度 $i=3$，$C_{V,\mathrm{m}}=\frac{3}{2}R$，$C_{p,\mathrm{m}}=\frac{5}{2}R$，根据理想气体状态方程

$$pV=\frac{m}{M_{\mathrm{mol}}}RT$$

得

$$Q_{12}=\frac{3}{2}p_1V_1$$

$$Q_{23}=\frac{5}{2}(p_2V_2-p_2V_1)=5p_1V_1$$

此循环的效率为

$$\eta=\frac{A}{Q}=\frac{A}{Q_{12}+Q_{13}}=\frac{2}{13}\approx 15\%$$

普通制冷机，如冰箱，其工作原理可用图 6-14 来说明。压缩机把比较容易液化的工质（如氟里昂等）送入蛇形管冷凝器，经水或空气带走冷凝器中气体的热量，使气体在高压下凝结成液体。高压液体经过节流阀的小通道后降压降温，并部分汽化，进入蒸发器后，液体从周围冷库吸热使冷库降温，自身则汽化为蒸气，然后再进入压缩机。此为一循环，起到制冷作用。

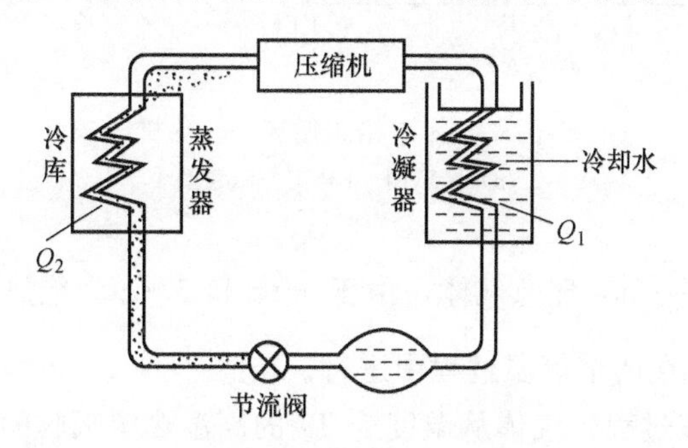

图 6-14　制冷机的工作原理

三、卡诺循环

19 世纪初，蒸汽机在工业上的应用越来越广泛，但当时蒸汽机的效率很低，只有 3%～5%。因此，如何提高热机的效率，成为当时科学家和工程师的重要课题。那时人们已经认识到，要使热机有效地工作，必须具备至少两个温度不同的热源，那么，在两个温度一定的热源之间工作的热机所能达到的最大效率是多少呢？1824 年，年仅 28 岁的法国青年工程师卡诺发表了《关于火力动力的见解》这篇著名的论文，从理论上回答了上述问题。他提出一种理想的热机循环，证明了它的效率最大，从而指出了提高热机效率的途径。这种热机的工质只与两个恒温热源接触（即温度恒定的高温热源和温度恒定的低温热源）并交换能量，不存在散热、漏气等因素，人们把这种理想热机称为卡诺热机，其循环过程为卡诺循环。卡诺的研究工作不仅指明了提高热机效率的途径，还为热力学第二定律的建立奠定了基础。

下面我们分析以理想气体为工质的卡诺热机，并求出其效率。卡诺热机的理想循环过程由两个等温过程和两个绝热过程组成，其工作过程可用 p-V 图来表示（见图 6-15）。气体从状态 a 经等温膨胀到达状态 b，再经绝热膨胀达到状

态 c，然后经等温压缩到达状态 d，最后经绝热压缩回到状态 a，完成一个循环。

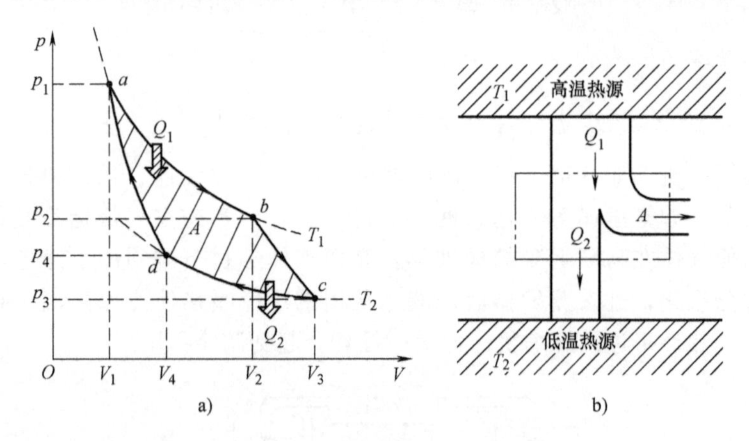

图 6-15　卡诺正循环——热机

a）p-V 图　b）工作示意图

假定工质是 $\frac{m}{M_{\text{mol}}}$ mol 理想气体，由于 $b \to c$ 和 $d \to a$ 为绝热过程，整个循环过程中的热量交换仅在两个等温过程中进行。

$a \to b$ 等温膨胀过程，气体从温度为 T_1 的高温热源吸收的热量为

$$Q_1 = \frac{m}{M_{\text{mol}}} RT_1 \ln \frac{V_2}{V_1}$$

$c \to d$ 等温压缩过程，气体温度为 T_2 的低温热源放出的热量为

$$Q_1 = \frac{m}{M_{\text{mol}}} RT_2 \ln \frac{V_3}{V_4}$$

卡诺循环的效率

$$\eta = 1 - \frac{Q_2}{Q_1} = 1 - \frac{T_2 \ln \frac{V_3}{V_4}}{T_1 \ln \frac{V_2}{V_1}}$$

对 $b \to c$ 和 $d \to a$ 两个绝热过程，应用绝热过程方程有

$$T_1 V_2^{\gamma-1} = T_2 V_3^{\gamma-1}$$

$$T_2 V_4^{\gamma-1} = T_1 V_1^{\gamma-1}$$

因此

$$\frac{V_2}{V_1} = \frac{V_3}{V_4}$$

最后可得卡诺循环的效率为

$$\eta = 1 - \frac{T_2}{T_1} \tag{6-24}$$

可见，理想气体卡诺循环的效率只与两个热源的温度有关。高温热源温度越高，低温热源温度越低，卡诺循环的效率越高。

如果卡诺循环反方向进行，就构成卡诺逆循环（见图 6-16）。这时气体经由状态 $a \to d \to c \to b$ 再回到 a，在逆循环中，外界对气体所做的功为 A，工质从低温热源 T_2 吸收热量 Q_2，并向高温热源 T_1 放出热量 Q_1。根据热力学第一定律，$Q_1 = Q_2 + A$。显然，卡诺逆循环是制冷循环，由制冷系数定义式（6-23）可得

$$w = \frac{Q_2}{A} = \frac{Q_2}{Q_1 - Q_2} = \frac{T_2}{T_1 - T_2} \tag{6-25}$$

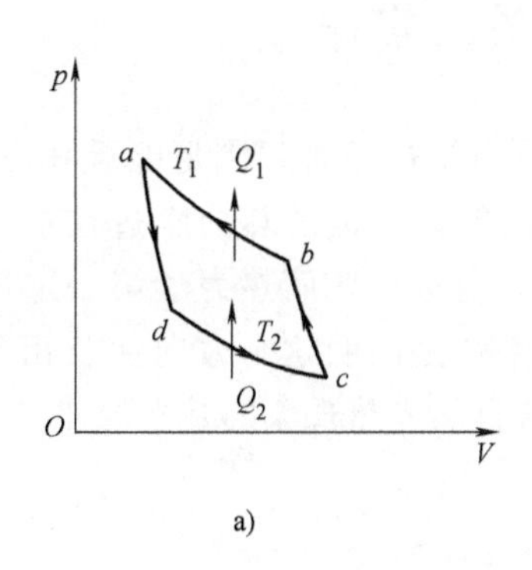

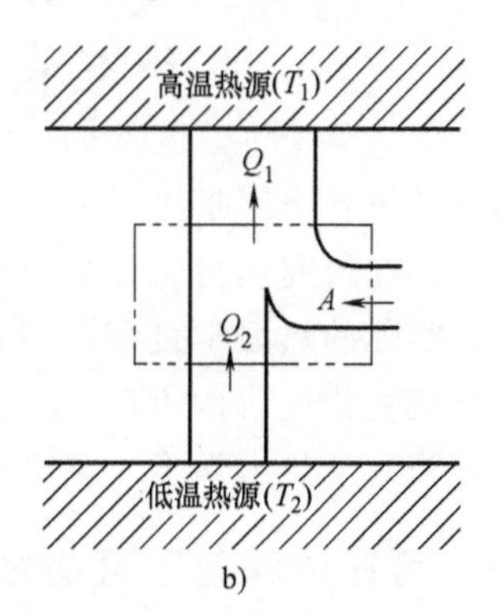

图 6-16　卡诺逆循环——制冷机

a）p-V 图　b）工作示意图

在一般制冷机中，高温热源的温度通常是周围大气的温度，由式（6-25）可知，卡诺循环的制冷系数只取决于冷库的温度 T_2，T_2 越低，则制冷系数越小。这表明，从温度较低的低温中吸收热量，就必须消耗较多的外功。

例 6-5　一卡诺热机循环，工作温度分别为 27℃与 127℃的两个热源之间。（1）若在正循环中该机从高温热源吸收热量 5840J，问该机向低温热源放热多少？对外做功多少？（2）若使它逆向运转而做制冷机工作，问它从低温热源吸收 5480J，将向高温热源放热多少？外界做功多少？

解　（1）卡诺热机的效率为

$$\eta = 1 - \frac{T_2}{T_1} = 1 - \frac{300}{400} = 25\%$$

由题意知 $Q_1 = 5840\text{J}$ 热机向低温热源放出的热量为

$$Q_2 = Q_1(1 - \eta) = 5840 \times (1 - 0.25)\text{J} = 4380\text{J}$$

对外做功为

$$A = \eta Q_1 = 0.25 \times 5840\text{J} = 1460\text{J}$$

（2）当逆循环时，制冷系数为

$$w=\frac{Q_2}{A}=\frac{T_2}{T_1-T_2}=\frac{300}{400-300}=3$$

由题意知 $Q_2=5480\text{J}$，则外界需做功为

$$A=\frac{Q_2}{w}=\frac{5480}{3}\text{J}=1827\text{J}$$

向高温热源放出的热量为

$$Q_1=Q_2+A=(5480+1827)\text{J}=7307\text{J}$$

第五节　热力学第二定律

热力学第一定律指出了一切实际进行的热力学过程必须满足能量守恒定律。然而，人们在研究热机工作原理时发现，满足能量守恒的热力学过程不一定都能进行。实际的热力学过程都只能按一定的方向进行，而热力学第一定律并没有阐述系统变化进行的方向，热力学第二定律就是阐明这个方向性及相关条件的，它是独立于热力学第一定律的另一条反映自然界热现象的基本规律。

一、可逆过程与不可逆过程

1. 自然过程的方向性

自然过程是指在不受外界干预的条件下能够自动进行的过程。大量事实表明，一切宏观自然过程都具有方向性。

1）热传导过程的方向性：两个温度不同的物体互相接触，热量总是自动地由高温物体传向低温物体，最后两物体达到相同的温度。但与此相反的过程却从未发生过，即热量自动地从低温物体传向高温物体，使高温物体的温度更高，低温物体的温度更低。这说明热传导过程具有方向性。

2）功热转换过程的方向性：转动着的飞轮，在撤去动力后，由于转轴的摩擦越转越慢，最后停止转动。该过程中由于摩擦生热，机械能全部转换成热能。而相反的过程，即飞轮周围的空间自动冷却，使飞轮由静止转动起来的过程却从未发生过。这说明功热转换过程也具有方向性。

3）气体自由膨胀过程的方向性：如图6-17所示，设隔板将容器分为A、B两室，A室中储有气体，B室中为真空。如果将隔板抽开，A室中的气体自动向B室膨胀，最后气体将均匀分布于A、B两室中，这是气体对真空的自由膨胀。而相反

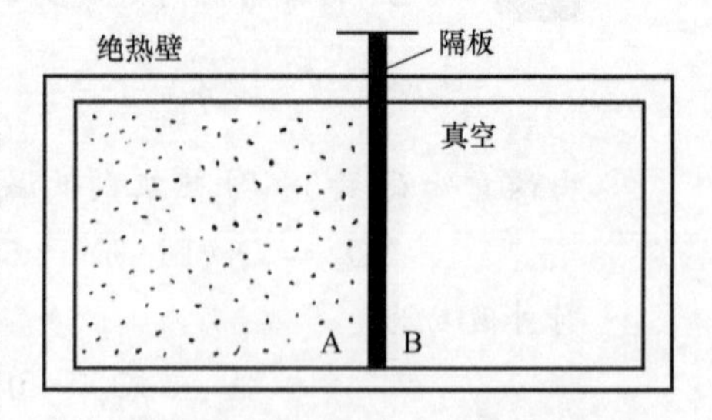

图6-17　气体向真空自由膨胀

的过程，即均匀充满容器的气体，在没有外界作用的情况下，自动收缩到A室中去的过程却从未发生过。这说明气体的自由膨胀也具有方向性。

2. 可逆过程与不可逆过程

从前面的讨论可知，自然界与热现象有关的所有宏观自然过程都具有方向性。为了进一步说明方向性的问题，我们引入可逆过程与不可逆过程的概念。

在系统状态变化的过程中，如果逆过程能重复正过程的每一状态，而且不引起外界的任何变化，这样的过程称为可逆过程；反之，在不引起其他变化的情况下，不能使逆过程重复正过程的每一状态，或者虽然重复但必然会引起其他变化，这样的过程称为不可逆过程。

为进一步理解可逆过程的概念，我们举例说明并讨论过程可逆的条件。

气体的迅速膨胀过程是不可逆的。事实上，气体在迅速膨胀过程中，作用于活塞的压强小于气体内部压强 p，所以气体对外所做的功 $dA_1 < pdV$；在气体迅速压缩中，作用于活塞上的压强大于气体内部的压强 p，所以外界对气体所做的功 $dA_2 > pdV$。因此，当气体膨胀后，虽然可以再把气体压回到原来的体积，但在一个循环中外界要多做功 $A_2 - A_1$。这部分功将变为热而耗散掉，所以气体的迅速膨胀是不可逆的。只有当过程进行得无限缓慢并且不存在摩擦时，气体作用于活塞上的压强才会无限地接近气体内部的压强，从而在一个循环中使 A_2 无限接近 A_1，并且不发生其他变化。也就是说只有在这种情况下，过程才是可逆的。

由上可知，在热力学中，过程的可逆与否和系统经历的中间状态是否平衡密切相关。只有过程进行得无限缓慢，没有由于摩擦引起的机械能耗散，由一系列无限接近于平衡状态的中间状态组成的平衡过程，才是可逆过程。当然，这在实际过程中是办不到的。我们可以实现的是与可逆过程非常接近的过程，也就是说可逆过程只是实际过程在某种精确度上的极限情形。

二、热力学第二定律

上述研究表明，宏观自然过程是不可逆的。热力学第二定律就是阐明宏观自然过程进行方向的规律。任何一个实际自然过程进行方向的说明都可以作为热力学第二定律的表述，而最具代表性的是德国物理学家克劳修斯和英国物理学家开尔文分别于1850年和1851年提出的两种表述。

1. 开尔文表述

19世纪初，由于热机的广泛应用，提高热机的效率成为一个十分迫切的问题。能否制造一种理想的热机，使它的效率达100%？即它在循环过程中，可以把吸收的热量全部转换为功而不放出热量。如果可能的话，就可以只依靠大地、海洋以及大气的冷却而获得机械功。有人估算出，地球上的海水冷却0.01K，就能使全世界的所有机器运转一千多年。这是取之不尽、用之不竭的能源。这种理想的热机称为第二类永动机。这种永动机虽不违反热力学第一定律，但无数的尝试证明，第二类永动机是不可能实现的。

1851年，开尔文通过热机效率即热功转换的研究提出了热力学第二定律的一种表述：不可能制成一种循环动作的热机，只从单一热源吸收热量，使之完全转化为功而不引起其他变化。热力学第二定律的开尔文表述指出，在不引起其他变化的条件下，把吸收的热量全部转换为功是不可能的，效率为100%的第二类永动机是不可能实现的。

在开尔文叙述中，“循环动作”“单一热源”“不引起其他变化”是三个关键条件。应当指出，在等温膨胀过程中，系统从单一热源吸收热量全部用于对外做功，但在该过程中，体积膨胀了，即引起了其他变化，而且它不是循环动作的热机。而要使系统压缩回到原来的状态，必然要释放一部分热量给其他物体，故这一循环对外界产生了其他影响，与开尔文表述相矛盾。

2. 克劳修斯表述

1850年，克劳修斯在大量事实的基础上提出了热力学第二定律的另一种表述：热量不可能自动地从低温物体传向高温物体。克劳修斯表述中，“自动地”是一个关键词，意思是，不需消耗外界能量，热量可直接从低温物体传向高温物体。但这是不可能的。从上一节的制冷机的分析中可以看到，要使热量从低温物体传到高温物体，靠自发的进行是不可能的，必须依靠外界做功。克劳修斯的表述正是反映了热传递这种特殊规律，即热传导过程的方向性。

由此可见，自然界出现的热力学过程是有单方向性的，某一方向的过程是可以自动实现的，而另一方向的过程则不能。热力学第一定律说明在任何过程中能量必须守恒，热力学第二定律却说明并非所有能量守恒的过程均能实现。热力学第二定律是反映宏观自然过程进行的方向和条件的一个规律，它和第一定律相辅相成，缺一不可。

3. 两种表述的等效性

可以证明热力学第二定律的两种表述是完全等效的，即如果开尔文表述成立，则克劳修斯表述也成立；反之克劳修斯表述成立，则开尔文表述也成立。下面我们用反证法加以证明。

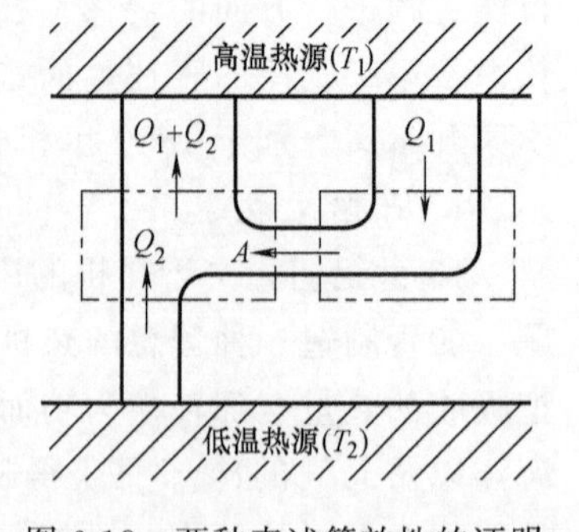

图6-18　两种表述等效性的证明

假定开尔文表述不成立，即热量可以完全转换为功而不产生其他影响。这样，我们可以利用这一热机在一个循环中从高温热源（T_1）吸收热量Q_1，使之完全变为功A，并利用这个功带动制冷机，使之在循环中从低温热源（T_2）吸收热量Q_2，并向高温热源放出热量$A+Q_2=Q_1+Q_2$，如

图 6-18 所示。两台机器联合工作的总效果是不需要外界做功，将热量 Q_2 从低温热源传给了高温热源，而未产生其他影响。由此可见，如果开尔文表述不成立，那么克劳修斯表述也就不成立。同样，如果克劳修斯表述不成立，开尔文表述也是不成立的。

三、卡诺定理

卡诺循环中的每一个分过程都是平衡过程，所以卡诺循环是理想的可逆循环。由可逆循环组成的热机叫可逆热机。但实际热机的工质并不是理想气体，其循环也不是可逆卡诺循环，所以要解决其效率极限问题，还要做进一步探讨。在深入研究热机效率的工作中，1824 年，卡诺提出了工作在温度为 T_1 和温度为 T_2 的两个热源之间的热机，遵从以下两条结论，即卡诺定理。

1）在相同的高温热源和低温热源之间工作的任意工质的可逆机，都具有相同的效率

$$\eta = 1 - \frac{T_2}{T_1} \tag{6-26}$$

2）在相同的高温热源和低温热源之间工作的一切不可逆机的效率都不可能高于（实际上是小于）可逆机，即

$$\eta \leqslant 1 - \frac{T_2}{T_1} \tag{6-27}$$

卡诺定理指明了提高热机效率的方向。首先，要增大高、低温热源的温度差，由于热机一般总是以周围环境作为低温热源，所以实际上只能是提高高温热源的温度；其次，则要尽可能地减少热机循环的不可逆性，也就是减少摩擦、漏气、散热等耗散因素。在热力学第二定律的基础上，利用卡诺定理建立了热力学温标，使温度这一重要物理量的测量有了客观标准。应用卡诺循环和卡诺定理还可以研究物质的某些性质，如表面张力与温度的关系、饱和蒸汽压与温度的关系等。

第六节　熵

热力学第二定律指出，一切与热现象有关的实际宏观过程都是不可逆的。我们知道，热现象是大量分子无规则运动的宏观表现，而大量分子无规则运动遵循着统计规律，据此，我们可以从微观上解释不可逆过程的统计意义，从而对热力学第二定律的本质获得进一步的认识。

一、热力学第二定律的统计意义

为了说明热力学第二定律的统计意义，我们来看一个具体例子，用气体动

力论的观点定性地说明这种不可逆性。假设有一容器，把它分割成容积相等的A、B两部分，如图6-19所示。气体中任一分子在容器中有两种分配方式，即处于A或B中。由于A、B的容积相等，所以任一分子在热运动中出现于A或B中的机会均等，出现的概率都是1/2。如果考虑由两个分子组成的系统，这两个分子在A与B中共有$2\times2=2^2$种分配方式，每种分配方式出现的概率都是$1/2\times1/2=1/2^2$。当系统中含有3个分子时，它们在A与B中就共有2^3种分配方式，每种分配方式出现的概率都是$1/2^3$。一般地说，N个分子在A和B中共有2^N种分配方式，而每种分配方式出现的概率都是$1/2^N$。这种在微观上能够加以区别的每一种方式，就称为一种微观态。

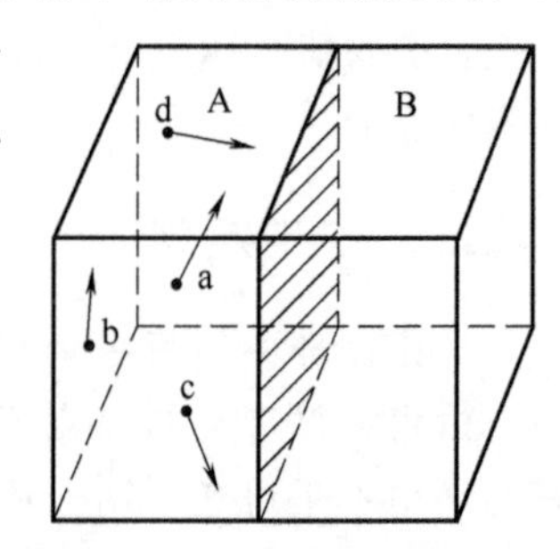

图6-19　热力学第二定律的统计意义

从宏观上描写系统状态时，只能以A或B中分子数目的多少来区分系统的不同状态，但却无法区别A和B中到底是哪些分子。系统的一种宏观状态就是系统中分子的一种分布方式。显然，每种分布方式都可能包含许多分配方式。或者说与每种宏观态对应的可能有许多种微观态。例如，4个分子a、b、c、d在A与B中共有$2^4=16$种分配方式，但却只有5种分布方式，如表6-2中所示。容易看出A中4个（或B中4个）这种分布方式的宏观态，只有一个微观态；而A与B中各两个这种均匀分布方式的宏观态，对应的微观数最多，共有6个微观态。

表6-2　4个分子在A和B中的分布方式

分子位置的分配方式（微观态）		分子数目的分布方式		一种分布方式对应的分配式数
A	B	A	B	
abcd	0	4	0	1
abc abd acd bcd	d c b a	3	1	4
ab cd ac bd ad bc	cd ab bd ac bc ad	2	2	6
a b c d	bcd cda dab abc	1	3	4
0	abcd	0	4	1

由于每一种微观态的出现概率相等，所以对应的可能微观态数目越多的宏观态出现的概率越大，也就是说，系统在其宏观态出现的概率与该宏观态对应的微观态数成正比，不难看出，N个分子全部集中在A和B中的概率最小，只有$1/2^N$，即2^N个可能微观状态中的一种，对于1mol气体来说这个概率为

$$\frac{1}{2^N}=\frac{1}{2^{6\times10^{23}}}\approx10^{-2\times10^{23}}$$

这是微不足道的，实际上是不可能观察得到的。

通过上面的分析可以看出，为什么气体可以向真空自由膨胀，但却不能自动收缩。这是因为气体在自由膨胀的初态（全部集中在A或B中）所对应的微观状态数量少，因而概率最小，最后均匀分布的状态对应的微观状态数量多而概率最大。过程的不可逆性，实际上是反映了热力学系统的自然过程，总是由概率小的宏观态向概率大的宏观态进行，相反的过程，如果没有外界影响，实际上是不可能发生的，最后观察到的系统的状态——平衡态，就是概率最大的状态。对于气体的自由膨胀来说，最后气体将处于分子均匀分布的那种可能微观状态数量多的平衡态。

对于热传导过程和热功转换过程的不可逆过程，也可以做类似的说明。

对于热传导来说，我们知道高温物体分子的平均动能比低温物体分子的大，显然在它们的相互作用中，能量从高温物体传到低温物体的概率也就比反向传递的大。对于热功转换问题，功变为热的过程是外力作用下宏观物体的有规则的定向运动转变为分子的无规则运动，这种转变的概率大。而热转变为功时，是分子的无规则运动转变为宏观物体有规则的运动，这种转变的概率小。因此，指出热传导的不可逆性和热功转换的不可逆性的热力学第二定律，本质上是一种统计性的规律。

由此可以看出，在一个不受外界影响的孤立系统中发生的一切实际过程，都是从概率小（微观态数少）的宏观态向概率大（微观态数多）的宏观态进行，这就是热力学第二定律的统计意义。与之相反的过程，并非绝对不可能发生，只是由于概率极小，实际上是观察不到的，热力学第二定律的统计意义同时表明了它的适用范围只能是大量微观粒子组成的宏观系统，对于粒子数很少的系统则没有意义的。

二、熵

在热力学中，熵的引进可以把热力学第二定律表示为定量的形式，为了进一步介绍熵的概念，先介绍热力学概率的概念。

在热力学中，我们定义任一宏观态所包含的微观态数目为该宏观状态的热力学概率，用符号Ω表示。由上面分析可知，对于孤立系统，在一定条件下Ω

值最大的状态就是平衡态，如果系统原来所处的宏观态的 Ω 值不是最大，那么系统就是处于非平衡态，随着时间的推移，系统将向 Ω 值增大的宏观态过渡，最后达到 Ω 值为最大的平衡态。

玻耳兹曼定义熵 S 与热力学概率 Ω 的自然对数成正比，即

$$S \propto \ln\Omega$$

写成等式有

$$S = k\ln\Omega$$

式中，比例系数 k 是玻耳兹曼常数，上式叫作玻耳兹曼关系。

从上式可以看出：

1）任一宏观状态都具有一定的热力学概率 Ω，因而也就具有一定的熵，所以熵是热力学系统的状态函数。

2）由于热力学概率 Ω 的微观意义是分子无序性的一种量度，而熵 S 与 $\ln\Omega$ 成正比，所以熵的意义也是分子无序性的量度。

引进熵的概念后，热力学第二定律的微观实质可以表述为：在宏观孤立系统内所发生的实际过程总是沿着熵增加的方向进行的，这个规律叫作熵增加原理。若用数学表示式表示，则有

$$\Delta S > 0$$

这里应该注意，熵增加原理只适用于孤立系统的过程，如果系统不是孤立的，则由于外界的影响，系统的熵是可以减少的。另外，熵增加原理所说的熵增加是对整个系统而言的，系统中的个别部分或个别物体，其熵可以增加、可减少或不变。

熵增加原理是在热力学第二定律的统计意义上得出的，因而熵增加原理可视为热力学第二定律的定量表述形式。由于熵是态函数，熵增加原理不受具体过程的限制，它既包含了热力学第二定律的开尔文表述，也包含了克劳修斯表述，它是热力学第二定律更为普遍的、定量的表述。只要将过程的初、末两态的熵变 ΔS 计算出来，便可根据 ΔS 来判断过程的性质和进行方向，$\Delta S>0$，过程不可逆，系统自发地向着熵增加的方向进行；$\Delta S=0$，过程可逆；若 $\Delta S<0$，则过程就不能自发进行了。造成负熵的原因是系统开放系统，系统内部不可逆过程引起的熵增及系统与外界交换中的熵流之和，在适当的条件下为零，例如，生命系统的进化过程。生命系统是一个高度有序的开放系统，与外界有着充分的物质、能量以及熵的交流，因而生物的进化从单细胞生物逐渐演化成丰富多彩的自然界。

思 考 题

6-1 内能与热量的概念有何不同？下列说法是否正确？

(1) 物体的温度越高，则热量越少；　(2) 物体的温度越高，则内能越大。

6-2　有可能对物体加热而不致升高物体的温度吗？有可能不做任何热交换而使物体的温度发生变化吗？

6-3　为什么气体摩尔热容的数值可以有很多个？试说明以下是什么情况下的摩尔热容？

(1) $C_m=0$；　(2) $C_m\to\infty$；　(3) $C_m>0$；　(4) $C_m<0$.

6-4　一定量的理想气体分别经绝热、等温、等压过程后，膨胀了相同的体积，试从 p-V 图上比较这三个过程做功的差异。

6-5　循环过程中系统对外做的净功在数值上等于 p-V 图中闭合曲线所包围的面积，所以闭合曲线所围面积越大，循环效率就越高，这种说法正确吗？

6-6　两个卡诺机共同使用同一低温热源，但高温热源的温度不同，在 p-V 图上，它们的循环曲线所包围的面积相等，它们对外所做的净功是否相同？热机效率是否相同？

6-7　试根据热力学第二定律判断下面两种说法是否正确？

(1) 功可以全部转换为热，但热不能全部转化为功；

(2) 热量能从高温物体传向低温物体，但不能从低温物体传向高温物体。

6-8　一条等温线与一条绝热线能否相交两次？为什么？

6-9　两条绝热线与一条等温线能否构成一个循环？为什么？

6-10　当等温膨胀时，系统吸收的热量全部用来做功，这和热力学第二定律有没有矛盾？

习　题

6-1　在标准状态下（1atm、0℃），1kg 的冰的体积 $V_i=1.091$L。在同样的条件下，1kg 水的体积为 $V=1.000$L，问 1kg 的水处于液态和固态时的内能差为多少？

6-2　1mol 单原子理想气体从 300K 加热到 350K，(1) 容积保持不变；(2) 压强保持不变；问在这两个过程中各吸收了多少热量？增加了多少内能？对外做了多少功？

6-3　一容器中装有单原子理想气体，在等压膨胀时，吸收了 2.0×10^3J 的热量，求气体内能的变化和对外做的功。

6-4　压强为 1.013×10^5Pa，体积为 $1.0\times10^{-3}\text{m}^3$ 的氧气（刚性双原子分子）从 0℃ 加热到 80℃，问：(1) 当压强不变时，需要吸收多少热量？(2) 当体积不变时，需要吸收多少热量？(3) 在等压和等体过程中各做了多少功？

6-5　2mol 氮气，在温度为 300K，压强为 1.0×10^5Pa 时，等温地压缩到 2.0×10^5Pa，求气体放出的热量。

6-6　如习题 6-6 图所示，1mol 氧气 (1) 由 A 等温地变化到 B；(2) 由 A 等体地变化到 C，再由 C 等压地变化到 B。试分别计算氧气所做的功和吸收的热量。

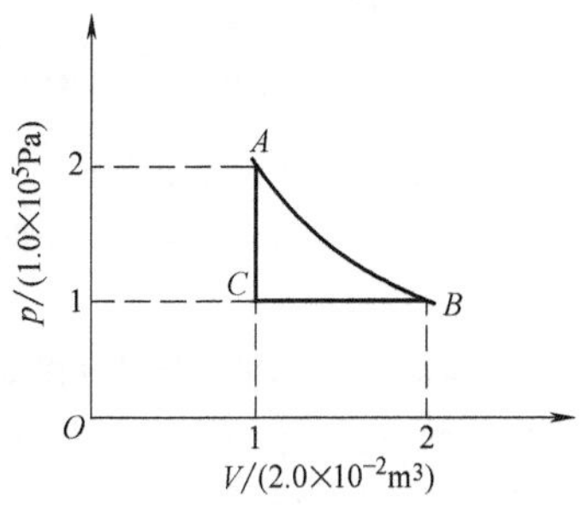

习题 6-6 图

6-7　质量为 0.32kg 的氧气其温度由 300K 升高到

360K，问在等体、等压、绝热三种不同情况下，其内能的变化是多少？

6-8 将体积为$1.0\times10^{-4}\,m^3$，压强为$1.01\times10^5\,Pa$的氢气绝热压缩，其体积变为$2.0\times10^{-5}\,m^3$，求压缩过程中气体所做的功。(氢气的比热容比$r=1.41$)

6-9 如习题6-9图所示，$abcd$为1mol单原子理想气体的循环过程，问：(1) 气体经一个循环从外界共吸收多少热量？(2) 气体经一个循环对外做的净功是多少？

6-10 1mol单原子理想气体，经如习题6-10图所示的循环过程，其中ab为等温过程，且$V_b=2V_a$求循环效率。

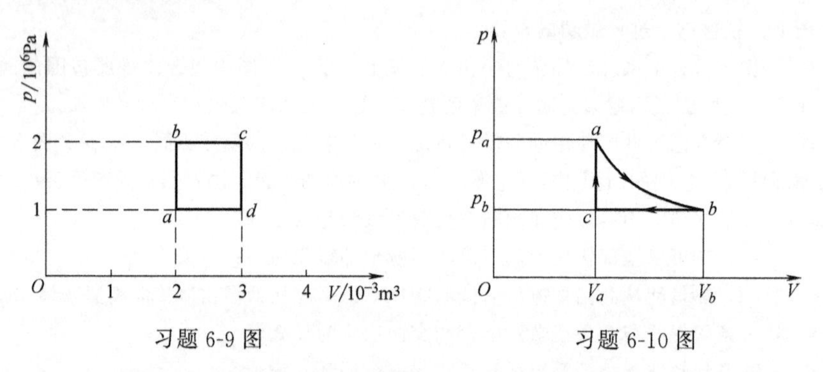

习题6-9图　　　　习题6-10图

6-11 0.32g的氧气做如习题6-11图所示的$ABCDA$循环，设$V_2=2V_1$，$T_1=300K$，$T_2=200K$，求循环效率。(氧气的摩尔定容热容为$21.1J\cdot mol^{-1}\cdot K^{-1}$)

6-12 习题6-12图是某理想气体循环过程的V-T图。已知该气体的摩尔定压热容$C_{p,m}=2.5R$，摩尔定容热容$C_{V,m}=1.5R$，且$V_C=2V_A$，(1) 问图中所示循环是代表制冷机还是热机？(2) 如是正循环(热机循环)，求出循环效率。

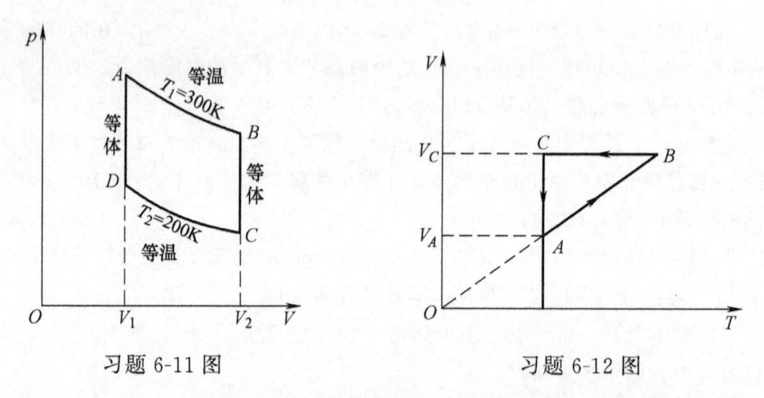

习题6-11图　　　　习题6-12图

6-13 一热机在1000K和300K两热源之间工作，如果(1)高温热源提高到1100K，(2)低温热源降到200K，问理论上热机的效率各增加多少？为了提高热机的效率，哪一种方案更好？

6-14 一热机每秒从高温热源($T_1=600K$)吸收热量$Q_1=3.34\times10^4J$，做功后向低温热源($T_2=300K$)放出热量$Q_2=2.09\times10^4J$，问(1)它的效率是多少？是不是可逆机？(2)如果尽可能提高了热机的效率，每秒从高温热源吸热3.34×10^4J，则每秒最多能做多少功？

第三篇　振动与波动

第七章　机械振动

振动是自然界中的一种普遍的运动形式，任何一个物理量随时间做周期性的变化都可以称为振动。振动现象多种多样，但遵从的基本规律是相同的。例如钟摆的摆动、交流电路中电压和电流的变化、电磁波传播时电场和磁场的变化等都是振动。如果物体在某一位置附近来回做往复运动，称为机械振动。

机械振动的基本规律是研究其他形式的振动、波动以及光波、无线电波等众多学科的基础，它在生产技术和科学研究中有着广泛的应用。

在所有的振动中，最简单、最基本的振动是简谐振动。研究简谐振动的重要性在于，任何复杂的振动，都可以看成是由若干个简谐振动叠加合成。因此，清楚地理解和牢固地掌握简谐振动的规律是研究其他复杂振动的基础。本章着重讨论：（1）简谐振动的特征，描述简谐振动的物理量和谐振动的能量；（2）简谐振动的合成。

第一节　简谐振动

一、简谐振动的特征方程

简谐振动是振动中最简单、最基本的振动形式。从动力学观点来看，物体在弹性力（满足胡克定律）或准弹性力作用下所做的振动称为简谐振动。弹簧振子的运动是简谐振动的典型例子，下面以弹簧振子为例来说明简谐振动的规律。

如图 7-1 所示，一轻质弹簧一端固定，另一端与一质量为 m 的物体相连，这样组成的系统称为弹簧振子。将该系统置于光滑的水平面上，当物体在平衡位置 O 时，弹簧无形变，因此水平方向不受力，而竖直方向重力与支持力相平衡。通常将物体所受的合外力为零的位置称为平衡位置。此时弹簧的长度称为原长，取平衡位置 O 为坐标原点，水平向右取为 x 轴正方向，如图 7-1a 所示。将物体向右拉到 B 处释放，物体受到向左、指向平衡位置大小为 F 的弹性力作用，向平衡位置加速运动，如图 7-1b 所示。随着弹簧的缩短，弹性力不断减小，到达平衡位置时，弹性力为零，速度达到最大，如图7-1c所示。由于惯性，物体继续向左运动，弹簧被压缩，物体此时受到向右指向平衡位置、大小为F的弹性力作用，而且随F的逐渐增大，物体逐渐被减速，到达C处位置时物件的速度为零，弹性力最大，如图7-1d所示。接着物体又在指向平衡位置的弹性力作用下向平衡位置运动，速度渐渐增大，到达平衡位置时，速度又达到最大，如图7-1e所示。此后由于惯性，物体运动到达B点处，速度渐惭减为零，弹性力F达到最大，如图7-1f所示。这样物体完成了一次全振动。此后，物体重复上述过程，在平衡位置附近做来回往复运动。综上所述，物体做振动，一靠系统的弹性力，二靠物体的惯性。

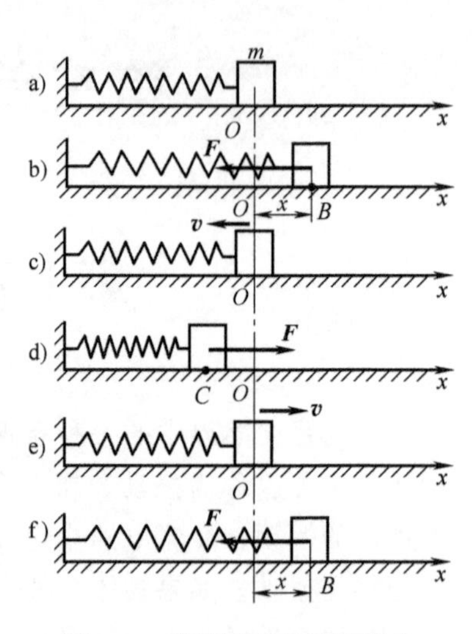

图7-1　弹簧振子的简谐振动

根据弹性力的性质和规律，在弹簧弹性限度内，当物体的位移为x时，物体所受的弹性力的大小为

$$F = -kx \tag{7-1}$$

式中，k是弹簧的劲度系数，k的大小决定于弹簧的材料、形状和大小等；负号表示力与位移的方向相反。式（7-1）称为简谐振动的动力学方程。

物体在弹性力作用下获得的加速度为a，根据牛顿第二定律可得

$$a = \frac{F}{m} = -\frac{k}{m}x$$

令

$$\omega^2 = \frac{k}{m}$$

$$a = \frac{\mathrm{d}v}{\mathrm{d}t} = \frac{\mathrm{d}^2 x}{\mathrm{d}t^2} \tag{7-2}$$

即有

$$\frac{\mathrm{d}^2 x}{\mathrm{d}t^2} + \omega^2 x = 0 \tag{7-3}$$

式（7-3）表明，物体在弹性力作用下获得的加速度a与位移x成正比而反向。具有这种特征的振动即为简谐振动，式（7-3）称为简谐振动的运动学特征方程。

式（7-3）实际上也是简谐振动的微分方程，该方程的解为

$$x = A\cos(\omega t + \varphi) \tag{7-4}$$

式中，A和φ是两个积分常数，其意义和计算将在后面叙述。式（7-4）描述了

简谐振动物体的位移 x 与时间 t 的函数关系，通常称为简谐振动的运动方程。因此我们也可以说，位移是时间的余弦函数或正弦函数的运动称为简谐振动。

当然，假如要判断某一物体是否在做简谐振动，只需证明它是否满足简谐振动方程式（7-1）、式（7-3）或式（7-4）中的任何一式即可。下面我们以单摆为例来分析该系统的运动是否属于简谐振动。

在长为 l 的不可伸缩的轻细绳下端，悬挂一质量为 m 的小球，当绳在竖直位置时，小球处于平衡位置 O，使小球偏离平衡位置后，小球在重力作用下围绕平衡位置来回往复运动，这样的装置称为单摆，如图 7-2 所示。通常以摆线与竖直位置所成的夹角 θ 作为描述单摆位置的物理量，并规定单摆在平衡位置右方时 θ 为正，左方时 θ 为负。当单摆处于 θ 位置时，其所受重力的切向分量为 $G_\tau = mg\sin\theta$，在该分力的作用下，单摆向平衡位置 O 处加速运动，由牛顿第二定律有下式

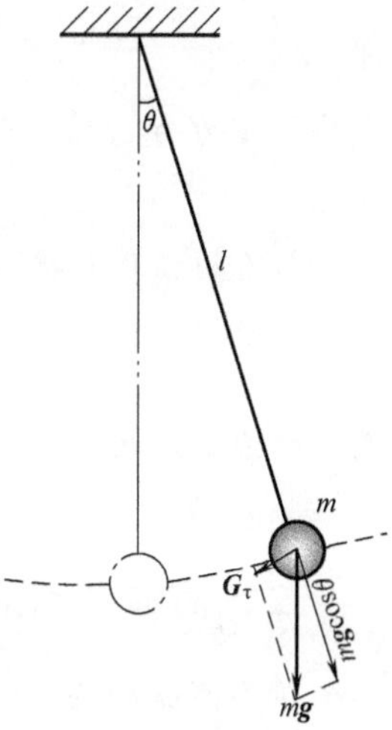

图 7-2　单摆

$$-mg\sin\theta = ma_\tau = ml\frac{\mathrm{d}^2\theta}{\mathrm{d}t^2}$$

即

$$\frac{\mathrm{d}^2\theta}{\mathrm{d}t^2} + \frac{g}{l}\sin\theta = 0$$

可见单摆以任意角度 θ 摆动时，不具备式（7-3）的形式，因此不是简谐振动。但当单摆作小角度摆动时，$\sin\theta \approx \theta$，且令 $\omega^2 = g/l$，则有

$$\frac{\mathrm{d}^2\theta}{\mathrm{d}t^2} + \omega^2\theta = 0 \qquad (7\text{-}5)$$

由式（7-5）可知，只有当单摆做小角度摆动时，单摆的振动近似为简谐振动，在这种情况下重力的切向分力为 $G_\tau = mg\sin\theta \approx mg\theta$，其大小与角位移 θ 成正比，方向与角位移相反，此力的性质与弹性力相似，称为准弹性力。

例 7-1　有一密度为 ρ、棱长为 l 的正方体木块浮于密度为 ρ_0 的液体中。试证明：当用手将木块按一下再松开以后，若忽略液体的黏滞阻力和表面张力，木块将做简谐振动。

解　取木块处于平衡位置时底面的位置为坐标原点，建立坐标系如图 7-3 所示。当木块相对于平衡位置再下移一个量 x 时，所受的浮力为

$$F_{浮} = -\rho_0(x+b)l^2 g$$

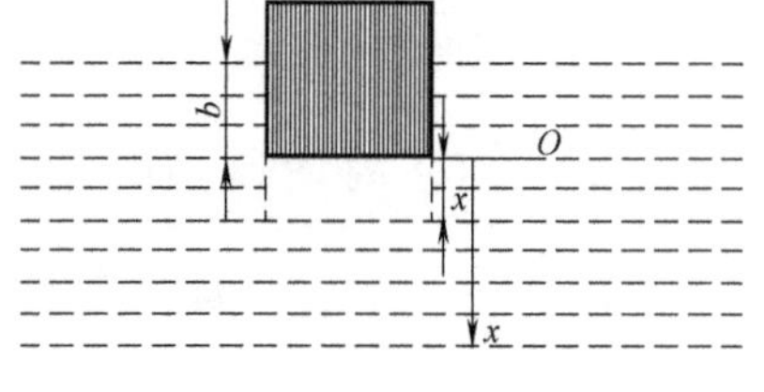

图 7-3　木块做简谐振动

用常数 b 表示平衡时木块浸入液体的深度，并由浮力定律有

$$\rho_0 b l^2 g = \rho l^3 g$$

即

$$b=\frac{\rho}{\rho_0}l(\rho<\rho_0)$$

木块的重力为 $\rho l^3 g$，故木块所受的合力为

$$F = \rho l^3 g - \rho_0 (x+b) l^2 g$$

将 b 的值代入得

$$F = \rho l^3 g - \rho_0 l^2 g x - \rho_0 l^2 g \frac{\rho}{\rho_0} l = -\rho_0 l^2 g x$$

表明合力正比于位移 x 且方向相反，系统必然做简谐振动，并且不难求得：$\omega_0{}^2 = \rho_0 g / \rho l$。

二、简谐振动的速度与加速度

对简谐振动的运动方程式（7-4）求一阶和二阶导数，便得振动物体的速度和加速度分别为

$$v = \frac{\mathrm{d}x}{\mathrm{d}t} = -\omega A \sin(\omega t + \varphi) \quad (7\text{-}6)$$

$$a = \frac{\mathrm{d}^2 x}{\mathrm{d}t^2} = -\omega^2 A\cos(\omega t + \varphi) \quad (7\text{-}7)$$

可见，做简谐振动物体的速度和加速度表达式也是时间的正弦或余弦函数，也在做简谐振动。速度的最大值 $v_{\max} = A\omega$，加速度的最大值 $a_{\max} = \omega^2 A$，分别称为速度振幅和加速度振幅。若以时间 t 为横轴，以位移、速度和加速度为纵轴，设 $\varphi=0$，则可分别画出位移、速度和加速度与时间的关系曲线 x-t，v-t 和 a-t，如图7-4所示。

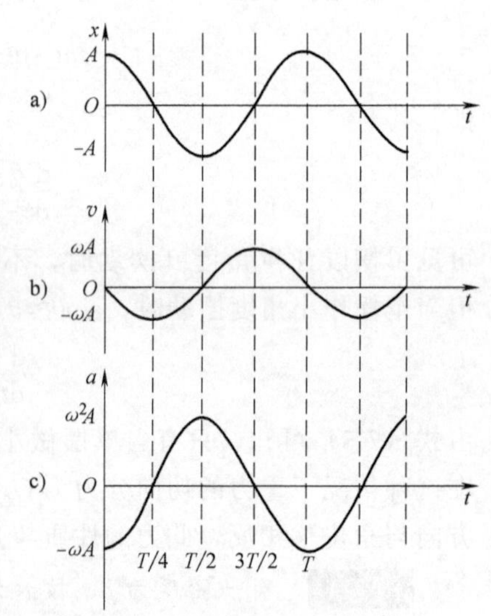

图 7-4 简谐振动关系图

a）x-t b）v-t c）a-t

由图 7-4 可见，简谐振动的位移、速度和加速度都是周期性变化的，当位移最大时，速度为零；在平衡位置时，速度最大；位移大时，加速度也大，但两者总是反向。

三、描述简谐振动的物理量

描述简谐振动的物理量有周期、频率、振幅和相位等。下面分别阐述它们的物理含义。

1. 周期、频率和角频率

简谐振动是一种周期运动。物体做一次完全振动所需的时间称为周期，用 T 表示，单位为 s。根据周期的定义，在简谐振动中，物体在 t 时刻与 $t+T$ 时刻的振动状态应该相同。由式（7-4）应有

$$x = A\cos(\omega t + \varphi) = A\cos[\omega(t+T) + \varphi]$$

显然有

$$T = \frac{2\pi}{\omega} \tag{7-8}$$

周期的倒数称为频率，用 ν 表示，单位是 Hz（$1\text{Hz}=1\text{s}^{-1}$），它表示单位时间（1s）内物体完成全振动的次数，即

$$\nu = \frac{1}{T} = \frac{\omega}{2\pi} \tag{7-9}$$

式中，ω 称为角频率，它的物理意义表示在 2π 秒时间内物体完成全振动的次数，即

$$\omega = 2\pi\nu = \frac{2\pi}{T} \tag{7-10}$$

对于弹簧振子

$$\omega = \sqrt{\frac{k}{m}},\quad T = 2\pi\sqrt{\frac{m}{k}} \tag{7-11a}$$

对于单摆

$$\omega = \sqrt{\frac{g}{l}},\quad T = 2\pi\sqrt{\frac{l}{g}} \tag{7-11b}$$

可以看出，振动系统的周期或频率（或角频率）由系统本身性质所决定，与外界因素无关，因而它们也常被称为固有周期或固有频率（或固有角频率）。

2. 振幅

振动物体离开平衡位置的最大位移的绝对值称为振幅，用 A 表示。显然，物体振动时，它围绕平衡位置，在 $x=A$ 和 $x=-A$ 之间来回往复运动。

3. 相位

式（7-4）中（$\omega t+\varphi$）称为简谐振动的相位，它是确定物体任一时刻 t 的运动状态的物理量。φ 是 $t=0$ 时的相位，称为初相位，它是决定物体初始时刻运动状态的重要物理量。由图 7-4 的 x-t 曲线可见，在同一周期内物体没有相同的状态，即没有相同的（x，v），因而没有相同的相位，而物体在时间相差 T 的整数倍任意两个时刻具有相同的状态，其相位相差是 2π 的整数倍。

振幅 A 和初相位 φ 由初始条件确定。初始时刻 $t=0$ 时物体的状态为(x_0，v_0)，由式（7-4）和式（7-6）可得

$$\left.\begin{aligned} x_0 &= A\cos\varphi \\ v_0 &= -\omega A\sin\varphi \end{aligned}\right\} \tag{7-12}$$

由此可得

$$\begin{cases} A = \sqrt{x_0{}^2 + \dfrac{v_0{}^2}{\omega^2}} \\ \varphi_0 = \arctan\left(-\dfrac{v_0}{\omega x_0}\right) \end{cases} \tag{7-13}$$

即在简谐振动角频率给定的条件下，简谐振动振幅和初相位可由初始条件 (x_0, v_0) 确定。

以上分析表明，在描述简谐振动的三个物理量 A、ω、φ 确定以后，简谐振动方程被完全确定。因此，通常将 A、ω、φ 称为描述简谐振动的三要素。

四、简谐振动的能量

现在以弹簧振子为例来讨论简谐振动的能量。设在任一时刻 t，物体的位移为 x，速度为 v，则简谐振动物体具有的弹性势能 E_p 和动能 E_k 分别为

$$E_p = \frac{1}{2}kx^2 = \frac{1}{2}kA^2\cos^2(\omega t + \varphi) \tag{7-14a}$$

$$E_k = \frac{1}{2}mv^2 = \frac{1}{2}m\omega^2A^2\sin^2(\omega t + \varphi) \tag{7-14b}$$

对于弹簧振子，由于 $\omega = (k/m)^{1/2}$，则有

$$\frac{1}{2}kA^2 = \frac{1}{2}m\omega^2A^2 \tag{7-14c}$$

由式（7-14a）和式（7-14b）可见，简谐振动系统的势能和动能都是时间 t 的周期函数，两者之和为系统任一时刻的机械能

$$E = E_p + E_k = \frac{1}{2}kA^2\cos^2(\omega t + \varphi) + \frac{1}{2}m\omega^2A^2\sin^2(\omega t + \varphi)$$

考虑到式（7-14c），则有

$$E = \frac{1}{2}m\omega^2A^2 \tag{7-15}$$

式（7-15）表明，在振动过程中，振动系统的势能和动能可以相互转换，但总的机械能守恒。总机械能的量值与振动的 ω^2 和 A^2 成正比。因此，对于一给定的振动系统，振幅越大，机械能也就越大。因为简谐振动系统的机械能是恒定的，所以简谐振动亦称为等幅振动。

振动过程中的振动动能、振动势能和机械能随时间的变化曲线如图 7-5 所示。

弹簧振子的势能和动能在一个周期内的平均值分别为

$$\overline{E}_p = \frac{1}{T}\int_0^T E_p\,dt = \frac{1}{T}\int_0^T \frac{1}{2}kA^2\cos^2(\omega t + \varphi)\,dt = \frac{1}{4}kA^2 = \frac{1}{2}E$$

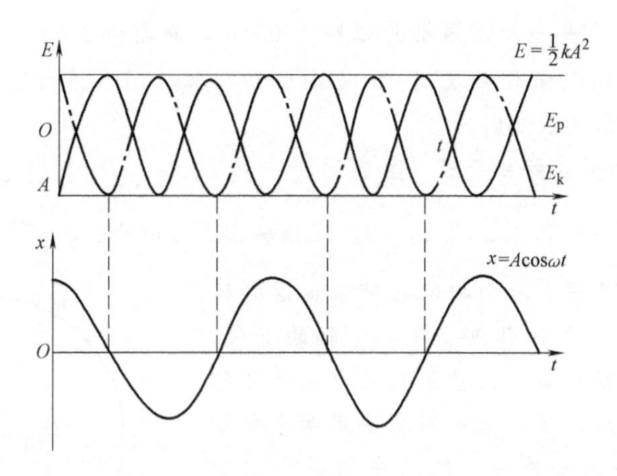

图 7-5 简谐振动过程中机械能变化

$$\overline{E}_k=\frac{1}{T}\int_0^T E_k\mathrm{d}t=\frac{1}{T}\int_0^T\frac{1}{2}m\omega^2A^2\sin^2(\omega t+\varphi)\,\mathrm{d}t=\frac{1}{4}m\omega^2A^2=\frac{1}{2}E$$

即在一个周期 T 的时间内

$$\overline{E}_p=\overline{E}_k=\frac{1}{2}E$$

上式表明，弹簧振子的势能和动能在一周期内的平均值相等，并且各占总机械能的一半。

五、简谐振动的旋转矢量表示法

简谐振动的旋转矢量表示法可以帮助我们更直观地认识简谐振动的位移和时间的关系，更直观地领会简谐振动的三个物理量 A、ω、φ 的物理意义，而且为今后分析简谐振动的合成提供了较为简捷的方法。

如图 7-6 所示，在 x 轴的原点 O 作一长度为 A 的矢量 $\mathbf{A}$，这个矢量也称为旋转矢量（或振幅矢量），使 $\mathbf{A}$ 绕 O 点以匀角速度 ω 逆时针方向旋转。设 $t=0$ 时，$\mathbf{A}$ 与 x 轴的夹角为 φ。在任一时刻 t，$\mathbf{A}$ 与 x 轴的夹角为 $(\omega t+\varphi)$，则 $\mathbf{A}$ 的端点在 x 轴上的投影点 P 的坐标为

$$x=A\cos(\omega t+\varphi)$$

可见，$\mathbf{A}$ 的端点在 x 轴上的投影点 P 的运动可用来表示物体的简谐振动。简谐振动的旋转矢量表示法在振动合成、波的干涉、电工学和无线电学等内容的研究中被广泛地采用。

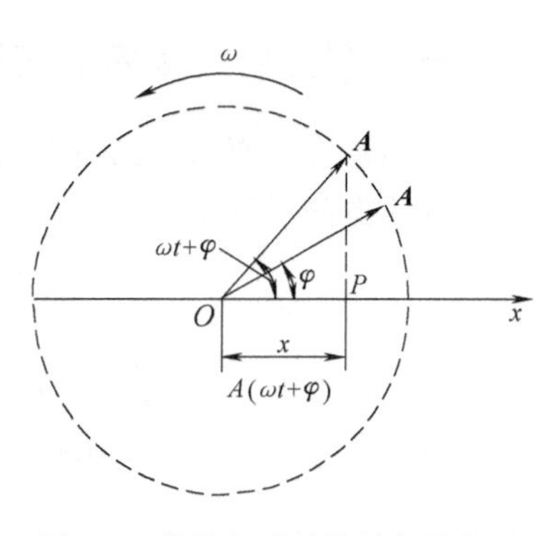

图 7-6 简谐振动的旋转矢量表示

例 7-2　已知一简谐振动的振幅为 0.1m，周期为 1.2s。若在 $t=0$ 时，质点位于 $x_0=-0.05$m 处且正朝 $-x$ 方向运动，求：（1）振动的初相位；（2）达到平衡位置所需的最短时间。

解　画出旋转矢量图（图 7-7），

（1）由 $x_0=-0.05$m 及 $v_0<0$，直接从图上可解得：$\varphi=\dfrac{2\pi}{3}$

从旋转矢量图上解初相位 φ 可依据这样的步骤进行：首先过 x_0 作垂直于参考轴的直线，由原点向该直线与旋转矢量圆的两个交点可作两个矢量；然后，根据 x_0 的正负决定两个矢量中哪一个符合已知条件。取其中的一个（如图 7-7中的 A_0 和 A_0'，取 A_0 而舍 A_0'）；于是，由参考轴沿逆时针方向到所确定的矢量 $\boldsymbol{A}_0$ 之间的夹角就是振动的初相位 φ。

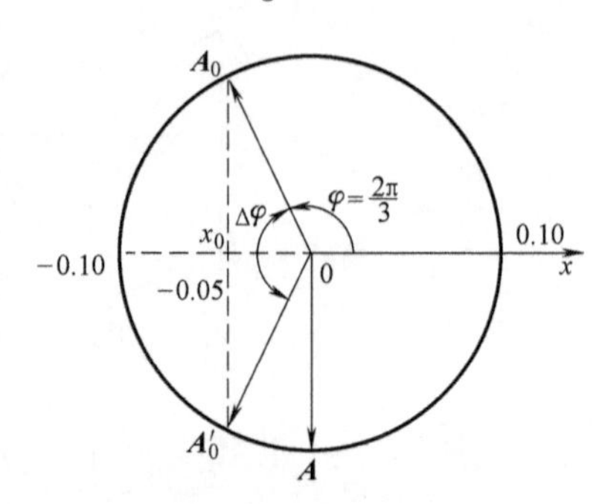

图 7-7　例 7-2 图

（2）在图中，$\boldsymbol{A}_0$ 旋转到 $\boldsymbol{A}$ 时，谐振子通过平衡位置，其中 $\Delta\varphi=\dfrac{5\pi}{6}$，于是所求时间为

$$\Delta t=\frac{\Delta\varphi}{w}=\frac{T}{2\pi}\Delta\varphi=\frac{1.2}{2\pi}\times\frac{5\pi}{6}=0.5\text{s}$$

第二节　简谐振动的合成

一个质点可以同时参与两个或两个以上的振动，这就需要研究振动的合成问题。一般说来，振动的合成是相当复杂的，在这里我们只讨论几种特殊的振动合成情况。

一、同方向同频率的简谐振动的合成

设质点在一直线上同时参与两个角频率同为 ω 的简谐振动，现取此直线为 x 轴，取质点的平衡位置为原点，则这两个简谐振动可表示为

$$x_1=A_1\cos(\omega t+\varphi_1)$$

$$x_2=A_2\cos(\omega t+\varphi_2)$$

因为 x_1 和 x_2 分别表示在同一直线上离开同一平衡位置的位移，所以合位移 x 应等于上述两个位移的代数和，即

$$x=x_1+x_2=A_1\cos(\omega t+\varphi_1)+A_2\cos(\omega t+\varphi_2) \tag{7-16}$$

将余弦函数展开再重新组合，可得

$$x=(A_1\cos\varphi_1+A_2\cos\varphi_2)\cos\omega t-(A_1\sin\varphi_1+A_2\sin\varphi_2)\sin\omega t$$

令

$$\begin{cases}A_1\cos\varphi_1+A_2\cos\varphi_2=A\cos\varphi\\A_1\sin\varphi_1+A_2\sin\varphi_2=A\sin\varphi\end{cases}$$

由上面两式，我们总可以将 A 和 φ 求出来，解的结果是

$$\begin{cases}A=\sqrt{A_1{}^2+A_2{}^2+2A_1A_2\cos(\varphi_1-\varphi_2)}\\\varphi=\arctan\dfrac{A_1\sin\varphi_1+A_2\sin\varphi_2}{A_1\cos\varphi_1+A_2\cos\varphi_2}\end{cases}\tag{7-17}$$

因此

$$\begin{aligned}x&=A\cos\varphi\cos\omega t-A\sin\varphi\sin\omega t\\&=A\cos(\omega t+\varphi)\end{aligned}$$

由此可见，同方向同频率的两个简谐振动合成后仍为一简谐振动，角频率仍为 ω，合振动的振幅 A 和初相位 φ 由式（7-17）确定。

上述合成振动也可以用矢量图法方便地得到。如图 7-8 所示。在 x 轴上取原点 O，自原点分别作两个振幅矢量 $\boldsymbol{A}_1$ 和 $\boldsymbol{A}_2$，在 $t=0$ 时刻 $\boldsymbol{A}_1$ 与 x 轴夹角为 φ_1，$\boldsymbol{A}_2$ 与 x 轴夹角为 φ_2。当两个振幅矢量以相同角速度 ω 逆时针当动时，则二者在 x 轴上的投影之和必等于合矢量 $\boldsymbol{A}=\boldsymbol{A}_1+\boldsymbol{A}_2$，即为合振动的振幅在 x 轴上的投影。合矢量在 $t=0$ 时与 x 轴的夹角即为合振动的初相位 φ。因为两个振幅矢量 $\boldsymbol{A}_1$ 和 $\boldsymbol{A}_2$ 都以相同角速度逆时针转动，所以二者之间夹角（$\varphi_2-\varphi_1$）始终保持不变，因此，合矢量 $\boldsymbol{A}$ 也必然以 ω 的角速度一起做逆时针转动。于是，$\boldsymbol{A}$ 在 x 轴上的投影为 $x=A\cos(\omega t+\varphi)$，这样，由投影计算便很容易得到式（7-17）。

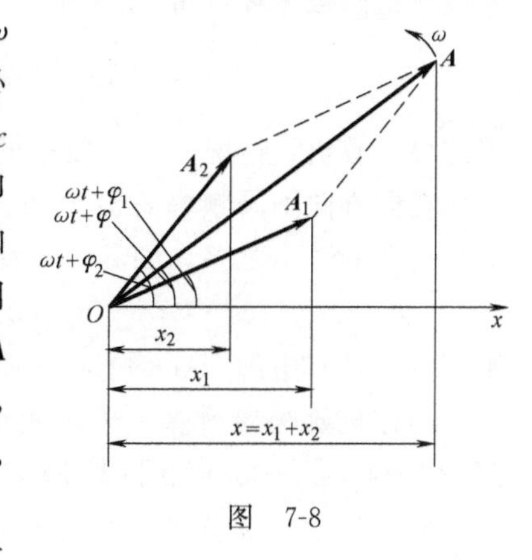

图 7-8

从式（7-17）可以看出，合振动的振幅不但与两个分振动的振幅有关，而且还与它们的相位差（$\varphi_2-\varphi_1$）有关。下面分别讨论几种情况：

（1）当相差 $\varphi_2-\varphi_1=\pm2n\pi$（$n=0$，1，2，3，…）时，$\cos(\varphi_2-\varphi_1)=1$，于是合振动振幅为

$$A=\sqrt{A_1{}^2+A_2{}^2+2A_1A_2}=A_1+A_2$$

即若两分振动的相位相同，则合振动的振幅为分振动的振幅之和。这是合振幅的最大可能值。

（2）当相差 $\varphi_2-\varphi_1=\pm(2n+1)\pi$（$n=0$，1，2，3，…）时，$\cos(\varphi_2-\varphi_1)=-1$，于是合振动振幅为

$$A=\sqrt{A_1{}^2+A_2{}^2+2A_1A_2}=|A_1-A_2|$$

即若两分振动的相位相反，则合振动的振幅为分振动的振幅之差的绝对值。这也是合振幅的最小可能值。

(3) 一般情况下，两分振动既不同相位亦不反相位，则合振幅的值在 (A_1+A_2) 与 $|A_1-A_2|$ 之间。

上面的结论在研究波的干涉等应用时有重要的应用。

二、两个同方向不同频率的简谐振动的合成

设质点在一直线上同时参与两角频率不同的简谐振动，为了突出角频率不同而引起的效果和简化计算，我们假设这两个分振动的振幅相同，初相位也相同。它们的表达式分别为

$$x_1 = A\cos(\omega_1 t+\varphi)$$
$$x_2 = A\cos(\omega_2 t+\varphi)$$

于是合振动的表达式为

$$x = x_1 + x_2 = A\cos(\omega_1 t+\varphi) + A\cos(\omega_2 t+\varphi)$$

经过三角函数运算可得

$$x = 2A\cos\left(\frac{\omega_2-\omega_1}{2}t\right)\cos\left(\frac{\omega_2+\omega_1}{2}t+\varphi\right) \tag{7-18}$$

因此可以看出，情况是相当复杂的。

在同方向不同频率简谐振动合成的问题中，若两分振动的频率之和远大于两分振动的频率之差，则其合振动具有特殊的意义。现假设

$$|\omega_2-\omega_1| \ll \omega_2+\omega_1$$

则式 (7-18) 中的 $2A\cos[(\omega_2-\omega_1)/2t]$ 随时间的变化比 $\cos[(\omega_2+\omega_1)/2t+\varphi]$ 随时间的变化要缓慢得多。于是我们可以将式 (7-18) 表示的运动看作是振幅按照 $|2A\cos[(\omega_2-\omega_1)/2t]|$ 缓慢变化而角频率等于 $(\omega_2+\omega_1)/2$ 的振动。例如图 7-9 所示的情况就是一个具体例子。

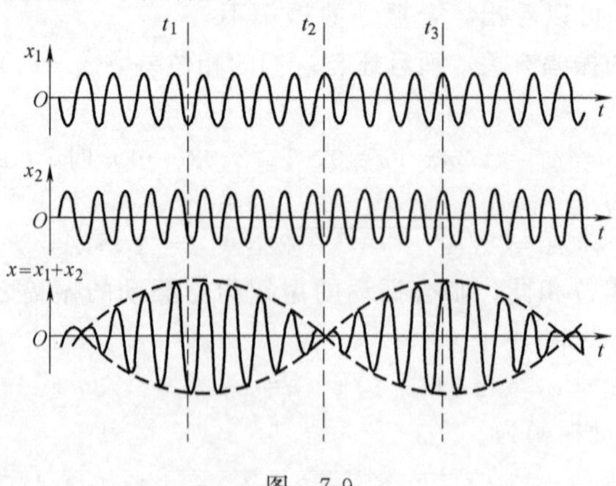

图　7-9

在这里，合振动的振幅是随时间做周期性变化的，这种周期性变化称为拍。合振动振幅每变化一个周期称为一拍。单位时间内拍出现的次数称为拍频。若用 T' 表示合振动振幅的变化周期，则有

$$\left|2A\cos\left(\frac{\omega_2-\omega_1}{2}t\right)\right| = \left|2A\cos\left[\left(\frac{\omega_2-\omega_1}{2}\right)(t+T')\right]\right|$$

于是

$$\left|\frac{\omega_2-\omega_1}{2}T'\right| = \pi$$

$$T' = \left|\frac{2\pi}{\omega_2-\omega_1}\right|$$

因此拍频为

$$\nu' = \frac{1}{T'} = \left|\frac{\omega_2-\omega_1}{2\pi}\right| = |\nu_2-\nu_1|$$

式中，ν_2 和 ν_1 分别为两个分振动的频率。

拍现象可以用下面的方法来显示：使两个频率相差很小的音叉同时振动，这时就会感觉到周期性的时强时弱的声音，这就是拍。在双簧管乐器中，每一个音是由两个簧片发出的，这两个簧片的振动频率有微小的差别，所以发出来的声音有高低起伏的感觉，比较优美动听。拍的现象在声学、光学以及无线电技术等领域中都有广泛的应用。

三、相互垂直同频率两简谐振动的合成

设一质点同时参与两相互垂直同频率的简谐振动，其振动方程分别为

$$x = A_1\cos(\omega t+\varphi_1)$$

$$y = A_2\cos(\omega t+\varphi_2)$$

在任一时刻 t，质点的轨迹方程为

$$\frac{x}{{A_1}^2}+\frac{y}{{A_2}^2}-\frac{2xy}{A_1A_2}\cos(\varphi_2-\varphi_1) = \sin^2(\varphi_2-\varphi_1)$$

图 7-10 所示为 $\varphi_2-\varphi_1$ 取不同值时合振动的质点运动轨迹。可以看到，在一般情况下，质点的运动轨迹是椭圆，在特殊条件下为直线。反之，任何一个直线谐振动、椭圆或圆周运动，总是可以分解成两个互相垂直同频率的简谐振动。这个结论具有普遍意义。

对于两个互相垂直不同频率谐振动的合成，如果两个分振动的频率成简单的整数比，则质点的轨迹一般形成闭合的曲线并构成稳定的图形，这种图形称为李萨如图形。图 7-11 所示为李萨如图形中的一部分。利用示波器可以清楚地把这些图形显示出来。

利用李萨如图形，我们可以判断两个合振动的角频率之比，从而由一个振

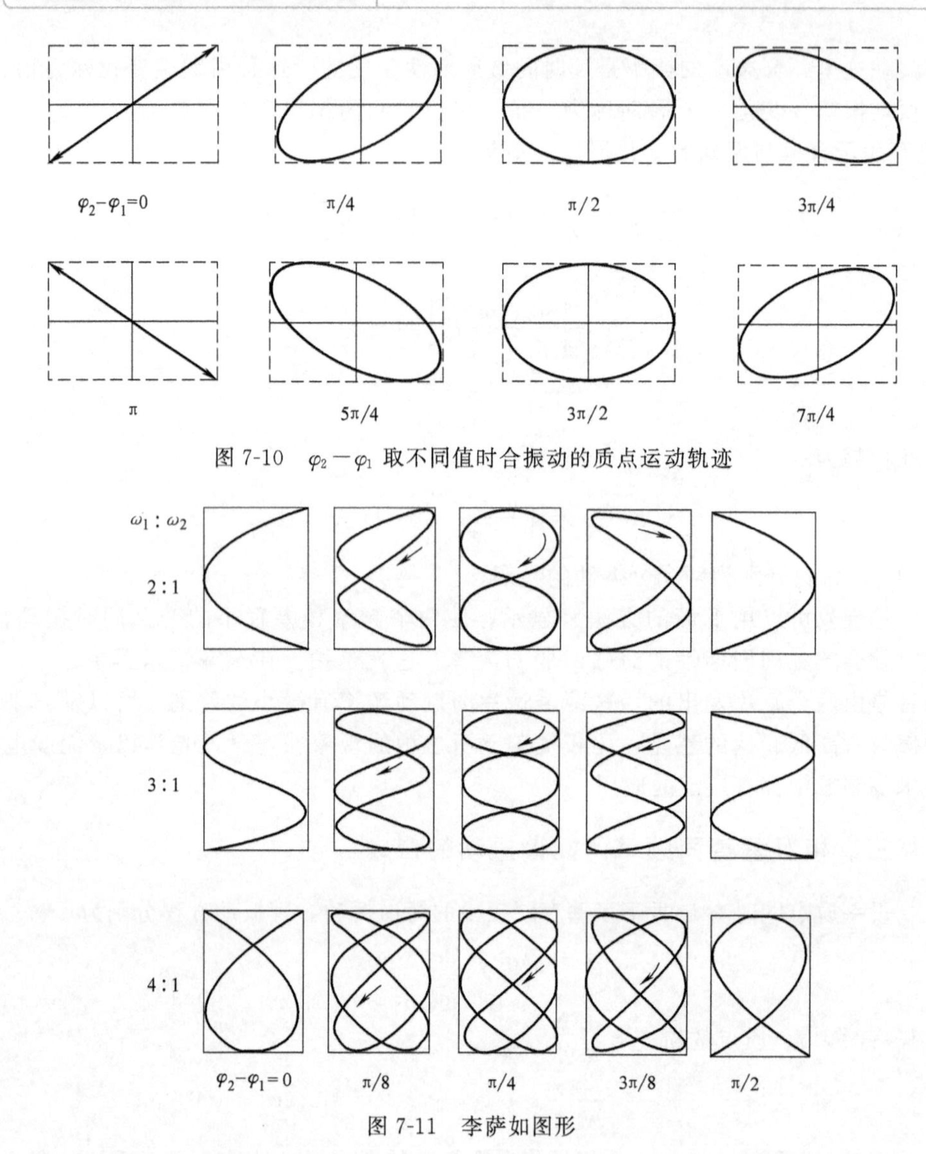

图 7-10　$\varphi_2-\varphi_1$ 取不同值时合振动的质点运动轨迹

图 7-11　李萨如图形

动的已知频率求出另一个振动的未知频率，这是无线电技术中常用的一种测频方法，这种方法是比较简便的。最后还要指出，关于任意两个简谐振动的合成问题，都可以用前面所讲过的旋转矢量法来研究。

第三节　阻尼振动　受迫振动　减振原理

一、阻尼振动

前面讨论的简谐振动是一种不考虑阻力的理想情况，而实际情况中阻力总是存在的。在振动过程中，系统将不断消耗自身的能量克服阻力做功，使物体的振幅不断地减小。这种振动能量（或振幅）随时间不断减小的振动，称为阻尼振动。

阻尼振动的能量减少方式通常有两类：一类是由于摩擦力的存在，使振动系统的机械能转化为热能，这种阻尼称为摩擦阻尼；另一类是由于振动系统引起邻近质点振动，使系统能量向四周辐射，振动的能量转变为波动的能量，这种阻尼称为辐射阻尼。例如音叉振动，不仅有摩擦阻尼，而且有辐射阻尼，使音叉的振动能量逐渐减小，最终停止振动。

图 7-12a 所示为阻尼振动的位移-时间曲线。由此曲线可见：阻尼振动的振幅随时间不断减小并逐渐趋于零；阻尼振动的振幅在一个极大值出现之后，相隔一段固定时间后就出现一个较小的极大值。这段固定的时间称为阻尼振动的周期。但严格地说，阻尼振动不能算是周期运动，因为振幅不能在每一周期后回复到原值。因此，常将阻尼振动叫作准周期运动。实验与理论都表明，阻尼振动的周期比无阻尼时的固有周期要长。阻尼越大，振幅衰减越快，阻尼周期将越长。当阻尼过大，以致系统在未完成一次振动以前，就已经将能量消耗完毕，系统经历非周期性方式回到平衡位置，这种振动称为过阻尼振动，如图 7-12b 所示。如果物体到达平衡位置时的速度恰好为零，这种阻尼叫作临界阻尼。

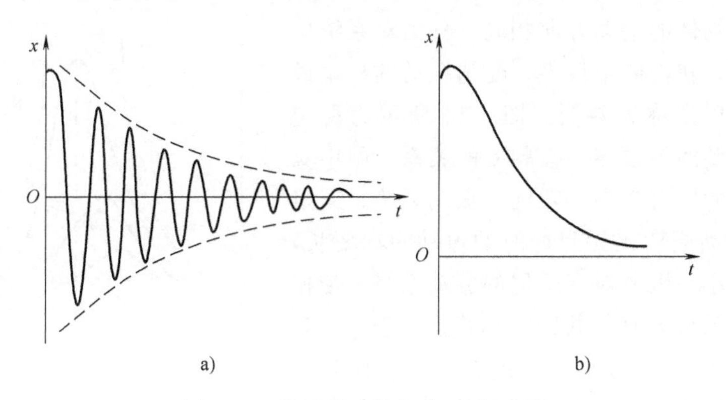

图 7-12　阻尼振动的位移-时间曲线

在实际生活中，根据不同的需求可以控制阻尼的大小。例如，在某些情况下为减振或防振，需要加大阻尼，在灵敏电流计等精密仪表中，为使指针尽快停止偏转，常使电流计的偏转系统处于临界阻尼状态；在另一些情况下，可以添加润滑剂来减小阻尼等。

二、受迫振动和共振

振动系统在周期性外力作用下的振动称为受迫振动，这种周期性外力叫作强迫力或策动力。振动系统在周期性外力作用下的振动，初始阶段总是比较复杂的、不稳定的，随后趋于稳定。如扬声器中纸盒的振动，电话耳机中膜的振动，各种乐器中薄木板的振动以及火车、汽车在桥上行驶时引起的桥梁的振动等，都是在周期性外力作用下的受迫振动实例。

如果外力是按简谐振动规律变化的，则达到稳定状态后，受迫振动将是简谐振动，振动的振幅恒定不变，且其大小与周期性外力的大小、频率以及系统的固有频率等有关，如图 7-13 所示。受迫振动的周期与强迫力的周期相同，但理论证明，它们的相位并不相同，两者间有一个随时间而变化的相位差，这个相位差与振动系统的阻尼大小、固有频率以及外力的频率有关。因此，在受迫振动的一个周期内，外力的方向与物体运动的方向有时相同，有时相反。方向相同时外力对系统做正功，供给系统能量；方向相反时，外力对系统做负功，使系统的能量减少。

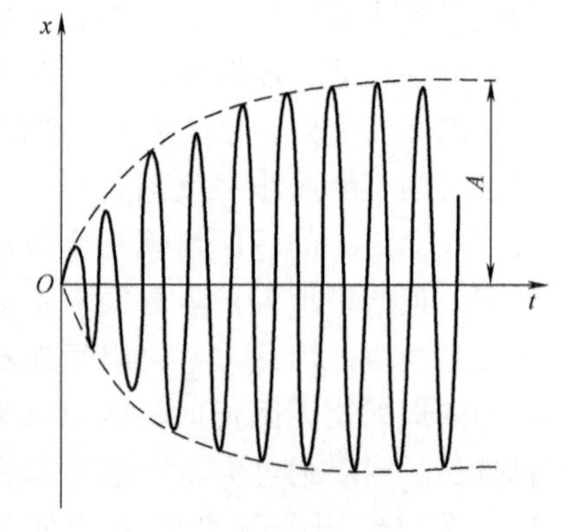

图 7-13　受迫振动

当外力的频率 ν 与振动系统的固有频率 ν_0 相近时，在整个周期内，外力的方向和振动物体的运动方向相同，外力对系统始终做正功，获得能量最多，受迫振动的振幅最大，这种现象称为共振。图 7-14 所示为稳定的受迫振动的振幅与外力频率的关系。图中 ν_0 表示系统的固有频率。对同一振动系统，有阻尼时的振动周期比无阻尼时的振动周期要长，即频率要小，因此对有阻尼的振动系统，使振动振幅达到最大时的共振频率总是小于固有频率 ν_0。由图 7-14 可见，阻尼越大，共振频率与 ν_0 的差别越明显；阻尼趋于零时，振幅趋于无限大。事实上，这种情况下的振动系统在未达到稳定状态以前就可能遭到破坏了。

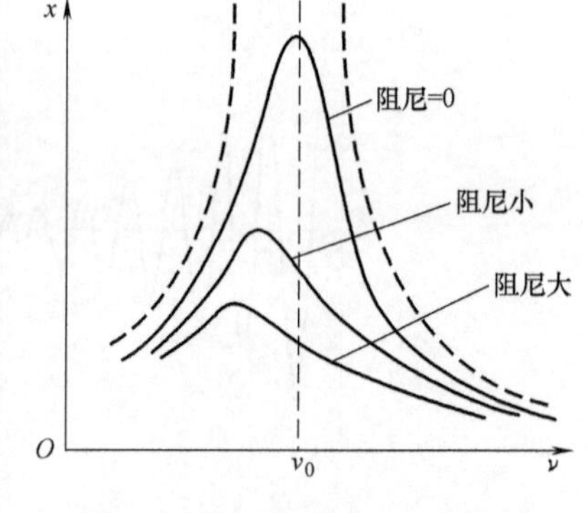

图 7-14　稳定的受迫振动的振幅与外力频率的关系

共振现象十分普遍，也极其重要。在声学、光学、无线电、原子物理、原子核物理和各种工程技术领域中，都会遇到各种各样的共振现象。许多乐器的发音原理利用了共振现象；收音机的调谐电路利用了电磁共振现象。共振也有许多害处。共振使得刚刚建成四个月的美国塔科玛大桥毁于一场海风。因此，桥梁、厂房、高层建筑的设计者们都应估计到共振的危害，避免系统的固有频率恰好能导致与外部振动的共振响应。

三、减振原理

当机器运转时，外界对系统的激励（即作用）引起振动，不仅损害机器的正常工作，同时也对周围环境产生不良的影响。外界的强烈振动对工农业生产、科学研究或日常生活都能产生严重的危害，特别是高精度仪器设备在使用过程中要求相当的稳定和安静环境，例如全息照相等，对减振和隔振的要求日益迫切。

减少振动的方法很多，视具体问题区别对待。目前常用的方法大致有以下几方面。

（1）消除或抑制振源强度　外界激励的存在是产生受迫振动的原因，因此消除振动的根本办法就是消除产生激励的来源。例如对高速转子进行完善的动平衡，减小其不平衡质量产生的激振力；将路面铺设得尽可能的平坦光滑，减轻路面不平对车轮的冲击力；减少高层建筑物的迎风面积，减轻它承受的风力；所有这些措施都是消除或抑制振源强度的。

（2）避开共振区　外界振动力虽然可以减少到很低的程度，但不能完全消除。因此，为了避免共振，通常机器可以采取避开共振区工作的方法，使机器本身的固有频率尽可能与外界振动频率远离。例如飞机机翼的固有频率尽可能与发动机工作频率和气流频率远离，以避免产生共振折断机翼。

（3）隔振措施　在振源和减振体（要求降低振动强度的物体）之间插进柔软的衬垫，依靠它的变形减轻振源对减振体的作用，通常称为隔振。用来隔振的装置称为隔振器。例如，汽车的充气轮胎、仪器包装箱内泡沫塑料填充物、火车车厢和车轮间装有的硬弹簧等。

（4）阻尼消振　前面在讲到阻尼振动时曾提到，依靠阻尼力可消耗和吸收振动源的能量，达到消振的目的。在实际问题中，常将几种减振措施联合使用。例如，全息照相中隔振措施常采用空气弹簧，使用重量较大的工作台以降低系统的固有频率，使用低压充气囊以增大阻尼，达到较好的减振效果。

思考题

7-1　试判断下述运动是否为简谐振动：

（1）皮球上下跳动，且与地面弹性相碰；

（2）质点在光滑的凹球面底部附近来回运动；

（3）一个正电荷在两个等量正电荷的中央处附近来回运动。

7-2　试以弹簧振子为例，说明弹性和惯性对产生振动有何影响？对振动的周期有何影响？

7-3　与处在实验室参照系的情形相比，下列情形下谐振动的周期有何变化？

（1）加速上升的升降机中悬挂的弹簧振子；

（2）沿斜面加速下滑的小车中悬挂的单摆；

（3）装在弹簧上的宇航员的座车降落到月球上时。

7-4 弹簧振子系统的劲度系数和振子质量均为未知。给你一把尺子，你能否测知系统的振动周期？

7-5 线长相同的两个单摆并排悬挂于同一点 O，质量 $m_1<m_2$。使它们左右分开到与竖直方向成 $\theta=4°$、$\theta=5°$角，然后同时释放，它们将在何处相碰？

7-6 问在下述两种情形下，弹簧振子的初相位有何不同？

（1）弹簧振子水平放置，以平衡位置为坐标原点和以最大位移处为坐标原点相比；

（2）弹簧振子竖直放置，以平衡位置为坐标原点和以弹簧无伸长时振子的位置为坐标原点相比。

7-7 在弹簧振子沿水平方向做简谐振动时，弹性力在一个周期内做功多少？在半个周期内做功多少？在四分之一个周期内呢？分析中皆以 $t=0$ 为时间起点，并设初相位$\varphi=0$。

7-8 两个同振动方向同频率的简谐振动有相同的振幅 A，相同的振动能量 $E_0\propto A^2$，合成后，能量可能等于 $E=4E_0$（同相位），也可能为 0（反相位），还可能为 $0\sim4E_0$间的其他值。这是否违背能量守恒？

习　题

7-1 质量为 10×10^{-3}kg 的小球与轻弹簧组成的系统，按 $x=0.1\cos\left(8\pi t+\dfrac{2\pi}{3}\right)$的规律做振动，式中 t 以 s 计，x 以 m 计。（1）求振动的角频率、频率、周期、振幅和初相位，及最大回复力；（2）问在 $t=1$s、2s、5s、10s 等各时刻振动的相位各是多少？

7-2 一弹簧水平放置，在受到 1N 的拉力时，伸长 5.0cm。现在其末端系上一个质量为 0.064kg 的物体，并拉长 10cm 后放手任其自由振动。求该弹簧振子的周期、最大速度和最大加速度。

7-3 手持一块平板，板上放一质量为 0.50kg 的砝码。现使平板在竖直方向上振动，并设为简谐振动，频率为 2Hz，振幅为 0.04m，问：（1）位移最大时，砝码对平板的压力为多大？（2）振幅为多大时，会使砝码脱离平板？（3）若振动频率加快一倍，又保持砝码与平板的接触，则振幅的极大值为多少？

7-4 一弹簧振子沿水平方向振动，当 $t=2$s 时，振子过平衡位置且沿 x 轴正方向运动；当$t=0$ 时，振子位于 $A/2$ 处且沿 x 轴负方向运动。求振动的周期和初相位。

7-5 习题 7-5 图所示为两个振幅和频率都相同的简谐振动曲线。试分别写出它们的振动方程，并指出在相位上谁超前？超前多少？

7-6 在习题 7-6 图所示系统中，起初弹簧与质量为 m_1 的空盘处于平衡状态。当质量为 m_2 的物体由 h 高度自由下落到盘中后，与之一起开始做简谐振动。（1）此时系统的振动周期与空盘子做振动时的周期有何不同？（2）此时振幅有多大？（3）取系统平衡位置为原点，位移以向下为正，并以开始振动时为时间原点，求振动的初相位，并写出振动方程。

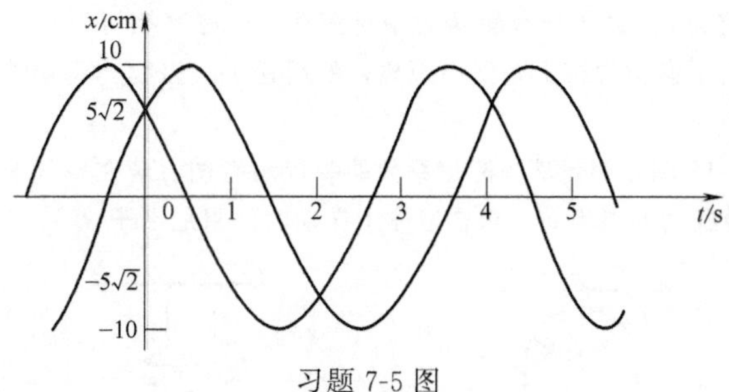

习题 7-5 图

7-7 在习题 7-7 图所示装置中，弹簧的劲度系数为 $k=50\text{N/m}$，滑轮的转动惯量为 $J=0.02\text{kg}\cdot\text{m}^2$，半径 $R=0.2\text{m}$，物体质量为 $\text{m}=1.5\text{kg}$，并取 $g=10\text{m/s}^2$。求：(1) 系统处于静止时弹簧的伸长量和绳中的张力；(2) 将物体 m 用手托起 0.15m，求此时弹簧的伸长量和绳中的张力；再突然放手，任 m 下落，此后物体开始振动。(3) 设绳子质量不计、长度不变，绳子与滑轮间不打滑，滑轮轴承处摩擦不计，试证：物体 m 做简谐振动，并计算振动的周期。

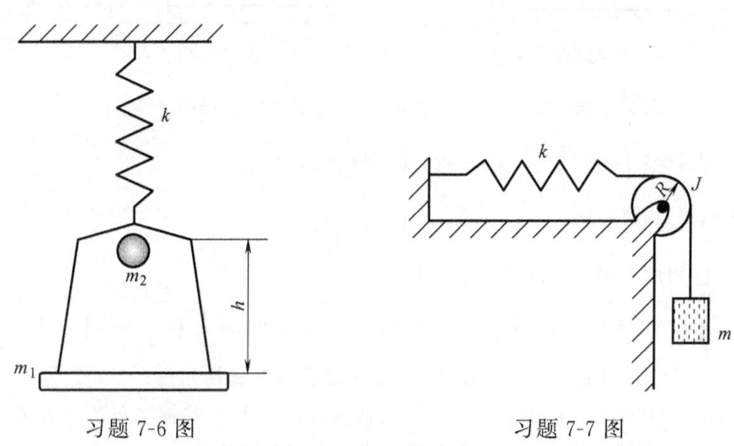

习题 7-6 图　　　　习题 7-7 图

7-8 一均匀细杆质量为 m_1、长为 l，可绕其一端的水平轴在竖直平面内自由摆动。今有一速度为 v_0、质量为 $m_2=\dfrac{1}{10}m_1$ 的子弹，水平地射入杆中距转轴下的 $2l/3$ 处，开始杆自由垂下处于静止。求系统的振动方程。

7-9 一质量为 0.50kg 的质点做简谐振动，其周期为 0.1s，振幅为 0.1m。当质点离开平衡位置 0.05m 时，其加速度为多大？所受的作用力为多大？动能和势能各为多大？

7-10 质量为 0.20kg 的某质点的振动方程为

$$x=0.60\sin 5t-\left(\frac{\pi}{2}\right)$$

式中，x 以 m 计，t 以 s 计。求：(1) 振动的振幅和周期；(2) 速度振幅和加速度振幅；(3) 振动的能量、平均动能和平均势能；(4) 动能和势能相等的时刻。

7-11 在习题 7-11 图中，定滑轮半径为 R，转动惯量为 J，其上搭一条轻绳。绳子一端系有一质量为 m 的物体，另一端与一轻弹簧相连。弹簧处于竖直方向，下端固定于地上，其劲度系数为 k。绳子与滑轮间无相对滑动，所有摩擦皆不计。试用能量的观点证明：若将物体由平衡位置拉下一微小距离，然后松手，该物体将做简谐振动，并计算振动的周期。

7-12　习题 7-12 图是测量液体阻尼系数的装置示意图。若在空气中测得振动频率为 ν_1，在液体中测得振动频率为 ν_2，求在液体中振动时的阻尼因子 β。

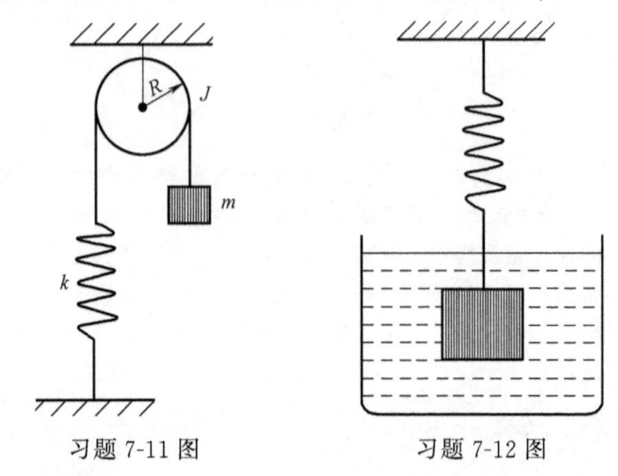

习题 7-11 图　　　　习题 7-12 图

7-13　求下列两组谐振动合成后，合振动的振幅（长度单位为 cm）。

(1) $x_1=5\cos\left(3t+\frac{\pi}{3}\right)$，$x_2=5\cos\left(3t+\frac{7\pi}{3}\right)$；

(2) $x_1=5\cos\left(3t+\frac{\pi}{3}\right)$，$x_2=5\cos\left(3t+\frac{4\pi}{3}\right)$；

7-14　已知两个同方向的简谐振动为

$$x_1=0.05\cos\left(10t+\frac{3}{5}\pi\right),\quad x_2=0.06\cos\left(10t+\frac{1}{5}\pi\right)$$

式中，x 以 m 计，t 以 s 计。(1) 求它们的合振动的振幅和初相位；(2) 若另有一同方向的简谐振动 $x_3=0.07\cos(10t+\varphi)$，问 φ 为何值时，x_1+x_3 的振幅可达极大值？φ 为何值时，x_2+x_3 的振幅达极小？用旋转矢量法表示上述问题的结果。

7-15　两个同方向、同频率的简谐振动的合振动，振幅为 0.20m，相位与第一振动的相位相差 $\frac{\pi}{6}$。已知第一个振动的振幅为 0.173m。求第二个振动的振幅及第一、第二两振动之间的相位差。

7-16　示波器中的电子受到两个互相垂直的电场力的作用，使电子在任意时刻 t 的位移为 $x=A\cos\omega t$，$y=A\cos(\omega t+\varphi)$。试描述电子的路径，并确定 φ 分别取 0°、30°和 90°时电子的轨道方程。

7-17　一质点同时参与两个互相垂直的简谐振动，在下述两种情形下：

(1) $x=A\cos\left(\omega t+\frac{\pi}{4}\right)$，$y=2A\sin\left(2\omega t+\frac{\pi}{2}\right)$；

(2) $x=A\cos\left(\omega t+\frac{\pi}{4}\right)$，$y=2A\cos\left(2\omega t+\frac{\pi}{2}\right)$；

用旋转矢量作图法画出合振动的轨迹。

第八章　机　械　波

振动的传播过程称为波动，简称波。通常将波分为两大类：一类是机械振动在媒质中传播而形成的波，称为机械波；另一类是电磁振动在空间传播而形成的波，称为电磁波。机械波与电磁波在本质上有所不同，它们的产生条件和产生方法有差异，与物质相互作用的规律也不一样。但作为波，它们又有许多共同的特性。例如，它们都是某种振动以一定的速度在空间传播；振动物理量的时空分布都呈现出一定的周期性；在波动过程中都伴随着能量的传播等。此外，机械波和电磁波还服从某些共同的传播规律，可以用同样的数学方法进行描述和研究。因此，本章的内容虽然只涉及机械波，但很多概念、结论在许多方面都有一定的普遍意义。

第一节　机械波的产生与传播　波速　波长及频率

一、机械波的产生

将石块投入水中形成水波，音叉振动在空气中形成声波，手持细绳的一端抖动在绳上形成绳波，这些都是机械振动在弹性媒质中传播形成机械波的例子。以上例子表明，产生机械波要具备两个条件：第一要有波源（振动物体）；第二要有传播振动的弹性媒质。如果媒质中各质点以弹性力相互联系，这种媒质称为弹性媒质。例如，声波的波源是音叉，弹性媒质是空气。当弹性媒质中任一质点离开平衡位置时，媒质产生形变，邻近的质点对它就有弹性恢复力的作用，使它在平衡位置附近振动。以此类推，当一个质点振动时，由于弹性力的联系，振动就会由近及远地向各方向传播，形成机械波。因此，振动是产生波动的根源，波动是振动的传播过程。

二、横波和纵波

如果质点的振动方向与波的传播方向垂直，这种波称为横波，例如绳波。如果质点的振动方向与波的传播方向平行，这种波称为纵波，例如声波。自然界中最简单的波就是横波和纵波，任何复杂的波都可以分解成横波和纵波来研究。

下面首先讨论横波的形成过程。如图 8-1 所示，第一行 1 至 18 的黑点表示在传播方向上的一排质点，各质点间有弹性力相互作用。设 T 为波源振动周期，在$t=0$时各质点都处于平衡位置，只有左端质点1受到一个向上的外力即将开始运动，由于质点间有弹性力作用，质点2也将开始向上运动……以下各行依次画出了$t=T/4$、$t=T/2$、$t=3T/4$、$t=T$的几个特殊时刻各质点的振动和振动的传播情况。

图8-2所示为纵波的形成过程。设想将一软弹簧用细线水平悬挂起来，用手轻拍弹簧的左端，使其左右振动，可以看到弹簧中疏密相间的状态，由于弹性力的作用而从左向右传播。这时弹簧振动的方向与波的传播方向平行，这就是纵波。

从图8-1和图8-2中可见，无论是横波还是纵波，各质点均在各自的平衡位置附近振动，并不向波动的传播方向迁移；质点的振动状态（或相位）依次向后传播，即后面各质点的振动状态比前面先振动质点的振动状态要落后。例如质点4的相位比质点1的相位落后$\pi/2$，相应在时间上晚$T/4$。

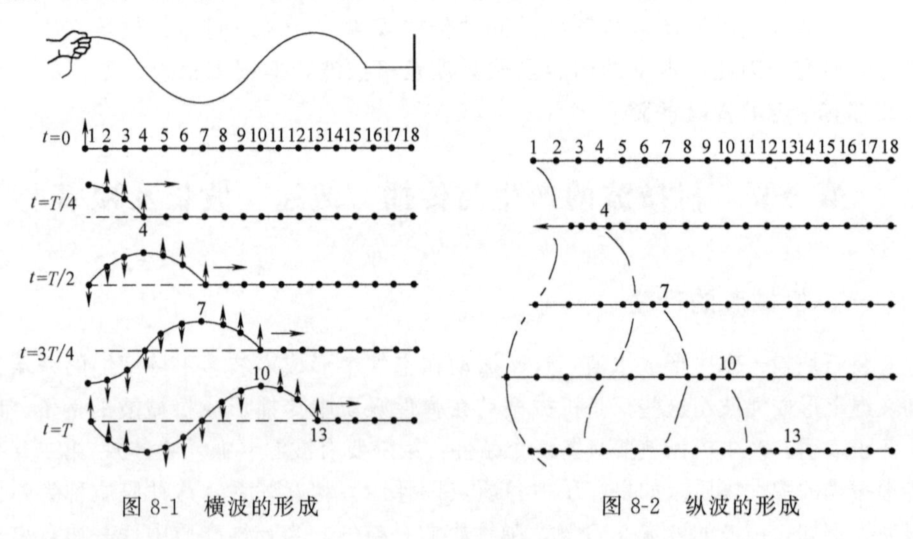

图8-1　横波的形成　　　图8-2　纵波的形成

三、波面和波线

波是振动的传播过程。如前面分析，在波的传播方向上，媒质中各个质元的振动是依次延迟的，即振动相位依次落后，这是波动过程的一个重要特征。在一般情况下，波是向四周传播的，在媒质中将出现许多振动相位相同的点。把振动相位相同的点连接起来可组成一些曲面，这些曲面称为同相面或波面。波面可以有无数多个，一般只画几个作为代表。离波源最远的亦即最前沿的波面，称为波前或波阵面。显然，在任一时刻只有一个波前，波前就是走在最前方的同相面。

可以根据波面的形状将波分类。例如，波面是平面的称为平面波，是球面的称为球面波，是柱面的称为柱面波等。

当波从波源出发向各个方向传播时，还可以沿着波的各个传播方向画出一些带有箭头的线（箭头指向波的传播方向），这些线称为波线。用波线可以形象地表示出波的传播方向。容易看出，平面波和球面波的波线，都是垂直于波面的直线，如图 8-3 所示。从图 8-3 中可以看出，只要适当地画出几个波面和几条波线，就能简单明了地表示出波在传播过程中的发展趋势。

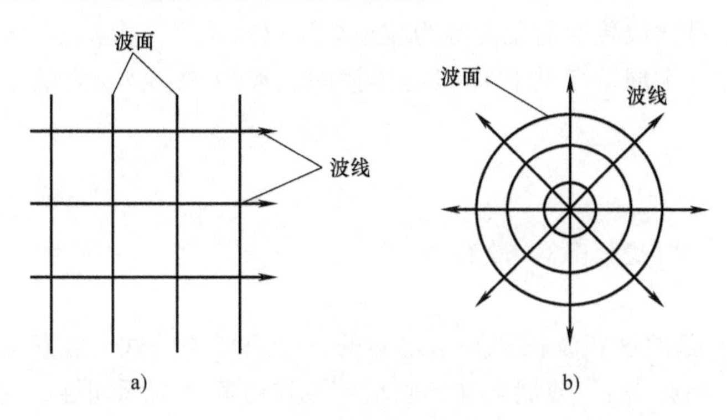

图 8-3　波面和波线

a）平面波　b）球面波

四、波的频率、波长和波速

1. 波的频率、周期

在波的传播过程中，媒质中各个质元都依次重复着波源的振动。它们的振动频率或周期都与波源的振动频率或周期相同。因此，我们把这一频率或周期，也称为波的频率或周期，并分别用符号 ν 和 T 来表示。周期 T 也反映出波的时间周期性。波的周期和频率与介质无关。

2. 波长

振动状态在一个周期内沿波线传播的距离，称为波长，用符号 λ 表示。对于任意一质元来说，经过一个周期 T，它的振动状态复原，而在这段时间内，振动状态已沿波线传出去一个完整波长的距离。所以在波线上任意相隔一个波长的两点，振动状态完全相同，亦即振动相位完全相同（相位差为 2π）。由此可见，沿波线振动相位相同的两个相邻点之间的距离，就是一个波长。在图 8-4 所示波形图中，两个

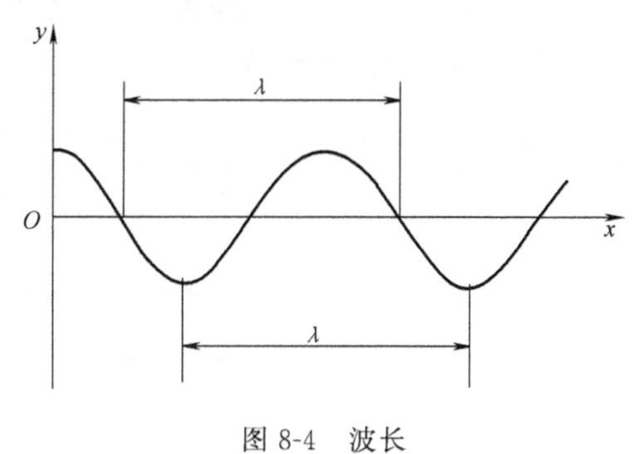

图 8-4　波长

相邻的波峰之间的距离，或两个相邻的波谷之间的距离，或两个相邻的同相位点之间的距离，都是一个波长。由此可见，波长也就是一个完整波形的长度。波长λ反映了波传播时的空间周期性。

3. 波速

单位时间内任一振动状态沿波线传播的距离称为波速。或者说单位时间内任一振动相位沿波线传播的距离称为波速，所以波速又称为相速，通常用符号u表示。因为在一个周期T内振动状态传播的距离为一个波长，故根据波速的定义，可知

$$u=\frac{\lambda}{T} \tag{8-1}$$

周期的倒数就是频率ν，故有

$$u=\lambda\nu \tag{8-2}$$

式（8-2）是波速、波长和频率之间的一个重要关系式。波长λ反映波在空间的周期性，而频率ν（或周期T）则反映波在时间上的周期性。这两种周期性通过波速u而联系在一起。

可以证明，波在媒质中的传播速度决定于媒质的性质和状态。纵波的传播速度u是由媒质的体积模量K和密度ρ决定的，即

$$u=\sqrt{K/\rho} \tag{8-3}$$

若纵波沿细长的杆状媒质传播，则波速决定于杆状媒质的弹性模量E和密度ρ，即

$$u=\sqrt{E/\rho} \tag{8-4}$$

横波的传播速度由媒质的切变模量G和密度ρ决定

$$u=\sqrt{G/\rho} \tag{8-5}$$

固体的弹性模量大于切变模量，所以固体中纵波的传播速度大于横波的传播速度。

总的说来，弹性波的传播速度决定于媒质的弹性和惯性（密度）。深入的研究发现，波速实际上还与温度有关，我们在这里不做讨论。表8-1列出了波速的若干种数据，供大家参考。

表8-1　几种波速

媒　质	波的种类	温度/℃	波速/(m/s)
空气	纵波	0	331.5
		20.0	342.4
		100	386
氧	纵波	0	317.2

（续）

媒 质	波的种类	温度/℃	波速/(m/s)
水	纵波	13	1440
		31	1500
铜	横波	15～20	3570
铁	横波	100	5300
砖	横波	室温	3652

例 8-1 设声音在空气中的声速为 $u=320\text{m/s}$，则振动频率为 $\nu=200\text{Hz}$ 的音叉产生的波长 λ 为多少？当音叉完成 20 次振动时，声音传播了多远的距离？

解 波源的频率就是波的频率，由波长、频率和波速之间的关系式得

$$\lambda=\frac{u}{\nu}=\frac{320}{200}\text{m}=1.6\text{m}$$

音叉完成一次全振动的时间就是其周期 $T=\frac{1}{\nu}=\frac{1}{200}\text{s}$，所以完成 20 次振动的时间为

$$t=20T=20\times\frac{1}{200}\text{s}=\frac{1}{10}\text{s}$$

在此时间内声音的传播距离为

$$s=ut=320\times\frac{1}{10}\text{m}=32\text{m}$$

第二节　平面简谐波的波函数　波的能量

如果波源做简谐振动，且波是在无限大均匀的理想（无吸收）媒质中传播，则波线上各质点也做简谐振动，这种波称为简谐波。波面为平面，振幅均相等的简谐波则称为平面简谐波。平面简谐波是一种最简单、最基本的波，但由于任何复杂的波动都可以看成是由许多平面简谐波叠加而成的，因此平面简谐波也是最重要的波。

一、平面简谐波的波函数

确定媒质中波动传到的各质点的位移随时间的变化关系称为波函数或波动方程。知道了一个波的波函数，就可以确定或描述任意质点在任意时刻的状态。在这里我们只讨论平面简谐波的波函数。图 8-5 所示为某时刻的波形图，设有一平面简谐波沿 x 轴正方向传播，波速为 u，其同相面就是一系列垂直于 x 轴的平面，x 轴就是波线。因为在同一同相面上各点的振动状态相同，所以 x 轴上各点

的振动完全可以代表整个波动的情况。由于波源做简谐振动，所以在 x 轴上各质点都以 x 轴为平衡位置做简谐振动。设原点 O 处质点的振动方程为

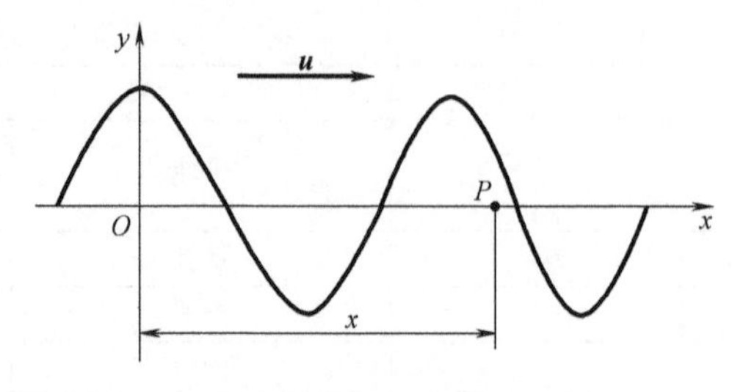

图 8-5 某时刻波形图

$$y = A\cos \omega t$$

式中，A 为振幅；ω 为角频率；y 为 t 时刻该质点离开平衡位置的位移，且初相位 $\varphi=0$。若是横波，则位移与 x 轴垂直；若为纵波，则位移沿 x 轴。

现在考察离原点 O 位置坐标为 x 的质点 P 的振动。由于 O 处质点做简谐振动，当波动传到 P 点时，P 点也做简谐振动，其振幅、角频率与 O 处相同，只是 O 处的振动状态传到 P 处所需要的时间为 $t=x/u$，即 P 处 t 时刻的相位等于 O 处（$t-x/u$）时刻的相位。因此，P 处质点的振动方程为

$$y = A\cos \omega\left(t-\frac{x}{u}\right) \tag{8-6}$$

因为 P 是 x 轴上任一点，式（8-6）是 x 轴上任一质点在任一时刻的位移，所以式（8-6）就是沿 x 轴正方向传播的平面简谐波的波函数。如果原点 O 处质点振动的初相位 $\varphi\neq0$，则平面简谐波的波函数的一般形式应写为

$$y = A\cos\left[\omega\left(t-\frac{x}{u}\right)+\varphi\right] \tag{8-7}$$

由于 $\omega=2\pi/T=2\pi\nu$，$u=\lambda\nu$，则式（8-7）可以改写为波函数的另一形式

$$y = A\cos\left[2\pi\left(\frac{t}{T}-\frac{x}{\lambda}\right)+\varphi\right]=A\cos\left[2\pi\left(\nu t-\frac{x}{\lambda}\right)+\varphi\right] \tag{8-8}$$

下面来说明波动方程的物理意义。

1）当 x 为确定值 x_B 时，式（8-7）即为 x_B 处质点 B 的振动方程，$-\omega x_B/u$ 表示 B 点落后于 O 点的相位。若 $x_B=\lambda$，则该点落后于 O 点的相位为 2π。

2）当 t 为确定值时，y 是 x 的余弦函数，此时式（8-7）就表示 t 时刻 x 轴上各质点的位移情况，即 t 时刻的波形图。

3）当 x 和 t 都是变量时，式（8-7）反映了波形的传播过程。如图 8-6 所示，实线表示 t 时刻的波形，虚线表示 $t+\Delta t$ 时刻的波形。由图 8-6 可见，这两波形相同，只是 t 时刻的波形在 Δt 时间内沿波的传播方向即 x 轴正方向前进了 $\Delta x=u\Delta t$ 距离，波速 $u=\Delta x/\Delta t$ 就是整个波形向前传

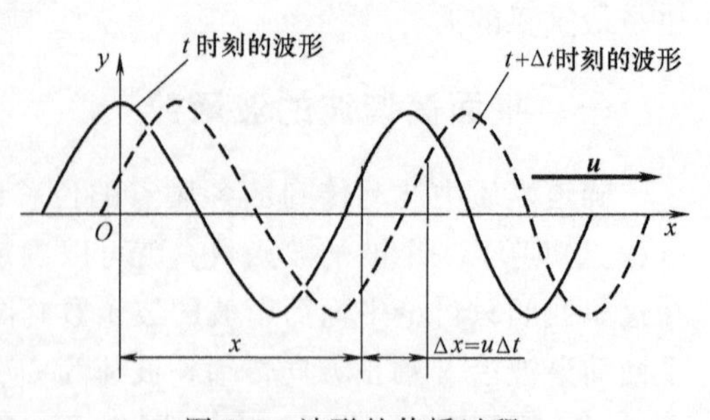

图 8-6 波形的传播过程

播的速度。因此，波函数描述了波形的传播。这种波通常称为行波。

如果波沿 x 轴负方向传播，则 P 点的振动状态比原点 O 处超前，时间上早 x/u。所以沿 x 轴负方向传播的平面简谐波的波动方程为

$$y = A\cos\left[\omega\left(t+\frac{x}{u}\right)+\varphi\right] \tag{8-9}$$

或者

$$y = A\cos\left[2\pi\left(\frac{t}{T}+\frac{x}{\lambda}\right)+\varphi\right]= A\cos\left[2\pi\left(\nu t+\frac{x}{\lambda}\right)+\varphi\right] \tag{8-10}$$

将式（8-7）对时间 t 求导，可以求得任一质点的振动速度 v 和加速度 a 为

$$v = \frac{\partial y}{\partial t} = -A\omega\sin\left[\omega\left(t-\frac{x}{u}\right)+\varphi\right] \tag{8-11}$$

$$a = \frac{\partial^2 y}{\partial t^2} = -A\omega^2\cos\left[\omega\left(t-\frac{x}{u}\right)+\varphi\right] \tag{8-12}$$

需要强调的是，波速 u 和质点的振动速度 v 是两个不同的概念。

二、波动的能量、能流和能流密度

波源的振动通过弹性媒质由近及远地传播，带动媒质中原来静止不动的各质点依次发生振动，因而具有动能。媒质同时产生了形变，因而也就具有了弹性势能。在波动过程中，媒质一层接一层地振动，从而能量也就逐层由近及远地传播。可见波动的传播过程也就是能量的传播过程。

1. 能量密度

一平面简谐波在弹性媒质中沿 x 轴正方向传播，其波动方程由式（8-7）表示。设媒质的密度为 ρ，在坐标 x 处的媒质中取一小体积元 ΔV，其质量 $\Delta m = \rho\Delta V$，它的振动速度由式（8-11）表示，即

$$v = -A\omega\sin\left[\omega\left(t-\frac{x}{u}\right)+\varphi\right]$$

因此，小体积元的动能为

$$\Delta E_k = \frac{1}{2}\Delta m v^2 = \frac{1}{2}\rho\Delta V A^2\omega^2\sin^2\left[\omega\left(t-\frac{x}{u}\right)+\varphi\right] \tag{8-13a}$$

同时，小体积元因发生弹性形变而具有弹性势能 ΔE_p，可以证明（略），弹性势能的表达式与小体积元的动能表达式一样，即

$$\Delta E_p = \frac{1}{2}\rho\Delta V A^2\omega^2\sin^2\left[\omega\left(t-\frac{x}{u}\right)+\varphi\right] \tag{8-13b}$$

所以，小体积元的机械能为

$$\Delta E = \Delta E_k + \Delta E_p = \rho\Delta V A^2\omega^2\sin^2\left[\omega\left(t-\frac{x}{u}\right)+\varphi\right] \tag{8-13c}$$

由 ΔE_k 与 ΔE_p 的表达式可以看出，任一时刻小体积元 ΔV 的动能和势能完全

相同，并且相位相同，即动能和势能同时达到最大值，也同时为零。由式（8-13c）可见，某小体元的总机械能随时间做周期性变化；在任意给定的时刻 t，波线上各体积元的机械能又是随着位置 x 做周期性的变化，它不断地从前面的媒质获得能量，又不断地将能量传递给后面的媒质，就这样通过各体积元不断地“吞吐”能量，使能量随着波动的前进而在媒质中传递。需要指出，波动过程中媒质中小体积元的能量和孤立的简谐振动系统的能量是有区别的。在波动过程中，小体积元的动能和势能相等且同相位地传播，局部小体积元的机械能并不守恒；而对于孤立的简谐振动系统，动能与势能一般不等，可以互相转换，但不能传播，系统机械能守恒。

媒质中单位体积的能量叫作能量密度，用 w 表示，由式（8-13c）得

$$w = \frac{\Delta E}{\Delta V} = \rho A^2 \omega^2 \sin^2\left[\omega\left(t - \frac{x}{u}\right) + \varphi\right] \tag{8-14}$$

能量密度在一个周期内的平均值叫作平均能量密度，用 $\overline{w}$ 表示，即

$$\overline{w} = \frac{1}{T}\int_0^T w\mathrm{d}t = \frac{1}{T}\int_0^T \rho A^2 \omega^2 \sin^2\left[\omega\left(t - \frac{x}{u}\right) + \varphi\right]\mathrm{d}t = \frac{1}{2}\rho A^2 \omega^2 \tag{8-15}$$

可见，机械波的平均能量密度与振幅的平方、频率的平方和媒质的密度成正比。

2. 能流和能流密度

如前所述，波动过程伴随着能量的传递。通常引入能流和能流密度的概念。单位时间内通过媒质中某一面积 S 的能量称为通过该面积的能流。如图 8-7 所示，在媒质中取垂直于波速 u 的截面积 S，单位时间通过 S 的能量应该等于以 S 为底、以 u 为高的柱体内的能量，显然其值是时间的周期函数。取其时间的平均值，称为平均能流

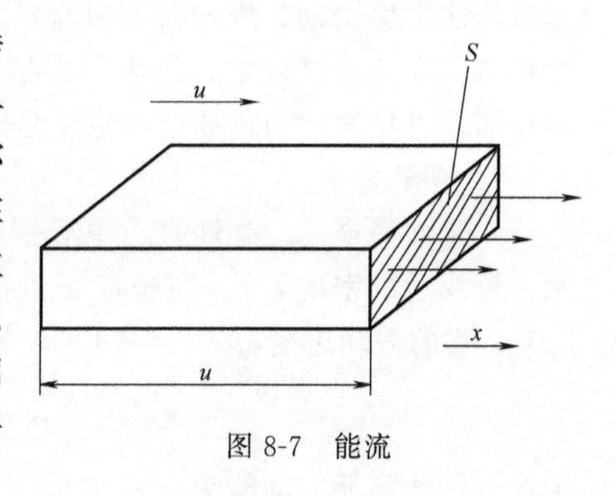

图 8-7 能流

$$\overline{P} = \overline{w}uS \tag{8-16}$$

单位时间内通过垂直于波传播方向的单位面积上的平均能量，称为能流密度或波的强度，用 I 表示，即

$$I = \frac{\overline{P}}{S} = \overline{w}u = \frac{1}{2}\rho A^2 \omega^2 u \tag{8-17}$$

式（8-17）表明，能流密度等于平均能量密度与波速的乘积，其单位是焦耳每二次方秒（$\mathrm{J \cdot m^{-2} \cdot s^{-1}}$）或瓦每二次方米（$\mathrm{W \cdot m^{-2}}$）。

能流密度的量值决定了波的强弱，能流密度越大，波的强度也就越大。实际上，波在介质中传播时，介质总要吸收部分能量，因而波的强度一般将逐渐

减弱，这种现象称为波的吸收。

例 8-2 一波源发出周期为 0.25s 的简谐波，波长为 8m，振幅为 0.02m。取波源振动位移在正向最大值的时刻为计时零点（$t=0$），并把该时刻的波源位置作为坐标原点，波沿 x 轴正向传播，试求：（1）该波的波动方程；（2）在波线上距离波源 0.5λ 处的振动方程；（3）当 $t=0.25T$ 时，波源和距离波源 0.75λ 的点离开平衡位置的位移；（4）计算 t 时刻，距波源 0.25λ 和 λ 的两点间的相位差。

解 依照题意，波的周期 $T=0.25\text{s}$，波长 $\lambda=8\text{m}$，振幅 $A=0.02\text{m}$，并且

$$u=\frac{\lambda}{T}=\frac{8}{0.25}=32\text{m/s},\ \omega=\frac{2\pi}{T}=8\pi\text{rad/s}。$$

（1）由题知波源初相 $\varphi_0=0$，故波动方程为

$$y=A\cos\left[\omega\left(t-\frac{x}{u}\right)+\varphi_0\right]=0.02\cos 8\pi\left(t-\frac{x}{32}\right)\ (\text{m})$$

（2）将 $x=0.5\lambda=0.5\times 8\text{m}=4\text{m}$ 代入上式，得 $x=0.5\lambda$ 处质点的振动方程为

$$y=0.02\cos 8\pi\left(t-\frac{4}{32}\right)=0.02\cos\ (8\pi t-\pi)\ (\text{m})$$

（3）$t=0.25T=\frac{1}{16}\text{s}$，波源处 $x_0=0$，0.75λ 处 $x_1=0.75\times 8\text{m}=6\text{m}$，把 t 和 x_0、x_1 值代入（1）中的波动方程，即得各点的位移大小为

$$y_0=0$$

$$y_1=0.02\cos 8\pi\left(\frac{1}{16}-\frac{6}{32}\right)\text{m}=0.02\cos(-\pi)\text{m}=0.02\text{m}$$

（4）$x_1=0.25\lambda$ 和 $x_2=\lambda$ 两点的相位差为

$$\Delta\varphi=\frac{2\pi}{\lambda}(x_2-x_1)=\frac{2\pi}{\lambda}(\lambda-0.25\lambda)=\frac{3\pi}{2}$$

第三节 惠更斯原理 波的衍射、干涉

一、惠更斯原理和波的衍射

投石于水，水面便泛起波纹。如水波在传播过程中遇到开有小孔的障碍物时，只要小孔的大小和波长相差不多，不管原来的波前是什么形状，穿过小孔后继续传播的波面都将变成圆形，原来波线方向也发生了偏折，看起来穿过小孔的波似乎是以小孔为波源发出来的，即小孔变成了新的波源，如图 8-8 所示。

荷兰物理学家惠更斯总结了类似上述一些现象后于1678年提出了如下原理：波前上的每一点都可视作是发射子波的新波源，任一时刻和这些子波相切的包络面，便是该时刻的波前。通常人们把上述借助于子波概念来解释波动如何传播的原理，称为惠更斯原理。

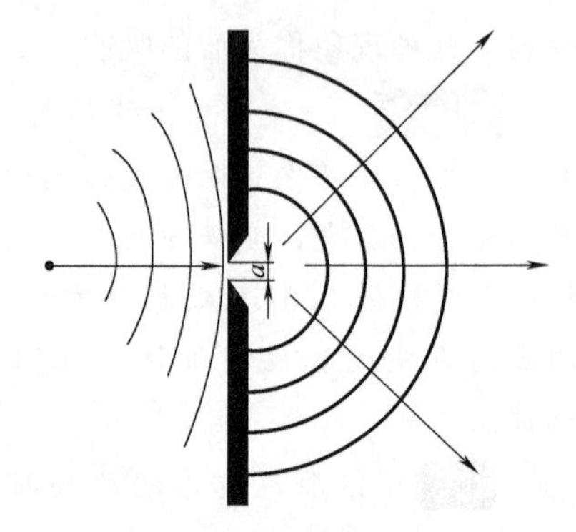

图 8-8　小孔变成了新的波源

惠更斯原理对任何波动过程都是适用的，不论是机械波还是电磁波，也不管波动经过的介质是均匀的还是非均匀的，只要知道某一时刻的波前，就可根据惠更斯原理来确定下一时刻的波前。例如图8-9a中点波源O发出的波以速度u向四周传播，t_1时刻的波前是半径为R_1的球面S_1，由惠更斯原理知，S_1上各点均是向外发射子波的波源，子波在介质中以波速u继续传播。现应用惠更斯原理来求$t_2=t_1+\Delta t$时刻的波前S_2：先以S_1面上各点为中心，以$r=u\Delta t$为半径，画许多半球面形的子波，作正切于各子波的包络面，即得到t_2时刻的波前S_2，显然是以O为中心、以$R_2=R_1+u\Delta t$为半径的球面，如图8-9a所示。图8-9b是按上述同样方法求出的平面波的波前。求出波前后，根据波线和波面的关系即可确定出波的传播方向。

用惠更斯原理还可以解释波的反射、折射现象，并能导出反射定律和折射定律，对波的衍射现象也可做出定性的解释。

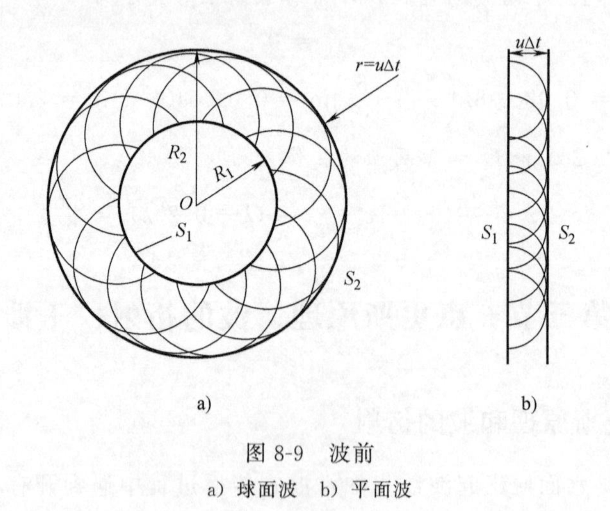

图 8-9　波前

a）球面波　b）平面波

所谓衍射是指当波在传播过程中遇到障碍物时，其传播方向发生改变，并能绕过障碍物的边缘继续向前传播的现象。如图8-10所示，平面波到达一宽度与波长相近的缝时，缝上各点都可以看作是发射子波的波源，这些子波的包络面就决定了下一时刻的新的波面。很明显，此时新的波面与原来的平面波面略有不同，我们可以注意到靠近缝的边缘处的波前发生弯曲，即波绕过了障碍物而继续向前传播。

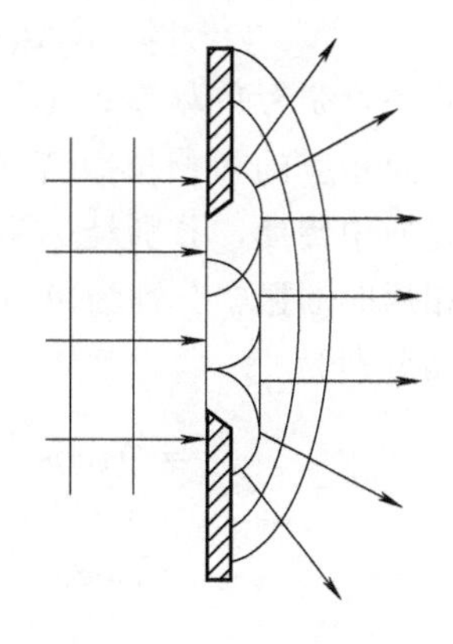
图 8-10 波的衍射

衍射现象是否明显地发生，与障碍物的线度与波长之比有关。若障碍物的尺度远大于波长，则衍射现象不明显；若障碍物尺度与波长相差不大，则衍射现象很明显；若障碍物尺度小于波长，则衍射现象更加明显。由于声音的波长与日常生活中所遇到的障碍物尺度差不多，故声波衍射现象很明显，我们在教室内就能听到室外的声音。

二、波的叠加原理和波的干涉

大量事实说明，几个波同时在同一媒质中传播时，不论是否相遇，都保持各自的持性（例如波长、频率、振动方向等）而独立地传播。因此，当几个波在媒质中相遇时，相遇处质点的振动是各个波传到此处所引起的分振动的合成，振动的位移等于各个波单独存在时在该点所引起的位移的矢量和。这一结论称为波的叠加原理。例如乐队演奏时，尽管多种乐器合奏，人耳仍能分辨出各种乐器的音色，这一结果就是波的叠加原理的反映。

一般地说，频率和振动方向等都不相同的几列波在空间相遇而叠加时，合成波的振动是很复杂的。下面只讨论由频率相同、振动方向相同、相位相同或相位差恒定的两波源产生的波的叠加。上述条件也称为相干条件，满足相干条件的两波源称为相干波源。当相干波在空间相遇而叠加后，合成波的振幅分布是稳定的。有的点振幅最大，振动始终加强，有的点振幅最小，振动始终减弱，这种现象称为**波的干涉现象**。

将两个相同的小球装在同一支架上，小球的下端贴着水面。当支架在竖直方向以一定频率振动时，两小球成为相干波源。它们发出的相干波产生的干涉现象如图 8-11 所示。

下面从波的叠加原理出发，应用简谐振动的合成结果分析波的干涉，并确定干涉的加强和减弱条件。如图 8-12 所示，设有两相干波源 S_1 和 S_2，其振动方程分别为

$$y_{10} = A_{10}\cos(\omega t + \varphi_1)$$

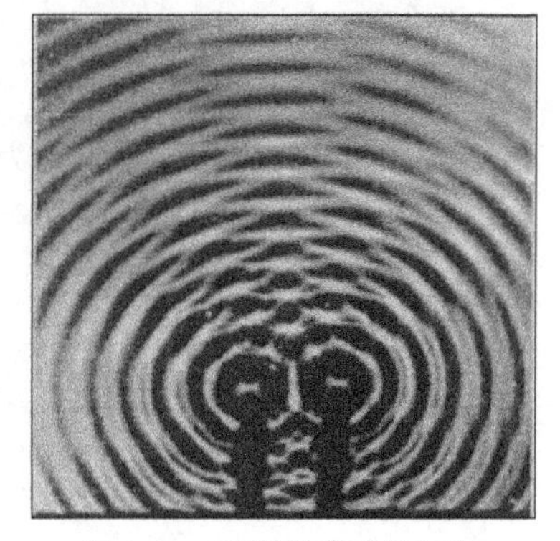
图 8-11 相干波的干涉现象

$$y_{20} = A_{20}\cos(\omega t + \varphi_2)$$

式中，ω 为角频率；A_{10}、A_{20} 为两波源的振幅；φ_1、φ_2 为相应的初相位。若 S_1 和 S_2 发出的相干波在同一媒质中传播，分别经 r_1 和 r_2 波程后在 P 点相遇，设相遇时的振幅分别为 A_1 和 A_2，在 P 点引起的两分振动分别为

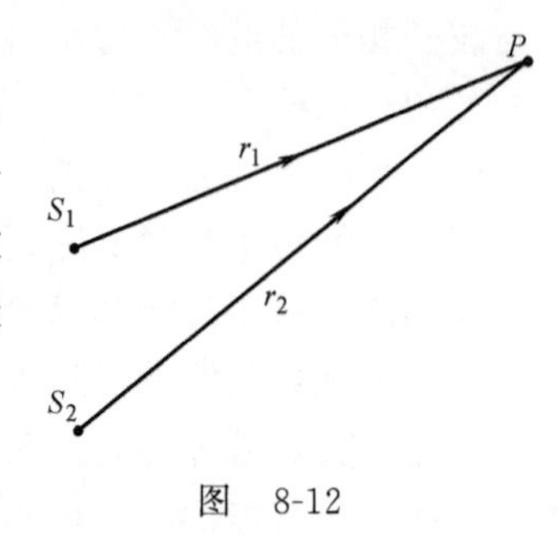

图　8-12

$$y_1 = A_1\cos\left(\omega t + \varphi_1 - \frac{2\pi r_1}{\lambda}\right)$$

$$y_2 = A_2\cos\left(\omega t + \varphi_2 - \frac{2\pi r_2}{\lambda}\right)$$

P 点的合振动方程为

$$y = y_1 + y_2 = A\cos(\omega t + \varphi)$$

式中
$$A = \sqrt{A_1{}^2 + A_2{}^2 + 2A_1A_2\cos\left[\varphi_2 - \varphi_1 - \frac{2\pi}{\lambda}(r_2 - r_1)\right]}$$

故
$$\tan\varphi = \frac{A_1\sin\left(\varphi_1 - \frac{2\pi}{\lambda}r_1\right) + A_2\sin\left(\varphi_2 - \frac{2\pi}{\lambda}r_2\right)}{A_1\cos\left(\varphi_1 - \frac{2\pi}{\lambda}r_1\right) + A_2\cos\left(\varphi_2 - \frac{2\pi}{\lambda}r_2\right)}$$

由于两相干波传到媒质中任一点 P 所引起的两个分振动的相位差 $\Delta\varphi = \varphi_2 - \varphi_1 - 2\pi(r_2 - r_1)/\lambda$ 是一恒量，所以每一点的合振幅也是一恒量。因此，满足条件

$$\Delta\varphi = \varphi_2 - \varphi_1 - \frac{2\pi}{\lambda}(r_2 - r_1) = 2k\pi, \quad (k = 0, \pm 1, \pm 2, \cdots) \tag{8-18}$$

的空间各点，其合振幅最大，为 $A = A_1 + A_2$，称为干涉加强。

而满足条件

$$\Delta\varphi = \varphi_2 - \varphi_1 - \frac{2\pi}{\lambda}(r_2 - r_1) = (2k+1)\pi, \quad (k = 0, \pm 1, \pm 2, \cdots) \tag{8-19}$$

的空间各点，其合振幅最小，为 $A = |A_1 - A_2|$，称为干涉减弱（干涉相消）。

若两相干波源的初相位相等即 $\varphi_2 = \varphi_1$，则上述两式可简化写成

$$\begin{cases} \delta = r_2 - r_1 = k\lambda, & (k = 0, \pm 1, \pm 2, \cdots) \text{（干涉加强）} \\ \delta = r_2 - r_1 = (2k+1)\dfrac{\lambda}{2}, & (k = 0, \pm 1, \pm 2, \cdots) \text{（干涉减弱）} \end{cases} \tag{8-20}$$

式（8-20）中的 δ 称为波程差。式（8-20）表明，当两相干波源同相位时，在相干波叠加的区域内，波程差等于零或波长整数倍的各点，合振幅最大，干

涉加强；波程差等于半波长奇数倍的各点，合振幅最小，干涉减弱。

三、驻波

两列振幅相同的相干波沿一直线相向传播时，相遇而叠加的结果将形成驻波，如图 8-13 所示。由图可以看出，波线上的某些点始终静止不动，这些点称为波节点。另一些点振幅始终最大，称为波腹点。相邻两波节或相邻两波腹之间的距离均为半个波长。相邻两波节之间各点的振动相位相同，它们同时沿相同方向达到各自位移的最大值。又同时沿相同方向通过平衡位置。任一波节两侧各点的振动相位相反。它们同时沿相反方向达到各自的最大位移，又同时沿相反方向通过平衡位置。

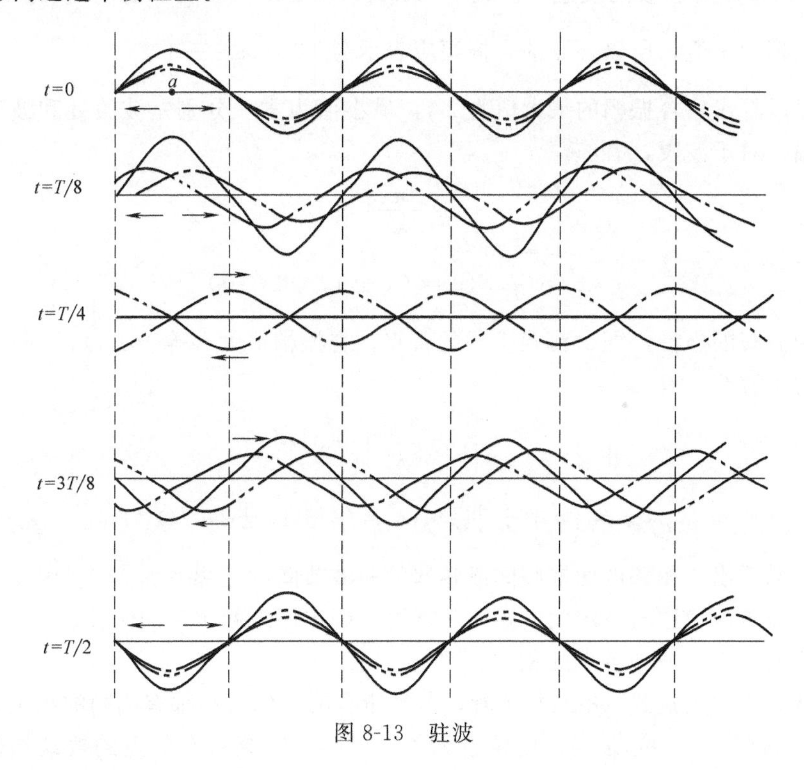

图 8-13 驻波

每一时刻驻波有一定的波形，但这些波形既不向左、又不向右移动，因此称为驻波。驻波是不传播能量的，这与前面所讲的波形向前推进的行波是不同的，应该注意对比。

现在我们用波函数来进一步研究驻波。设有两列频率相同、振动方向相同、振幅相同的简谐波，一列沿 x 轴正向传播，另一列沿 x 轴负方向传播。选取二波相位相同的某一点（见图 8-13 中的 a 点）作为坐标原点，设在 $t=0$ 时刻，两波在原点的初相位为零，则它们的表达式分别为

$$y_1 = A\cos\left(\omega t - \frac{2\pi x}{\lambda}\right)$$

$$y_2 = A\cos\left(\omega t + \frac{2\pi x}{\lambda}\right)$$

两波叠加

$$\begin{aligned} y &= y_1 + y_2 \\ &= A\cos\left(\omega t - \frac{2\pi x}{\lambda}\right) + A\cos\left(\omega t + \frac{2\pi x}{\lambda}\right) \\ &= 2A\cos\frac{2\pi x}{\lambda}\cos\omega t \end{aligned} \tag{8-21}$$

式（8-21）就是驻波的表达式。式中 $2A\cos(2\pi x/\lambda)$ 与时间无关，仅与 x 有关。因为振幅为正值，所以各点的合振幅应表示为 $\left|2A\cos\frac{2\pi x}{\lambda}\right|$。

可以看出，合振幅的最大值为 $2A$，最小值为零，分别是波腹处和波节处的合振幅。对于波腹，有

$$\left|\cos\frac{2\pi x}{\lambda}\right| = 1$$

$$x = \frac{n\lambda}{2} \quad (n = 0, \pm 1, \pm 2, \cdots)$$

上式为波腹的坐标，即 x 满足上式的各点，合振幅最大（等于 $2A$）。

对于波节，有

$$\left|\cos\frac{2\pi x}{\lambda}\right| = 0$$

$$x = \left(n + \frac{1}{2}\right)\frac{\lambda}{2} \quad (n = 0, \pm 1, \pm 2, \cdots)$$

容易看出，相邻的两波腹间或相邻的两波节间的距离均为 $\lambda/2$。因此，测量波节与波节或波腹与波腹间的距离，就可以确定原来两个波的波长。

下面讨论驻波中各点的相位。

从驻波的表达式（8-21）来看，似乎所有的点的振动都有相同的相位。因为因子 $\cos\omega t$ 中的相位 ωt 与点的位置无关，在同一时刻所有的点的振动相位似乎都是 ωt。但实际情况并不是这样，因为式（8-21）中的因子 $\cos(2\pi x/\lambda)$ 并非都是正值。$\cos(2\pi x/\lambda)$ 在波节处为零，在波节的两边有相反的符号（读者可自行验证）。所以在某一时刻，如果在波节的一方，位移 y 为正值，则在波节的另一方，位移 y 为负值。所以在波节两边振动的相位是相反的。

然而在两个相邻波节之间的各个点，它们的振动相位是相同的（读者可自行验证）。它们同时达到各自的正最大位移，又同时通过平衡位置，再同时达到各自的负最大位移。

因此，总的说来，驻波的振动是这样的：在某一节点的两方，当一方的质元达到各自的正最大位移时，另一方的质元则达到各自的负最大位移；当一方的质元通过平衡位置向下运动时，另一方的质元则通过平衡位置向上运动。在振动过程中任一时刻都有一定的波形，但波形并不移动，故称为驻波。

四、半波损失

当某一入射波从两种媒质的分界面上反射时，则反射波与入射波叠加形成驻波。如图 8-14 所示为电动音叉在弦线上激起的驻波。当电动音叉在 A 点振动时，波动沿弦线传至 B 点，经支点 B 反射形成反射波，入射波与反射波在同一弦线上沿相反方向传播，互相叠加形成驻波。在垂直入射时，可以证明，当波是从波疏媒质（ρu 值较小）射到波密媒质（ρu 较大）界面而反射回波疏媒质时形成的驻波，反射点（相当于 B 点）形成波节，此时入射波与反射波在该点的相位差为 π，反射波在该点处的相位差发生 π 突变，相当于反射波损失了半个波长（$\lambda/2$）的波程，这种观象称为半波损失。反之若波从波密媒质射向波疏介质而从界面反射回波密介质时，就没有这种半波损失。半波损失的现象不仅发生在机械波反射的时候，在电磁波当中也时有发生。例如，光在两种不同的介质表面发生反射时，在一定条件下，反射光也会产生半波损失。

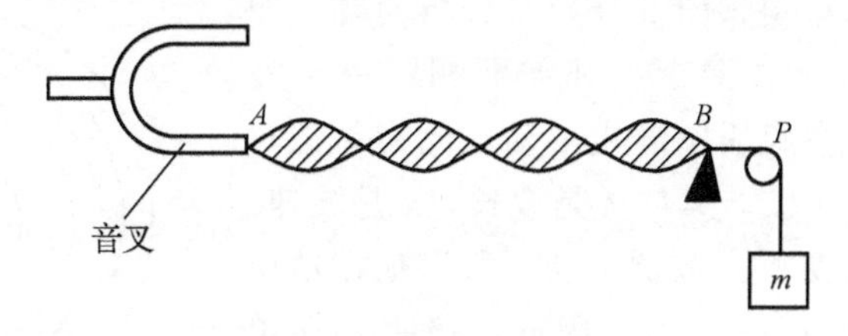

图 8-14 音叉激起的驻波

第四节 多普勒效应

在前面的讨论中，波源和观察者相对于媒质是静止的。这时观察者接收到的波的频率就是波源的振动频率。但是，当波源或观察者相对于媒质运动时，情况就不同了。这时，观察者接收到的频率（即单位时间内接收到的波数）与波源的振动频率（即单位时间内波源发出的波数）有所不同。这种现象称为多普勒效应，是奥地利物理学家多普勒（J. C. Doppler）在 1842 年首先发现的。

多普勒效应在日常生活中就可以被觉察到，例如当列车驶近我们时，我们感觉到汽笛的音调比列车静止时汽笛的音高，这说明人耳感觉到的频率比汽笛发出的频率增大了；反之，当列车驶离我们时，我们感觉到汽笛的音调变低了，说明我们感觉到的声波的频率变小了。这是多普勒效应的一个具体表现。

下面我们通过讨论波源和观察者在二者的连接线上运动的情形，来分析多普勒效应。

以媒质作为参考系，把坐标系固定在媒质中，以 v_S表示波源 S 相对于媒质的速度，v_o表示观察者 A 相对于媒质的速度。以 u 表示波在媒质中的传播速度。如果 $v_S=0$，$v_o=0$，即波源相对于观察者及相对于媒质都是静止的。设想在单位时间内波源振动 ν_0 次，则这时波传播的距离在数值上就等于波速 u，其间共有 ν_0 个波长。观察者每接收到一个波长，就感觉到一次全振动。所以，观察者所感觉到的，或所携带的仪器所接收到的频率 ν'，应等于单位时间内通过所在处的波数，即观测者接收到的频率为

$$\nu' = \frac{u}{\lambda} = \nu_0 \tag{8-22}$$

式中，ν_0 为波源频率。式（8-22）说明，在波源相对于观察者及相对于媒质都是静止时，观察者所接收到的频率与波源的振动频率相同，这自然是意料中的结果。

下面我们讨论观察者及波源相对于媒质运动时的情况，分三种情形讨论。

（1）波源 S 相对于媒质静止，观察者 A 以速度 v_o相对于媒质运动。

我们作一示意图（图 8-15）来分析问题。图中各个圆表示波面，两个相邻波面相距一个波长。如果观察者在媒质中静止不动，他在单位时间内接收到 u/λ 个波，其中 λ 是波长，u 是波速。现因观察者以速度 v_o向波源运动，所以他在单位时间内多接收到 v_o/λ 个波。因此，接收者在单位时间内接收到的波数，即他观察到的频率 ν' 应为

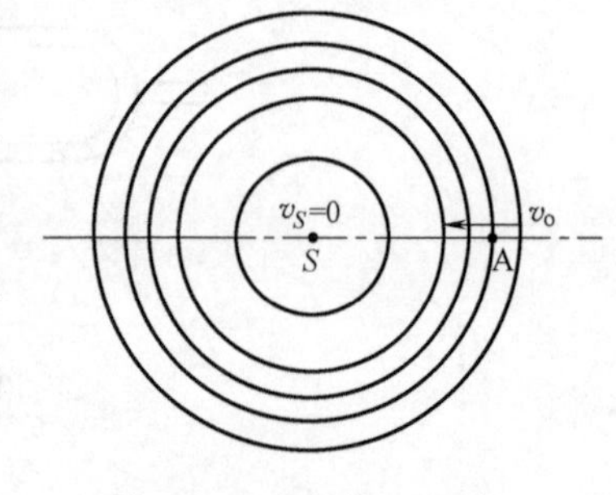

图 8-15　观察者 A 运动

$$\nu' = \frac{u}{\lambda} + \frac{v_o}{\lambda} = \frac{u+v_o}{\lambda}$$

$$= \frac{u+v_o}{\dfrac{u}{\nu_0}} = \nu_0\left(1+\frac{v_o}{u}\right)$$

即

$$\nu' = \nu_0\left(1+\frac{v_o}{u}\right) \tag{8-23}$$

显然，当观察者相对于静止的波源运动时，接收到的频率大于波源的频率，即 $\nu'>\nu_0$。

如果观察者以速度 v_o（设 $v_o<u$）远离波源运动，则式（8-23）仍然适用，

只不过 v_o 取负值，这时观测者接收到的频率小于波源的频率。

将上面式子综合起来有

$$\nu' = \nu_0\left(\frac{u \pm v_o}{u}\right) \tag{8-24}$$

式（8-24）中，当观察者向着波源运动时，v_o 前面取正号，离开波源时 v_o 前面取负号。

（2）波源 S 以速度 v_S 相对于媒质运动，观察者 A 相对于媒质静止。

为了便于说明问题，我们仍作一图 8-16 示意。如图，描述了当运动的波源（设 $v_S < u$）在前进过程中不断地发出波的情形。因为波速只决定于媒质的性质，所以已经发出的波在媒质中总是以波速 u 前进，而后继波的波源地点（球面的中心）则向前移了。因波源前面的波面被挤压了，所以波长减小了，而波源后面的波面却稀疏了，所以波长增大了。在每一个振动周期内，波源前进了 $\frac{v_S}{\nu_0}$ 的距离。因此在波的前进方向上每一个波长也缩短了这段长度，在观察者处观察到的波长不是 $\lambda = u/\nu_0$，而是

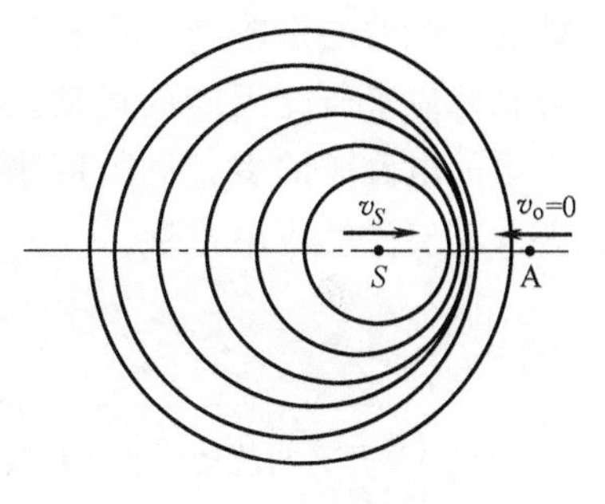

图 8-16 波源 S 运动

$$\lambda' = \frac{u}{\nu_0} - \frac{v_S}{\nu_0} = \frac{u - v_S}{v_o}$$

可见，观察者接收到的频率 ν' 应为

$$\nu' = \frac{u}{\lambda'} = \frac{u}{\dfrac{u - v_S}{\nu_0}} = \nu_0\left(\frac{u}{u - v_S}\right) \tag{8-25}$$

因此，当波源向静止的观察者靠近时，接收频率高于波源频率，即 $\nu' > \nu_0$。如果波源以速度 v_S 离开观察者运动，式（8-25）仍然适用，只不过 v_S 取负数。

将上面式子综合在一起有

$$\nu' = \nu_0\left(\frac{u}{u \mp v_S}\right) \tag{8-26}$$

在式（8-26）中，当波源向着观察者运动时，v_S 前面取负号，离开观察者时取正号。

（3）波源 S 和观察者 A 同时相对于媒质运动。

在波源和观察者同时相对于媒质运动的情况下，观察者接收到的频率 ν' 将受到上述两种因素的影响，因而 ν' 与波源的振动频率 ν_0 有所不同。

容易看出，当波源和观察者在它们的连线上相对于媒质运动时，ν' 与 ν_0 有如下的关系

$$\nu' = \nu_0 \left(\frac{u \pm v_o}{u \mp v_S} \right) \tag{8-27}$$

式（8-27）中，当观察者向着波源运动时，v_o前面取正号，离开时取负号。当波源向着观察者运动时，v_S前面取负号，离开时取正号。

多普勒效应是波动中的一个普遍现象，不但在媒质中传播的机械波有这种现象，而且在真空中传播的光乃至所有电磁波也有这种现象。但由于电磁波与机械波有本质上的区别，因而有关的计算公式也不相同。光波的多普勒效应公式必须要用相对论来推导。光波不需要传播媒质，光源运动和观察者运动是等效的。光波的多普勒效应有很广泛的应用价值，例如在天文学中，常用光的多普勒效应来研究天体的运动。对于人造卫星的运动情况，也可以用人造卫星所发出的电磁波的多普勒效应来加以测定。总之，多普勒效应在科学技术当中有着及其广泛的应用背景。

思　考　题

8-1　什么叫波动？波动和振动有何区别和联系？

8-2　横波和纵波有何区别？空气能传播横波吗？

8-3　描述波动有哪几个物理量？它们之间关系如何？

8-4　波速与介质的哪些性质有关？同种介质中，横波和纵波传播速度是否相同？质点振动速度与波的传播速度是否相同？为什么？

8-5　已知声波在空气中的传播速度为 u_1，波长为 λ，当它进入折射率为 n 的介质中时，波长变成 λ_2，试问声波在介质中的速度 u_2 是多少？

8-6　有人说：由波速公式 $u=\lambda\nu$ 知，u 和 ν 成正比，因此可用提高频率 ν 的方法来提高波速 u，此说法是否正确？为什么？

8-7　已知波源振动规律和波的传播方向，如何迅速准确地写出波动方程？

8-8　试述惠更斯原理，为何通常只观察到光沿直线传播而看不到衍射现象？

8-9　何谓相干波？两波干涉加强、减弱的条件各是什么？

8-10　如两列波不是相干波，当它们相遇时，互相穿过互不影响；如为相干波，当它们相遇相互穿过时，要相互影响，此说法对否？

8-11　两列波在空间某点相遇，如果某一时刻测得该点合振动振幅等于两波振幅之和，试问这两列波一定是相干波吗？

8-12　驻波是怎样形成的？相邻两波节间各点振动的振幅、频率、相位是否相同？

8-13　振幅为 A 的两列相干波在波场中干涉加强的各点，合振幅为原来的三倍，能量为原来的 9 倍（因为波的能量和振幅二次方成正比），这是否和能量守恒定律相矛盾？

8-14　两波干涉时有无能量损失？两个振动方向相互垂直的波会不会发生干涉？

8-15　若某一时刻驻波波线上各点位移都为零，这时波的能量是否为零？若某一时刻各点速度皆为零，此时波的能量是否为零？

习 题

8-1 把线密度为μ_1和μ_2的两根绳子连接在一起，在相同张力F作用下，问：(1) 如果波在绳1中的频率$\nu_1=125\text{Hz}$，那么在绳2中的频率ν_2是多少？(2) 如果波在绳1中波长$\lambda_1=0.03\text{m}$ 那么绳2中的波长λ_2是多少？

8-2 一平面波在介质中以速度$u=20\text{m}\cdot\text{s}^{-1}$沿$x$轴负方向传播。已知在传播路径上某点$A$的振动方程为$y=3\cos 4\pi t$，(1) 如以$A$点为坐标原点，写出波动方程；(2) 如以距$A$点5m处的$B$点为坐标原点，写出波动方程。

8-3 波源做简谐振动，周期为10^{-2}s，并以它经过平衡位置向正方向运动时为计时起点，若此振动以$u=400\text{m}\cdot\text{s}^{-2}$的速度沿直线传播。求：(1) 此波的波动方程；(2) 距波源为16m处的振动方程和相位；(3) 同一波线上距波源为15m和16m处两点的相位差。

8-4 习题8-4图中实线与虚线分别表示沿y轴负向传播的平面简谐波在$t=0\text{s}$和$t=0.05\text{s}$时的波形图，写出该波的波动方程。

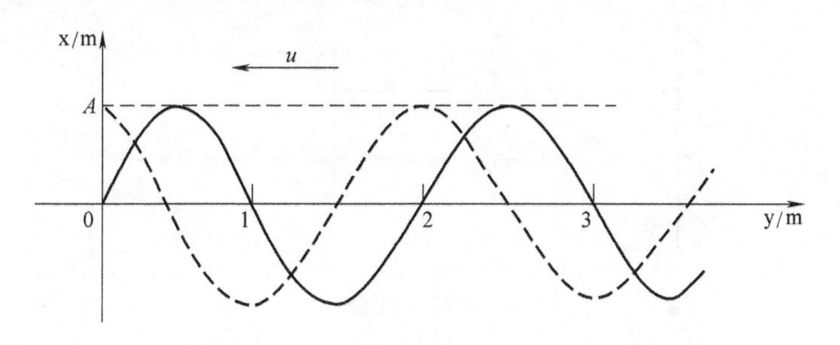

习题8-4图

8-5 一波在密度为$800\text{kg}\cdot\text{m}^{-3}$的介质中以波速$u=10^3\text{m}\cdot\text{s}^{-1}$传播，振幅$A=1.0\times 10^{-4}\text{m}$，频率$\nu=10^3\text{Hz}$，试求：(1) 该波的强度；(2) 1分钟内垂直通过一面积$S=4\times 10^{-4}\text{m}^2$的总能量。

8-6 一平面波在直径为0.14m的圆柱形管内的空气中传播，波的强度为$9\times 10^{-3}\text{W}\cdot\text{m}^{-2}$，频率为300Hz，波速为$u=300\text{m}\cdot\text{s}^{-1}$，试求：(1) 波的平均能量密度和最大能量密度；(2) 在管中两个相邻的同相面间的波带中含有的能量。

8-7 无线电波以$3.0\times 10^8\text{m}\cdot\text{s}^{-1}$的速率传播，波源的功率为$5.0\times 10^4\text{W}$，无线电波为各向同性的球面波。试求：距波$5\times 10^5\text{m}$处的无线电波的平均能量密度。

8-8 有一平面波$x=2\cos 600\pi\left(t-\dfrac{y}{330}\right)$(国际单位制单位) 传到$A$、$B$两个小孔，如习题8-8图所示。$AB$相距1m，$AC$垂直$AB$，若从$A$、$B$发出的次波到达$C$点时，两波叠加恰好发生第一次减弱，试求$AC$的长度。

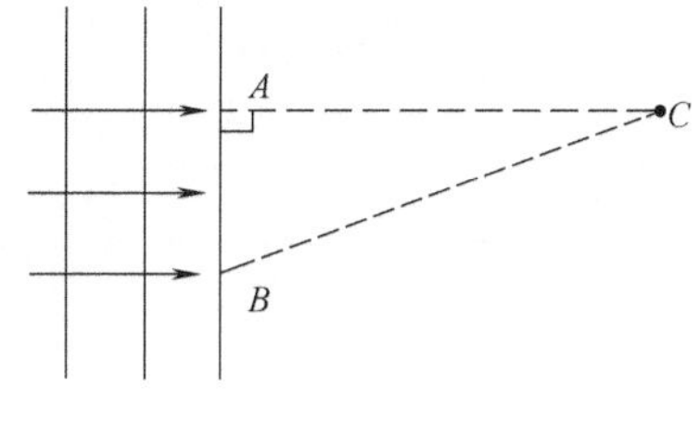

习题8-8图

8-9　S_1和S_2为两相干波源，相距$\frac{1}{4}\lambda$，S_1较S_2的相位超前$\frac{\pi}{2}$。若两波在S_1S_2连线方向上的强度相同且不随距离变化，试求：(1) 在S_1S_2连线上S_1外侧各点的合成波的强度；(2) 在S_1S_2连线上S_2外侧各点合成波的强度。

8-10　两相干波源S_1和S_2的振动方程分别为$x_1=10^{-4}\cos 10\pi t$和$x_2=10^{-4}\cos 10\pi t$，均为国际单位制单位，且已知波长为6×10^{-3}m。试求距S_1和S_2分别为0.14m和0.1m的P点的合振动方程。

8-11　设入射波的波动方程为$x=A\cos 2\pi\left(\frac{t}{T}+\frac{t}{\lambda}\right)$，在$y=0$处发生反射，反射点为自由端。若波的振幅不变，试求：(1) 反射波的波动方程；(2) 合成波（驻波）的方程。

8-12　在波线上原点O处有一振动方程为$x=A\cos \omega t$的波源，产生的波向y轴的正、负方向传播。距原点$3\lambda/4$的y轴负向有一波密介质做成的反射面MN，如习题8-12图所示。试求：(1) 传向反射面MN的入射波的波动方程；(2) 由MN反射的反射波的波动方程；(3) 在$y>0$区域内，合成波的波动方程。

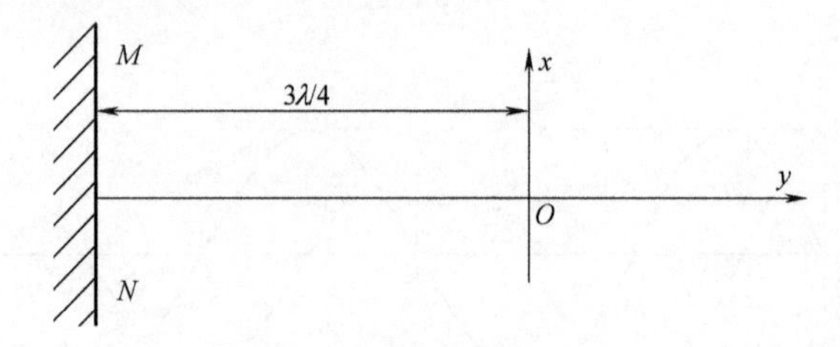

习题8-12图

8-13　一火车以$12\text{m}\cdot\text{s}^{-1}$的速度行驶，设车上一乘客听到对面驶来火车鸣笛声的频率为$\nu_1=512$Hz，当这一火车开过后，听其鸣笛声的频率$\nu_2=426$Hz，问该车鸣笛的频率及行车速度各为多少？(空气中的声速取$340\text{m}\cdot\text{s}^{-1}$)

8-14　一声源以1.5×10^4Hz的频率振动，它必须以多大的速率向观察者运动才能使观察者听不到声音？已知空气中的声速为$340\text{m}\cdot\text{s}^{-1}$。

附　　录

附录 A 量　　纲

本书根据我国计量法，物理量的单位采用国际单位制，即 SI。SI 以长度、质量、时间、电流、热力学温度、物质的量及发光强度这 7 个最重要的相互独立的基本物理量的单位作为基本单位，称为 SI 基本单位。

物理量是通过描述自然规律的方程或定义新物理量的方程而彼此联系着的，因此，非基本量可根据定义或借助方程用基本量来表示，这些非基本量称为导出量，它们的单位称为导出单位。

某一物理量 Q 可以用方程表示为基本物理量的幂次乘积

$$\dim Q = L^{\alpha} M^{\beta} T^{\gamma} I^{\delta} \Theta^{\varepsilon} N^{\xi} J^{\eta}$$

这一关系式称为物理量 Q 对基本量的量纲。式中 α、β、γ、δ、ε、ξ 和 η 称为量纲的指数，L、M、T、I、Θ、N、J 则分别为 7 个基本量的量纲，下表列出几种物理量的量纲。

物理量	量纲	物理量	量纲
速度	LT^{-1}	磁通	$L^2MT^{-2}I^{-1}$
力	LMT^{-2}	亮度	$L^{-2}J$
能量	L^2MT^{-2}	摩尔熵	$L^2MT^{-2}\Theta^{-1}N^{-1}$
熵	$L^2MT^{-2}\Theta^{-1}$	法拉第常数	TN^{-1}
电势差	$L^2MT^{-3}I^{-1}$	平面角	1
电容率	$L^{-3}M^{-1}T^4I^2$	相对密度	1

所有量纲指数都等于零的量称为量纲一的量。量纲一的量的单位符号为 1。导出量的单位也可以由基本量的单位（包括它的指数）的组合表示，因为只有量纲相同的物理量才能相加减；只有两边具有相同量纲的等式才能成立，故量纲可用于检验算式是否正确，对量纲不同的项相乘除是没有限制的。此外，三角函数和指数函数的自变量必须是量纲一的量。

在从一种单位制向另一单位制变换时，量纲也是十分重要的。

附录B　我国法定计量单位和国际单位制（SI）单位

一、国际单位制的基本单位

物　理　量	单位名称	单位符号	单位的定义
长度	米	m	光是在真空中（1/299 792 458）s时间间隔内所经路径的长度
质量	千克（公斤）	kg	千克是质量单位，等于国际千克原器的质量
时间	秒	s	秒是铯-133原子基态的两个超精细能级之间跃迁所对应的辐射的9 192 631 770个周期的持续时间
电流	安［培］	A	在真空中截面积可忽略的两根相距1m的无限长平行圆直导线内通以等量恒定电流时，若导线间相互作用力在每米长度上为2×10^{-7}N，则每根导线中的电流为1A
热力学温度	开［尔文］	K	开尔文是水的三相点热力学温度的1/273.16
物质的量	摩［尔］	mol	摩尔是一系统的物质的量，该系统中所包含的基本单元数与0.012kg碳-12的原子数目相等。在使用摩尔时，基本单元应予指明，可以是原子、分子、离子、电子及其他粒子，或是这些粒子的特定组合
发光强度	坎［德拉］	cd	坎德拉是一光源在给定方向上的发光强度，该光源发出频率为540×10^{12}Hz的单色辐射，且在此方向上的辐射强度为（1/683）W/sr

二、国际单位制的辅助单位

物　理　量	单位名称	单位符号	定　义
［平面］角	弧度	rad	弧度是一圆内两条半径之间的平面角，这两条半径在圆周上截取的弧长与半径相等
立体角	球面度	sr	球面度是一立体角，其顶点位于球心，而它在球面上所截取的面积等于以球半径为边长的正方形面积

附录C　希腊字母

小　写	大　写	英文名称	小　写	大　写	英文名称
α	A	Alpha	β	B	Beta
ν	N	Nu	ξ	Ξ	Xi

（续）

小　写	大　写	英文名称	小　写	大　写	英文名称
γ	Γ	Gamma	o	O	Omicron
δ	Δ	Delta	π	Π	Pi
ε	E	Epsilon	ρ	P	Rho
ζ	Z	Zeta	σ	Σ	Sigma
η	H	Eta	τ	T	Tau
θ	Θ	Theta	υ	Υ	Upsilon
ι	I	Iota	φ（ϕ）	Φ	Phi
κ	K	Kappa	χ	X	Chi
λ	Λ	Lambda	ψ	Ψ	Psi
μ	M	Mu	ω	Ω	Omega

附录 D　物理量的名称、符号和单位（SI）

物　理　量		单　　位	
名　称	符　号	名　称	符　号
长度	l，L	米	m
质量	m	千克	kg
时间	t	秒	s
速度	v	米每秒	$\mathrm{m \cdot s^{-1}}$，m/s
加速度	a	米每二次方秒	$\mathrm{m \cdot s^{-2}}$，$\mathrm{m/s^2}$
角	θ，α，β，γ	弧度	rad
角速度	ω	弧度每秒	$\mathrm{rad \cdot s^{-1}}$，rad/s
（旋）转速（度）	n	转每秒	$\mathrm{r \cdot s^{-1}}$，r/s
频率	ν	赫［兹］	Hz，$\mathrm{s^{-1}}$；Hz，1/s
力	F	牛［顿］	N
摩擦因数	μ	—	1
动量	p	千克米每秒	$\mathrm{kg \cdot m \cdot s^{-1}}$，kg・m/s
冲量	I	牛［顿］秒	N・s
功	A	焦［耳］	J
能量，热量	E，E_k，E_p，Q	焦［耳］	J
功率	P	瓦［特］	W（$\mathrm{J \cdot s^{-1}}$），W（J/s）

（续）

物理量		单位	
名　称	符　号	名　称	符　号
力矩	M	牛［顿］米	N·m
转动惯量	J	千克二次方米	$kg \cdot m^2$
角动量	L	千克二次方米每秒	$kg \cdot m^2 \cdot s^{-1}$，$kg \cdot m^2/s$
劲度系数	k	牛顿每米	$N \cdot m^{-1}$，N/m
压强	p	帕［斯卡］	Pa
体积	V	立方米	m^3
热力学能	U	焦［耳］	J
热力学温度	T	开［尔文］	K
摄氏温度	t	摄氏度	℃
物质的量	ν，n	摩尔	mol
摩尔质量	M	千克每摩尔	$kg \cdot mol^{-1}$，kg/mol
分子自由程	λ	米	m
分子碰撞频率	Z	次每秒	s^{-1}
黏度	η	帕［斯卡］秒，千克每米秒	$Pa \cdot s$，$kg \cdot m^{-1} \cdot s^{-1}$，kg/（m·s）
热导率	κ	瓦每米开	$W \cdot m^{-1} \cdot K^{-1}$，W/（m·K）
扩散系数	D	平方米每秒	$m^2 \cdot s^{-1}$，m^2/s
比热容	c	焦［耳］每千克开	$J \cdot kg^{-1} \cdot K^{-1}$，J/（kg·K）
摩尔热容	C_m，$C_{V,m}$，$C_{p,m}$	焦［耳］每摩尔开	$J \cdot mol^{-1} \cdot K^{-1}$，J/（mol·K）
摩尔热容比	$\gamma = C_{p,m}/C_{V,m}$		
热机效率	η		
制冷系数	ε		
熵	S	焦［耳］每开	$J \cdot K^{-1}$，J/K
电荷	q，Q	库［仑］	C
电荷体密度	ρ	库［仑］每立方米	$C \cdot m^{-3}$，C/m^3
电荷面密度	σ	库［仑］每平方米	$C \cdot m^{-2}$，C/m^2
电荷线密度	λ	库［仑］每米	$C \cdot m^{-1}$，C/m
电场强度	E	伏［特］每米	$V \cdot m^{-1}$，V/m

（续）

物理量		单位	
名称	符号	名称	符号
真空电容率	ε_0	法拉每米	$F \cdot m^{-1}$，F/m
相对电容率	ε_r		
电场强度通量	Ψ_e	伏［特］米	$V \cdot m$
电势能	E_p	焦［耳］	J
电势	V	伏［特］	V
电势差	$V_1 - V_2$	伏［特］	V
电偶极矩	p	库［仑］米	$C \cdot m$
电容	C	法拉	F
电极化强度	P	库［仑］每平方米	$C \cdot m^{-2}$，C/m^2
电位移	D	库［仑］每平方米	$C \cdot m^{-2}$，C/m^2
电流	I	安［培］	A
电流密度	j	安［培］每平方米	$A \cdot m^{-2}$，A/m^2
电阻	R	欧［姆］	Ω
电阻率	ρ	欧［姆］米	$\Omega \cdot m$
电动势	$\mathscr{E}$	伏［特］	V
磁感应强度	B	特［斯拉］	T
磁矩	p_m	安［培］平方米	$A \cdot m^2$
磁化强度	M	安［培］每米	$A \cdot m^{-1}$，A/m
真空磁导率	μ_0	亨［利］每米	$H \cdot m^{-1}$，H/m
相对磁导率	μ_r		
磁场强度	H	安［培］每米	$A \cdot m^{-1}$，A/m
磁通［量］	Φ_m	韦［伯］	Wb
磁通匝链数	Ψ		
自感	L	亨［利］	H
互感	M	亨［利］	H
位移电流	I_d	安［培］	A
磁能密度	ω_m	焦［耳］每立方米	$J \cdot m^{-3}$，J/m^3
周期	T	秒	s
频率	ν，f	赫［兹］	Hz
振幅	A	米	m
角频率	ω	弧度每秒	$rad \cdot s^{-1}$，rad/s
波长	λ	米	m
角波数	k	每米	m^{-1}，1/m
相位	φ	弧度	rad
光速	c	米每秒	$m \cdot s^{-1}$，m/s

参考文献

[1] 张三慧．大学物理学：力学 [M]．2 版．北京：清华大学出版社，1999.

[2] 程稼夫．力学 [M]．北京：科学出版社，2000.

[3] 钟锡华，周岳明．力学 [M]．北京：北京大学出版社，2000.

[4] 赵凯华，罗蔚茵．新概念物理教程：力学 [M]．北京：高等教育出版社，1995.

[5] 王楚，李椿，等．力学 [M]．北京：北京大学出版社，1999.

[6] 吴伟文．普通物理学：力学 [M]．北京：北京大学出版社，1990.

[7] 张三慧．大学物理学：热学 [M]．2 版．北京：清华大学出版社，1999.

[8] 李洪芳．热学 [M]．北京：科学出版社，2000.

[9] 张玉民．热学 [M]．北京：科学出版社，2000.

[10] 赵凯华，罗蔚茵．新概念物理教程：热学 [M]．北京：高等教育出版社，1998.

[11] 王楚，李椿，等．热学 [M]．北京：北京大学出版社，2000.

[12] 包科达．热学 [M]．北京：北京出版社，1989.

[13] 张三慧．大学物理学：电磁学 [M]．2 版．北京：清华大学出版社，1999.

[14] 张玉民，戚伯云．电磁学 [M]．北京：科学出版社，2000.

[15] 王楚，李椿，等．电磁学 [M]．北京：北京大学出版社，2000.

[16] 励子伟，宋建平．普通物理学：电磁学 [M]．北京：北京大学出版社，1988.

[17] 克劳斯．电磁学 [M]．安绍萱，译．北京：人民邮电出版社，1979.

[18] 胡望雨，李衡芝．普通物理学：光学与近代物理 [M]．北京：北京大学出版社，1990.

[19] 张三慧．大学物理学：波动与光学 [M]．2 版．北京：清华大学出版社，2000.

[20] 吴强，郭光灿．光学 [M]．合肥：中国科学技术大学出版社，1996.

[21] 王楚，汤俊雄．光学 [M]．北京：北京大学出版社，2001.

[22] 杜功焕，朱哲民，等．声学基础 [M]．2 版．南京：南京大学出版社，2001.

[23] 吴锡珑．大学物理教程 [M]．北京：高等教育出版社，1999.

[24] 陆果．基础物理学教程 [M]．北京：高等教育出版社，1998.

[25] 吴百诗．大学物理 [M]．北京：科学出版社，2001.

[26] 程守洙，江之永，胡盘新，等．普通物理学 [M]．5 版．北京：高等教育出版社，1998.

[27] 马文蔚．物理学 [M]．4 版．北京：高等教育出版社，1999.

[28] 刘克哲．物理学 [M]．北京：高等教育出版社，1999.

[29] 马根源，王松立，等．物理学 [M]．天津：南开大学出版社，1993.

[30] 卢德馨．大学物理学 [M]．北京：高等教育出版社，1998.

[31] FREDERICK J KELLER，等．经典与近代物理学 [M]．高物，译．北京：高等教育出版社，1997.

[32] 王瑞旦，宋善奕．物理方法论 [M]．长沙：中南大学出版社，2002.

[33] 张瑞琨，等．物理学研究方法和艺术 [M]．上海：上海教育出版社，1995.